跨平台移动开发丛书

构建移动网站与APP

HTML5移动开发入门与实战

常新峰　王金柱　编著

U0332295

清华大学出版社

北京

内 容 简 介

本书由浅入深，全面、系统、详尽地介绍了 HTML 5 相关技术及其在移动开发领域的应用。从基本原理到移动页面优化再到实战应用，几乎涉及 HTMML 5 移动开发领域的绝大部分内容，是一本集理论与实战的综合性参考书。

本书共 13 章，分为 3 篇。第 1 篇为 HTML 5 移动特性，内容包括 HTML 5 移动开发基础、移动表单、多媒体形式、地理位置定位（Geolocation）、离线缓存、Canvas 绘图、CSS 3 视觉辅助和调用手机设备等，最后还剖析了移动性能优化的一些技巧。第 2 篇为 HTML 5 移动框架，主要介绍 jQueryMobile 和 SenchaTouch 这两个当下最流行的移动框架。第 3 篇为 HTML 5 移动实战，详细讲解了使用 jQueryMobile 和 SenchaTouch 这两个移动框架开发移动应用的过程与方法。

本书适合所有想全面深入学习 HTML 5 移动开发技术的人员阅读，尤其适合正在应用 HTML 5 做移动项目开发的人员阅读。对于大中专院校相关专业的学生和培训机构的学员，本书也是一本不可多得的参考书。

本书封面贴有清华大学出版社防伪标签，无标签者不得销售

版权所有，侵权必究。侵权举报电话：010-62782989　13701121933

图书在版编目（CIP）数据

构建移动网站与 APP：HTML 5 移动开发入门与实战 / 常新峰，王金柱编著. 一北京：清华大学出版社，2017
（2020.2 重印）
（跨平台移动开发丛书）
ISBN 978-7-302-46111-1

I. ①构… II. ①常… ②王… III. ①超文本标记语言－程序设计 IV. ①TP312

中国版本图书馆 CIP 数据核字（2017）第 006083 号

责任编辑：夏毓彦
封面设计：王　翔
责任校对：闫秀华
责任印制：宋　林

出版发行：清华大学出版社
　　　　　网　　　址：http://www.tup.com.cn，http://www.wqbook.com
　　　　　地　　　址：北京清华大学学研大厦 A 座　　　　邮　　　编：100084
　　　　　社 总 机：010-62770175　　　　　　　　　　邮　　　购：010-62786544
　　　　　投稿与读者服务：010-62776969，c-service@tup.tsinghua.edu.cn
　　　　　质量反馈：010-62772015，zhiliang@tup.tsinghua.edu.cn

印　刷　者：清华大学印刷厂
装 订 者：三河市铭诚印务有限公司
经　　销：全国新华书店
开　　本：190mm×260mm　　　　印　　张：24.5　　　　字　　数：628 千字
版　　次：2017 年 2 月第 1 版　　　　　　　　　　印　　次：2020 年 2 月第 4 次印刷
定　　价：79.00 元

产品编号：070751-01

前　言

移动互联是如今互联网最热门的词汇，其代表着互联网未来的趋势。这一切似乎是昨天才发生的，但放眼望去，智能移动终端设备已经是人们日常生活中不可或缺的一部分。众所周知，智能移动终端设备是 iOS 与 Android 的天下，但是 iOS 和 Android 开发门槛也不低。随着 HTML 5 技术的不断发展与成熟，移动应用开发领域迎来了崭新的时代，设计人员发现以前需要折腾许久的项目，使用 HTML 5 技术则简单了很多。当然 HTML 5 也不是万能的，毕竟 iOS 和 Android 作为原生系统有着不可替代的地位，如果将 HTML 5 的前端技术发挥到极致，也会让移动应用开发更上一层楼。

关于 HTML 5 新手必须知道的

● HTML 5 不仅仅是 HTML

早期的 HTML 在非常长的时间里被人们认为是一种效率低下且功能简单的网页开发技术，但 Web 技术的不断发展让"网页"和"应用"的界限越来越模糊，尤其是 HTML 5 的横空出世，让 Web 变得更加强大。

HTML 5 标准草案最初发布于 2008 年，而后被各大浏览器厂商跟进，包括 Chrome、IE、Opera 和 Safari 等。它发展迅速，很快成为了开发跨平台和跨设备应用的首选客户端技术。它赋予浏览器强大的能力。例如，基于 HTML 5 甚至完全可以抛弃特定的操作系统平台——Chromebook 就是这方面的有力践行者。

对于开发人员来讲，HTML 5 使得开发应用程序更加高效、快捷、简单，几十行代码便可以实现过去几百甚至上千行代码才能实现的功能，省时又省力。

● HTML 5 易学易用

HTML 5 增强了 HTML 的功能，但又摒弃了 XHTML 的复杂，在学习上几乎不用花费太多功夫，在使用上也尽量贴近人们的常规思维。

HTML 5 社区和相关技术发展也十分迅速。在移动互联网的助力下，HTML 5 的步子迈得更大了。一方面，对程序开发不了解的设计师也能利用 HTML 5 和 CSS 3 技术轻易地设计出高保真的动态应用原型。另一方面，前端开发工程师可以利用 HTML 5 提供的编程接口编写出强大的应用程序。

● 本书与 HTML 5

许多人在学习 HTML 5 的时候不明白究竟什么才算是 HTML 5，也经常搞混一些概念和用法。从某种角度来说，HTML 5 是一系列技术标准的集合，并且是不断向前发展的技术。

为了帮助那些对移动开发感兴趣的读者能够在较短的时间内掌握 HTML 5 开发技术，笔者编写了本书。

本书首先从 HTML 5 的历史和背景入手，让读者理解 HTML 5 究竟为何物；然后一一讲解 HTML 5 的相关技术标准及其在移动 Web 开发中的应用，以期读者能够掌握 HTML 5 移动 Web 开发的核心内容；最后讲解 HTML 5 移动 Web 开发的相关工具，让读者可以快速成为一位高效而专业的开发者。

本书特色

● 内容丰富，覆盖面广

本书基本涵盖了 HTML 5 移动 Web 开发的所有常用知识点及开发工具。无论是初学者还是有一定基础的 Web 开发从业人员，通过阅读本书都将获益匪浅。

● 注重实践，快速上手

本书不以枯燥乏味的理论知识作为讲解的重点，而是从实践出发，将必要的理论知识和大量的开发实例相结合，并将笔者多年的实际项目开发经验贯穿于全书的讲解中，让读者可以在较短的时间内理解和掌握所学的知识。

● 内容深入、专业

本书直击要害，先从标准文档入手，深入浅出地讲解了 Web 技术的原理；然后结合移动 Web 开发的相关工具，介绍实际的移动 Web 开发，让读者学有所用。最专业的内容是本书还详细剖析了 HTML 5 移动页面优化的技巧。

● 实例丰富，随学随用

本书提供了大量来源于真实 Web 开发项目的实例，并给出丰富的程序代码及注释。读者通过研读这些例子，不仅可以了解实际开发中编写代码的思路和技巧，还可以将这些代码直接复用，以提高自己的开发效率。

适合阅读本书的读者

● 需要全面学习移动应用开发技术的人员
● HTML 5 初学者
● 有一定基础的 Web 开发人员
● Web 前端开发工程师
● 移动应用开发人员
● 混合应用开发人员
● 微信 HTML 5 网页开发人员
● 浏览器开发人员

- 大中专院校的学生
- 相关培训班的学员

下载资源

为了方便广大读者学习，我们还提供了有关程序的源代码，下载地址（注意数字和字母大小写）如下：

http://pan.baidu.com/s/1gfsTf2b（密码：7cwm）

如果下载有问题，请电子邮件联系 booksaga@163.com，邮件主题为"HTML5 移动开发入门源码"。

本章第 1~8 章由平顶山学院的常新峰编写，第 10~12 章由华北电力大学的王金柱编写。本书还要特别鸣谢阿里旅行的美女程序员赵荣娇，在怀孕期间写作了第 9 章。另外，陈宇、刘轶、姜永艳、马飞、王琳、张鑫、张喆、赵海波、杨旺功、欧阳薇、周瑞、李为民、陈超、杜礼、孔峰等也参与了本书的编写工作，在此表示感谢。

编　者

2017 年 1 月

目　录

第 1 章
◀ HTML 5移动入门 ▶

HTML 5 是目前移动开发中非常热门的一项技术。单从名称上来看，HTML 5 似乎是 HTML 技术的新版本，其实没那么简单，它代表着目前移动开发最前沿的技术，是未来移动开发的方向。自从微信公众平台的开发支持 HTML 5 后，我们看到了很好玩、有趣的公众号信息，从侧面促进了 HTML 5 的发展。本章就让我们来认识一下 HTML 和 HTML 5。

1.1 认识 HTML

本节我们先简单回顾一下 HTML 技术的内容，为读者学习 HTML 5 技术做好铺垫。

1.1.1 HTML 的构成

HTML（HyperText Mark-up Language，超文本标记语言，或称为超文本链接标示语言）是构成网页文档的主要语言。(X)HTML 指扩展超文本标签语言（EXtensible HyperText Markup Language），是更严格更纯净的 HTML 版本。(X)HTML 文件的结构包括头部（Head）、主体（Body）两大部分，其中头部描述浏览器所需的信息，而主体则包含所要说明的具体内容。

 XHTML 1.0 在 2000 年 1 月 26 日成为 W3C 的推荐标准。

【代码 1-1】是一个符合(X)HTML 的文件。

【代码 1-1】

```
01    <!DOCTYPE html PUBLIC "-//W3C//DTD XHTML 1.0 Transitional//EN"
      "http://www.w3.org/TR/xhtml1/DTD/xhtml1-transitional.dtd">
02    <html xmlns="http://www.w3.org/1999/xhtml">
03    <head>
04    <meta http-equiv="Content-Type" content="text/html; charset=utf-8" />
05    <title>网页标题</title>
06    <link href="css/home.css" rel="stylesheet" type="text/css" />
```

```
07    </head>
08    <body>
09    <div id="doc">
10       <div id="hd">/*..modules..*/</div>
11       <div id="bd">/*..modules..*/</div>
12       <div id="ft">/*..modules..*/</div>
13    </div>
14    </body>
15    <script type="text/javascript" src="js/home.js"></script>
16    </html>
```

　　其中，DOCTYPE 和 xmlns 都是必需的。经常使用的编码格式有 UTF-8 和 GBK 两种，UTF-8 是针对英文网页设计的编码格式，GBK 是针对中文网页设计的编码格式，在没有特殊需求的情况下统一使用 UTF-8 编码，因为 UTF-8 是国际编码，通用性好，另外后端页面（如 PHP、ASP 等）一般都使用 UTF-8 编码，所以使用 UTF-8 与其通信时可以防止出现乱码和不必要的麻烦。

　　CSS 一般位于(X)HTML 文件的头部，JavaScript 一般位于(X)HTML 文件的末尾，防止 JavaScript 文件在加载时出现加载时间过长而导致页面出现空白等糟糕的用户体验。

 (X)HTML 标签全部小写。

1.1.2　CSS 的构成

　　级联样式表（Cascading Style Sheet，CSS）通常又称为"层叠样式表（Style Sheet）"，是用来进行网页风格设计的。比如，网页上蓝色的字、红色的按钮，这些都是风格。通过设立样式表，可以统一控制(X)HTML 中各标签的显示属性。CSS 样式表可以使人更有效地控制网页外观。【代码 1-2】是一个 CSS 文件。

【代码 1-2】

```
01    /*css reset*/
02    html{color:#000;}body,div,dl,dt,dd,ul,ol,li,h1,h2,h3,h4,h5,h6/*...*/
03    /*全局公共样式*/
04    textarea{resize:none;} /*hack for chrome, disable chrome resizes textarea*/
05    a{color:#049;outline-style:none;}
06    a:hover{color:#f00;}
07    .cf{zoom:1;}
08    .cf:after{content:'.';display:block;visibility:hidden;clear:both;height:0px;}
09    /*moduleABC ABC 模块的样式*/
10    #moduleABC h2{font-size:14px;font-weight:bold;}
11    #moduleABC p{font-size:12px;line-height:1.5;}
```

如代码所示，CSS 文件共分 3 部分：第一部分为 CSS 重置，第二部分为公共样式，第三部分为模块样式（非公共）。所有的公共样式一般写在第二部分，位于模块样式之上，方便查找。

在模块 CSS 部分，尽量写出样式的详细路径，比如：

```
01   #mty_bbs_myblock .searchbar .addblock ul li a{margin:.2em 0;padding-
bottom:.2em}
```

尽量不要简写成：

```
01   #mty_bbs_myblock .searchbar a{margin:.2em 0;padding-bottom:.2em}
```

 CSS 代码建议全部小写。

1.1.3　JavaScript 的构成

JavaScript 就是一个被埋没很久的编程语言，早在 1995 年被布兰登·艾奇（Brendan Eich）设计出来。

最初网景（Netscape）公司将其脚本语言命名为 LiveScript，在与 Sun 合作之后将其改名为 JavaScript，随着 Netscape Navigator 2.0（见图 1.1）公布于世，虽然想要师出名门的效果，但是网景公司却把它作为给非程序人员的编程语言来推广和宣传，非程序开发者并不对其买账，JavaScript 由此被埋没长达十年之久。不过 JavaScript 的确具备了很多优秀的特点，近几年的发展势头越来越好，预示着 JavaScript 春天般的前景。

图 1.1　浏览器 Netscape Navigator 2.0

用 JavaScript 编写的代码需要放在.html 文档中才能被浏览器执行，有两种方式可以做到这一点。

1. 直接内嵌 JavaScript 代码

第一种方式是将 JavaScript 代码放到文档<head>标签的<script>标签中，见【代码 1-3】。

【代码 1-3】（第一个 JavaScript 程序 hello world）

```html
<!DOCTYPE html>
<html>
 <head>
  <title>hello world</title>
  <script>
      alert('hello world!');
  </script>
 </head>
 <body>
 </body>
</html>
```

将上面的代码保存到 HTML 文件中（在记事本中写作，然后另存为扩展名是 html 的文件），用任意浏览器打开，就可以看到一个弹出对话框。

2. 引用 JavaScript 文件

第二种方式是把 JavaScript 代码存为一个扩展名为 js 的独立文件中。以前的做法是在文档 <head>里用<script>标签的 src 属性来指向该文件，见【代码 1-4】。

【代码 1-4】

```html
<!DOCTYPE html>
<html>
 <head>
  <title>hello world</title>
  <script src="helloworld.js"></script>
 </head>
 <body>
 </body>
</html>
```

随着最近几年的发展，目前业界推荐的做法是把【代码 1-4】中的<script>放到 HTML 文档最后，即</body>标签之前。这样做的目的是使浏览器更快地加载页面并展示给用户，从而提高用户体验效果。

1.2 认识 HTML 5

本节我们开始介绍 HTML 5 技术的内容，看一看 HTML 5 的发展历史及其与 XHTML 技术的比较。

1.2.1　HTML 5 的发展与理念

W3C 是一个纯粹为了标准化而存在的非营利性组织，可是它也太过于纯粹而忽略了各大浏览器厂商的利益。在两年多交涉未果的情况下，来自苹果、Mozilla 基金会以及 Opera 软件等的浏览器厂商于 2004 年成立了 WHATWG（Web Hypertext Application Technology Working Group，网页超文本技术工作小组）。不难理解，他们意图回到超文本标记语言 HTML 上来。此时的苹果刚刚成立 Safari 浏览器团队不久，可见老乔当年的战略眼光。

WHATWG 动作很快，因为他们都是战斗在第一线的浏览器厂商，成立后不久就提出了作为 HTML 5 草案前身的 Web Applications 1.0，那时 HTML 5 还没有被正式提出。

WHATWG 致力于 Web 表单和应用程序，而 W3C 专注于 XHTML 2.0。看着自己被冷落的 W3C 在 2006 年 10 月决定停止 XHTML 的工作并与 WHATWG 合作，双方决定共同创建一个新版本的 HTML，并为其建立一些规则：

- 新特性应该基于 HTML、CSS、DOM 以及 JavaScript。
- 减少对外部插件的需求（比如 Flash）。
- 更优秀的错误处理。
- 更多取代脚本的标记。
- HTML 应该独立于设备。
- 开发进程应对公众透明。

2007 年，苹果、Mozilla 基金会以及 Opera 软件建议 W3C 接受 WHATWG 的 HTML 5，正式提出将新版 HTML 标准定义为 HTML 5。于是 HTML 5 就正式和大家见面了。

随着浏览器 JavaScript 引擎大幅提速，人们对 HTML 5 的预期逐步提高，但那时的 HTML 5 并没有真正给人们更多的惊喜。随着 Flashplayer 被曝出漏洞、安全、性能之类的负面新闻，人们对 HTML 5 的关注度又大幅升高。

2007 年到 2010 年，众人在对 HTML 5 失落和期待反复交替的日子中度过。

2010 年 1 月，YouTube 开始提供 HTML 5 视频播放器。

2010 年 8 月，Google 联合 Arcade Fire 推出了一个 HTML 5 互动电影：The Wilderness Downtown，此项目由著名作家兼导演 Chris Milk 创作。之所以叫作互动电影，是因为在开始时电影会问你小时候家住在哪里，而随后的电影剧情将在这里展开。电影使用 Arcade Fire 专辑《The Suburbs》中的 We Used to Wait 作为主题音乐。发布一年后，该电影在戛纳广告大奖赛中获得了网络组别的奖项。

2010 年 4 月，乔帮主发表公开信"Flash 之我见"。引发 Flash 和 HTML 5 阵营之间的空前口水仗，也刺激了浏览器厂商。

2012 年 1 月 10 日在拉斯维加斯正在举行的 CES 大会上，微软 CEO 鲍尔默宣布了基于 IE 9 和 HTML 5 版的割绳子游戏，这是由微软及游戏开发商 ZeptoLab 共同推出的，用于促进 IE 9 的使用以及网页的美化。

虽然 HTML 5 也在卖力地表现，但是面对 Flash 的诸多漏洞、HTML 5 的迟迟难产，急性的

WHATWG 和 W3C 最终还是割席分家了。

2012 年 7 月，WHATWG 工作人员在公告中写道："近来，WHATWG 和 W3C 在 HTML 5 标准上的分歧越来越大。WHATWG 专注于发展标准的 HTML 5 格式及相关技术，并不断地修正标准中的错误；而 W3C 则想根据自己的开发进程制作出"标准版"HTML 5 标准，颁布之后不容许更改，错误也无法修正，所以我们决定各自研发。"

这样的巨变就像王老吉和加多宝一样，不解释，只是从此意味着将会有两个版本的 HTML 5——"标准版"和"living 版（见图 1.2）"。

HTML
Living Standard — Last Updated 20 July 2012

图 1.2　WHATWG 维护的 living 版 HTML 5

接着 W3C 提出的规划是：到 2014 年底，HTML 5 将成为一种完整的成品标准。W3C 还计划到 2016 年底发布后续版本 HTML 5.1。

任何设计都有设计理念，HTML 5 也有一些：

● 兼容性。
● 实用性。
● 互通性。
● 访问性。

存在即合理，历史上还有相当多的老版 HTML 文档，而且不能抛弃。化繁为简是 HTML 5 最实用的改良，无插件设计让互通性大为增强，支持所有语种让地球村访问变得如串门一般简单。

1.2.2　HTML 5 和 XHTML 的对比

（1）文档声明简化。

```
<!--XHTML 中这样写：-->
<!DOCTYPE html PUBLIC "-//W3C//DTD XHTML 1.0 Transitional//EN"
"http://www.w3.org/TR/xhtml1/DTD/xhtml1-transitional.dtd">
<!--HTML 5中这样写：-->
<!DOCTYPE html>
```

（2）html 标签上不需要声明命名空间。

```
<!--XHTML 中这样写：-->
<html xmlns="http://www.w3.org/1999/xhtml" lang="zh-CN">
<!--HTML 5中这样写：-->
```

```
<html lang="zh-CN">
```

（3）字符集编码声明简化。

```
<!--XHTML 中这样写：-->
<meta http-equiv="Content-Type" content="text/html; charset=UTF-8" />
<!--HTML 5中这样写：-->
<meta charset="UTF-8" />
```

（4）style 和 script 标签 type 属性简化。

```
<!--XHTML 中这样写：-->
<script type="text/javascript"></script>
<style type="text/css"></style>
<!--HTML 5中这样写：-->
<script></script>
<style></style>
```

（5）link 标签连接 ICON 图片时可指定尺寸。

```
<!--XHTML 中这样写：-->
<link rel="shortcut icon" href="http://z3f.me/favicon.ico" type="image/x-icon"
/>
<!--HTML 5中这样写：-->
<link rel="icon" href="http://z3f.me/favicon.gif" type="image/gif"
sizes="16x16" />
```

除此以外，HTML 5 没有 XHTML 那样严格要求标签闭合问题。对 XHTML 不建议使用的 b 和 i 等标签进行重定义，使其拥有语义特征。

- b 元素现在描述为在普通文章中仅从文体上突出不包含任何额外信息的一段主要性文本。
- i 元素现在描述为在普通文章中突出不同意见、语气或其他的一段文本。
- u 元素现在描述为在普通文章中仅从文体上突出有语法问题或是中文专用名称的一段文本。

1.3　制作一个简单的 HTML 5 移动 APP

本节我们开始实际操作，编写一个简单的 HTML 5 移动 APP，让读者对移动 APP 技术有一个初步的了解。

1.3.1　开发工具的选择

在编辑器的选择上，Web 前端开发自由度是非常高的，即使是文本文档编辑器也可以作为 Web 开发的工具，但是为了提高开发效率，还是要选择一款功能强大且时髦的编辑器。笔者推荐的是近年来席卷前端界的 Sublime Text，一款独具个性的高级编辑器，如图 1.3 所示。

图 1.3　Sublime Text 编辑器

Sublime Text 支持目前主流的操作系统，如 Windows、Mac、Linux，同时还支持 32 和 64 位，支持各种流行编程语言的语法高亮、代码补全等。该款编辑器插件相当丰富，同时版本更新勤快。非常酷的一点是编辑器右边没有滚动条，取而代之的是代码缩略图。Sublime Text 是一款收费软件，不过目前为止可以无限期地使用。

Sublime Text 还有很多意想不到的强大功能，读者可以自行下载体验，下载地址为 http://www.sublimetext.com/3。

1.3.2　APP 代码的编写

下面我们就编写一个简单的 HTML 5 Hello APP 代码，让读者直观地体会一下 HTML 5 移动应用的魅力，详见【代码 1-5】。

【代码 1-5】

```
01  <html>
02  <canvas id="myCanvas"></canvas>
03  <script type="text/javascript">
04  console.log("get id - myCanvas");
05  var canvas = document.getElementById('myCanvas');
06  console.log("get context - myCanvas");
07  var context = canvas.getContext("2d");
```

```
08  console.log("set context font - myCanvas");
09  context.fillStyle = '#808080';
10  context.font = 'italic 16px sans-serif';
11  context.textBaseline='top';
12  context.fillText('Hello World!', 0, 50);
13  context.font = 'bold 24px sans-serif';
14  context.fillText('Hello world!', 0, 100);
15  </script>
16  </html>
```

关于【代码 1-5】的具体分析如下：

第 02 行代码定义了 HTML 5 控件<canvas>，其具体含义是一个画布，可以支持设计人员的自定义图形。

第 03～15 行为脚本代码，通过 JavaScript 实现在<canvas>控件上的图形操作，具体方法的含义读者可以参考 HTML 5 相关文档，本章就不做深入介绍了。同时，第 04、06 和 08 行代码分别使用 console.log()方法在控制台输出调试信息。

1.3.3　调试运行 Hello APP

调试运行 HTML 5 APP 可以选择专业的 HTML 调试工具，还可以直接使用具有调试功能的浏览器，譬如 Google Chrome、Firefox 和 Opera 这些支持 HTML 5 标准的浏览器均有强大的调试功能。

下面我们在 Firefox 浏览器中运行【代码 1-5】，页面效果如图 1.4 所示。然后，我们打开调试器界面（快捷键 Ctrl+Shift+J），查看一下调试信息的输出，如图 1.5 所示。

图 1.4　Hello APP 运行效果图

图 1.5　Hello APP 调试运行效果图

从图 1.5 中可以看到，【代码 1-5】中第 04、06 和 08 行代码使用 console.log()方法在控制台输出的调试信息全部成功显示出来了。

1.4 HTML 5 的移动特色

HTML 5 移动开发的出现让移动平台的竞争由系统平台转向了浏览器之间，移动端的 IE、Chrome、Firefox、Safari、Opera 等浏览器，谁能更好地在移动端支持 HTML 5，谁就能在以后的移动应用领域占据更多的市场。

下面列举 HTML 5 适合移动应用开发的几大特性：

- 离线缓存为 HTML 5 开发移动应用提供了基础。
- 音频视频自由嵌入，多媒体形式更为灵活。
- 地理定位，随时随地分享位置。
- Canvas 绘图，提升移动平台的绘图能力。
- 专为移动平台定制的表单元素。
- 丰富的交互方式支持。
- 使用成本上的优势，更低的开发及维护成本。
- CSS 3 视觉设计师的辅助利器。
- 实时通信。
- 档案以及硬件支持。
- 语意化。
- 双平台（iOS/Android）融合的 APP 开发方式，提高工作效率。

1.5 本章小结

本章主要介绍了使用 HTML 5、CSS 3 和 JavaScript 来编写 HTML 5 移动应用的入门方法，涉及的内容比较基础，相关代码的难度不大，希望能够抛砖引玉，提高读者对 HTML 5 移动应用开发的兴趣。

第 2 章

◀ 移动特性1——移动表单 ▶

表单一直以来都是 HTML 中非常重要的部分，主要用于采集和提交用户输入的信息。在 HTML 5 出现之前，开发者需要通过大量的 JavaScript 代码进行表单的验证和效果模拟，在开发和维护上都需要耗费大量的精力。HTML 5 出现之后，提供了全新的表单类型和属性，甚至不需要借助 JavaScript 就能实现与之相同的功能。本章的示例从现实的表单使用场景出发，让读者可以充分了解到如何让表单元素新类型与新属性同 JavaScript 完美结合，同时还能了解如何解决低版本浏览器的兼容方案。

2.1 丰富的表单属性

表单中使用最多的莫过于 input 元素，主要用于填写用户信息，传统的 input 元素有 10 种类型，如表 2-1 所示。

表 2-1　传统的 input 元素类型

类型名称	说明
button	可点击的按钮
checkbox	复选框
file	输入字段和"浏览器"按钮，用于文件上传
hidden	隐藏的输入字段
image	图像形式的提交按钮
password	密码输入框，输入的字符被掩码
radio	单选按钮
reset	重置按钮，清空表单内的所有数据
submit	提交按钮，提交表单数据至远程服务器
text	文本输入框

HTML 5 在此基础上做了进一步的加强，添加了另外 13 种类型，如表 2-2 所示。

表 2-2 HTML 5 新增 input 元素类型

类型名称	说明
date	带日历控件的日期字段
datetime	带日历和时间控件的日期字段
datetime-local	带日历和事件控件的日期字段
email	电子邮箱文本字段
month	带日历控件的日期字段的月份
number	带数字控件的数字字段
range	带滑动控件的数字字段
time	带时间控件的日期字段的时、分、秒
url	URL 文本字段
week	带日历控件的日期字段周
color	拾色器
search	用于搜索的文本字段
tel	用于电话号码的文本字段

为了便于读者观察学习，图 2.1 呈现了各种 input 元素新类型在网页中的预览效果。

图 2.1　HTML 5 新增 input 元素类型的预览效果

目前不是所有浏览器都支持上述 input 新类型，读者可以使用 Chrome 最新版进行浏览。

2.2　移动 Web 表单的 input 类型

2.2.1　search 类型文本

使用下面的代码就可以创建一个 search 类型的<input>标签。

```
<input type="search" />
```

当 value 为空或没有这个属性时 placeholder 设置的内容才会被显示。

```
<input type="search" placeholder="搜索…" autosave="www.w3c.org" result="8">
```

图 2.2 是 search 类型<input>标签显示的效果。

图 2.2　Search 类型<input>标签

2.2.2　email 类型文本

用下面的代码就可以创建一个 email 类型的<input>标签。

```
<input type="email" />
```

这样最简单地使用时，只是在输入的时候验证是否符合最简单的 email 格式，在设置默认值的时候依然用 value 属性。

```
<input type="email" value="xx@qq.com" />
```

当 value 为空或没有这个属性时 placeholder 设置的内容才会被显示。

```
<input type="email"  value="" placeholder="请输入 E-mail，如：xx@qq.com" />
```

图 2.3 是 placeholder 显示的效果，灰灰的字体颜色。这里需要注意的是 placeholder 默认的不是灰色，而是<input>标签的 color 样式设置的颜色 60%透明度的效果，所以如果 color 不是默认的黑色而是 red 红色，那么 placeholder 显示的则是淡红色。

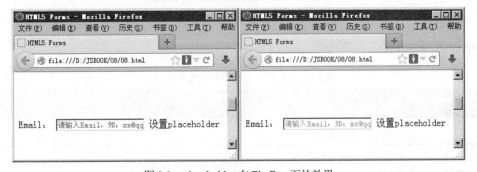

图 2.3　placeholder 在 FireFox 下的效果

作为一般的提示这是很有用的一个属性，另外还有一个设置光标的属性也非常有用，即 autofocus。

```
<input type="email" autofocus="autofocus"/>
```

当同时设置了 placeholder 和 autofocus 时，placeholder 会被显示，光标也会在输入框中闪烁，即获得焦点。设置了 value 值时，光标会出现在第一个字符前面而不是在最后面。如果一个页面有多个<input>标签设置了 autofocus，那么在不同浏览器下光标的位置是不同的，比如 Firefox 会将光标定位在第一个设置元素上，而 Chrome 则定位在最后一个设置元素上。

email 一般作为重要资料通常是必填项目，这时 required 属性就派上用场了。required 属性会告诉表单在提交时检查元素是否填写。

```
<input type="email" required="required"/>
```

除了必填以外，有时还需要更加复杂的验证，比如 email 的格式和长度，甚至仅限某个域名等，这时就要使用 pattern 属性了。

```
<input type="email" pattern=".+z3f\.me$"/>
```

上面的代码用 pattern 属性限制只能用 z3f.me 结尾的 email 地址。pattern 实质就是执行正则表达式。

2.2.3 number 类型文本

Chrome 支持的 number 类型文本的效果如图 2.4 所示。

图 2.4　number 类型<input>标签

number 类型有几个专有的属性，如表 2-3 所示。

表 2-3　number 类型特有属性及其描述

属性	描述
max	规定允许的最大值
min	规定允许的最小值
step	规定合法的数字间隔（若 step="3"，则合法的数就是-3、0、3、6 等）

同其他<input>标签一样，使用 number 类型也是非常简单的。

```
<input type="number" value="50" min="10" step="5" max="100"/>
```

上面的代码设置了一个初始值为 50、每次增减为 5、最大不超过 100、最小不低于 10 的 number 类型文本。

2.2.4　range 类型文本

使用下面的代码就可以创建一个 range 类型的<input>标签。

```
<input type="range" />
```

range 类型<input>标签通常包括"min"和"max"两个属性，分别用于设定区间的最小和最大值，具体如下：

```
<input type="range" name="points" min="1" max="10" />
```

图 2.5 是 range 类型<input>标签显示的效果。

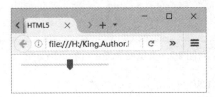

图 2.5　range 类型<input>标签

2.2.5　tel 类型文本

使用下面的代码就可以创建一个 tel 类型的<input>标签。

```
<input type="tel" />
```

tel 类型通常用于定义电话格式的<input>标签，具体如下：

```
Mobile: <input type="tel" name="user_mobile" />
```

图 2.6 是 tel 类型<input>标签显示的效果。

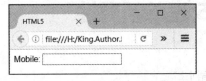

图 2.6　tel 类型<input>标签

2.2.6 url 类型文本

使用 url 类型的<input>标签和使用 email 类型差不多。

```
<input type="url" />
```

同样支持 email 类型的属性。只是 url 类型的基本验证需要有 protocol 协议头，比如 http:、file:、ftp:等。

不同的浏览器对验证的执行效果和提示效果不一样，比如图 2.7，Firefox 会在失去焦点时描红边框提示，而 Chrome 则没有类似的行为，只在提交时提示。

图 2.7　浏览器在提示时的不同策略

每家浏览器的提示风格也不相同，如图 2.8 所示。

图 2.8　浏览器不同的提示效果

2.3 HTML 5 表单新属性

2.3.1 autocomplete 属性

autocomplete 属性规定 form 或 input 标签应该拥有自动完成功能。当用户在自动完成标签中开始输入时，浏览器应该在该标签中显示填写的选项。autocomplete 属性适用于<form>标签，具有 text、search、url、telephone、email、password、datepickers、range 及 color 类型的<input>标签。

下面我们看一下实际应用。

【代码 2-1】

```
01  <form action="demo_form.asp" method="get" autocomplete="on">
02  First name: <input type="text" name="fname" /><br />
03  Last name: <input type="text" name="lname" /><br />
04  E-mail: <input type="email" name="email" autocomplete="off" /><br />
05  <input type="submit" />
06  </form>
```

图 2.9 是 autocomplete 属性的页面效果图。

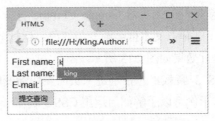

图 2.9　autocomplete 属性效果

2.3.2　autofocus 属性

autofocus 属性规定在页面加载时标签自动获得焦点，适用于所有<input>标签的类型。下面我们看一下实际应用。

【代码 2-2】

```
01  <form action="demo_form.asp" method="get" autocomplete="on">
02  First name: <input type="text" name="fname" /><br />
03  Last name: <input type="text" name="lname" /><br />
04  E-mail: <input type="email" name="email" autofocus="autofocus"
     autocomplete="off" /><br />
05  <input type="submit" />
06  </form>
```

图 2.10 是 autofocus 属性的页面效果图。

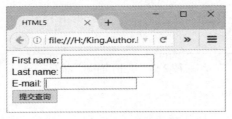

图 2.10　autofocus 属性效果

从图 2.10 中可以看到，页面初始化后焦点自动出现在 email 标签内。

2.4 范例——创建一个 HTML 5 版的 APP 注册页面

本例是一个常见的用户注册页面，表单由 3 个文本框组成，类型分别为 email、text 和 password。进入页面后，鼠标会自动聚焦到"电子邮箱"文本框，同时文本框的边框会产生红色渐变的效果。点击"昵称"文本框，"电子邮件"文本框的边框红色消失，此时"昵称"文本框的边框出现红色渐变效果，"密码"文本框的效果相同。

使用支持 HTML 5 表单新特性的浏览器 Google Chrome 打开网页文件，运行效果如图 2.11 所示。打开网页的同时，"电子邮箱"文本框会渐变为红色，运行效果如图 2.12 所示。点击"注册"按钮，进行表单验证，运行效果如图 2.13 所示。

本例中采用了大量的 CSS 3 特效，包括刚进入页面聚焦渐变的动画、表单背景色的颜色渐变、文本框的阴影等。通过本示例可以了解如何运用 CSS 3 制作一个简单的注册页面。

图 2.11 HTML 5 版的注册页面

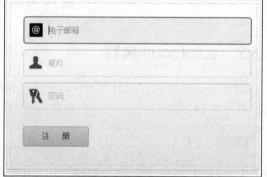

图 2.12 "电子邮件"文本框的边框变红

图 2.13 点击"注册"按钮

2.4.1　代码设计

利用编辑器编辑如下代码，并保存为"2-3.创建一个 HTML 5 版的注册页面.html"文件。

【代码2-3】

```
01  <!doctype html>
02  <html>
03  <head>
04    <style>
05      *:focus{ outline: none; }       /* 所有元素焦点样式 */
06      body { text-align: center; }
07      form                    /* 表单样式 */
08      {
09          height: 240px;
10          width: 400px;
11          margin: -200px 0 0 -240px;
12          padding: 30px;
13          position: absolute;
14          top: 50%;
15          left: 50%;
16          z-index: 0;
17          background-color: #eee;
18
19          /* gradient 带 webkit 前缀被 Safari 4+, Chrome 支持 */
20          background-image: -webkit-gradient(linear, left top, left
            bottom, from(#fff), to(#eee));
21          /* linear-gradient 带 webkit 前缀被 Chrome 10+, Safari 5.1+, iOS
            5+ 支持 */
22          background-image: -webkit-linear-gradient(top, #fff, #eee);
23          /* linear-gradient 带 moz 前缀被 Firefox 3.6-15 支持 */
24          background-image: -moz-linear-gradient(top, #fff, #eee);
25          /* linear-gradient 带 ms 前缀被 IE9+ 支持 */
26          background-image: -ms-linear-gradient(top, #fff, #eee);
27          /* linear-gradient 带 o 前缀被 Opera 10.5-12.00 支持 */
28          background-image: -o-linear-gradient(top, #fff, #eee);
29          /* 标准格式 linear-gradient 被 Opera 10.5, IE9+, Safari 5, Chrome,
30          Firefox 4+, iOS 4, Android 2.1+ 支持 */
31          background-image: linear-gradient(top, #fff, #eee);
32          /* border-radius 带 moz 前缀被 Firefox 3.5+ 支持 */
33          -moz-border-radius: 3px;
34          /* border-radius 带 webkit 前缀被 Safari 3-4, iOS 1-3.2, Android
```

```
                        ≤1.6 支持*/
35                      -webkit-border-radius: 3px;
36                      /* 标准格式 border-radius 被 Opera 10.5, IE9+, Safari 5, Chrome,
37                      Firefox 4+, iOS 4, Android 2.1+支持 */
38                      border-radius: 3px;
39
40                      /* box-shadow 带 webkit 前缀被 Safari 3-4, iOS 4.0.2 - 4.2,
                        Android 2.3+ 支持 */
41                      -webkit-box-shadow:  0 0 2px rgba(0, 0, 0, 0.2), 0 1px 1px
42                       rgba(0, 0, 0, .2), 0 3px 0 #fff, 0 4px 0 rgba(0, 0, 0, .2) ;
43                      /* box-shadow 带 moz 前缀被 Firefox 4+ 支持 */
44                      -moz-box-shadow: 0 0 2px rgba(0, 0, 0, 0.2), 0 1px 1px rgba(0,
45                      0, 0, .2), 0 3px 0 #fff, 0 4px 0 rgba(0, 0, 0, .2) ;
46                      /* 标准格式 box-shadow 被 Opera 10.5, IE9+, Firefox 4+, Chrome 6+,
                        iOS 5 支持*/
47                      box-shadow: 0 0 2px rgba(0, 0, 0, 0.2), 0 1px 1px rgba(0, 0,
48                      0, .2), 0 3px 0 #fff, 0 4px 0 rgba(0, 0, 0, .2) ;
49              }
50      form:before  /* before 伪元素表示在一个元素的内容之前插入 content 属性定义的
        内容与样式*/
51      {
52              content: ''; /* content 属性与:befor 及:after 伪元素配合使用，生成某个
53              CSS 选择器之前或之后的内容 */
54              position: absolute;
55              z-index: -1;
56              border: 1px dashed #ccc;
57              top: 5px;
58              bottom: 5px;
59              left: 5px;
60              right: 5px;
61
62              -moz-box-shadow: 0 0 0 1px #fff;    /* Firefox 4+ */
63              -webkit-box-shadow: 0 0 0 1px #fff; /* Safari 3-4, iOS 4.0.2 -
                4.2, Android 2.3+ */
64              box-shadow: 0 0 0 1px #fff;            /* Opera 10.5, IE9+, Firefox
                4+, Chrome 6+, iOS 5 */
65      }
66      input    /* 所有文本框样式 */
67      {
68              float: left;
69              padding: 15px 15px 15px 45px;
70              margin: 0 0 10px 0;
```

```
71          width: 353px;
72          border: 1px solid #CCC;
73          background: #F1F1F1;
74          font-size: 14px;
75          -webkit-border-radius: 5px;
76          -moz-border-radius: 5px;
77          border-radius: 5px;
78
79          -moz-border-radius: 5px;    /* Firefox 3.5+ */
80          -webkit-border-radius: 5px; /* Safari 3-4, iOS 1-3.2, Android
            ≤1.6 */
81       border-radius: 5px;           /* Opera 10.5, IE9+, Safari 5, Chrome,
         Firefox 4+, iOS 4, Android 2.1+ */
82       -moz-box-shadow: 0 1px 1px #ccc inset, 0 1px 0 #fff;    /* inset
         表示盒内阴影；Firefox 4+ */
83       -webkit-box-shadow: 0 1px 1px #CCC inset, 0 1px 0 white;/*
         Safari 3-4, iOS 4.0.2 - 4.2, Android
84       2.3+ */
85       box-shadow: 0 1px 1px #CCC inset, 0 1px 0 white;       /* Opera
         10.5, IE9+, Firefox 4+,
86       Chrome 6+, iOS 5 */
87
88       /* ease(逐渐慢下来)；linear(匀速)；ease-in(由慢到快)；ease-out(由快到
         慢)；ease-in-out(先慢到快再到
89       慢) */
90       -webkit-transition: all 0.5s ease-in-out;      /* Safari 3.2+,
         Chrome */
91       -moz-transition: all 0.5s ease-in-out;    /* Firefox 4-15 */
92       -o-transition: all 0.5s ease-in-out;   /* Opera 10.5-12.00 */
93       transition: all 0.5s ease-in-out;       /* Firefox 16+, Opera
         12.50+ */
94    }
95    input:focus        /* 所有文本框焦点样式 */
96    {
97       background-color: #fff;
98       border-color: #e8c291;
99       outline: none;
100      -moz-box-shadow: 0 0 0 1px #e8c291 inset;
101      -webkit-box-shadow: 0 0 0 1px #e8c291 inset;
102      box-shadow: 0 0 0 1px #e8c291 inset;
103   }
104   input:hover          /* 所有文本框鼠标悬停样式 */
```

```
105      {
106          border-color: inherit !important;
107          background-color: #EfEfEf;
108          -webkit-border-radius: 5px 0 0 5px;
109          -moz-border-radius: 5px 0 0 5px;
110          border-radius: 5px 0 0 5px;
111      }
112      input:not(:focus) { opacity: 0.6; }        /* 所有文本框非焦点样式 */
113      input:valid { opacity: 0.8; }            /* 所有文本框输入有效样式 */
114      input:focus:invalid            /* 所有文本框焦点但输入无效样式 */
115      {
116          border: 1px solid red;
117          background-color: #FFEFF0;
118      }
119      section   { width: 400px; margin: 0 auto; }    /* 章节样式 */
120      .clearfix { clear: both; }                /* 清除浮动样式 */
121      #submit:hover,                        /* 提交按钮鼠标悬停和焦点样式 */
122      #submit:focus
123      {
124          background-color: #FDDB6F;
125
126          /* 可以参考 form 样式中的 gradient 注释 */
127          background-image: -webkit-gradient(linear, left top, left
             bottom, from(#FFB94B), to(#FDDB6F));
128          background-image: -webkit-linear-gradient(top, #FFB94B,
             #FDDB6F);
129          background-image: -moz-linear-gradient(top, #FFB94B, #FDDB6F);
130          background-image: -ms-linear-gradient(top, #FFB94B, #FDDB6F);
131          background-image: -o-linear-gradient(top, #FFB94B, #FDDB6F);
132          background-image: linear-gradient(top, #FFB94B, #FDDB6F);
133      }
134      #submit            /* 提交按钮样式 */
135      {
136          background-color: #FFB94B;
137          border-width: 1px;
138          border-style: solid;
139          border-color: #D69E31 #E3A037 #D5982D #E3A037;
140          float: left;
141          height: 35px;
142          padding: 0;
143          width: 120px;
144          cursor: pointer;
```

```
145            font: bold 15px Arial, Helvetica;
146            color: #8F5A0A;
147            margin: 20px 0 0 0;
148
149            /* 可以参考 form 样式中的 gradient 注释 */
150            background-image: -webkit-gradient(linear, left top, left
               bottom, from(#FDDB6F), to(#FFB94B));
151            background-image: -webkit-linear-gradient(top, #FDDB6F,
               #FFB94B);
152            background-image: -moz-linear-gradient(top, #FDDB6F, #FFB94B);
153            background-image: -ms-linear-gradient(top, #FDDB6F, #FFB94B);
154            background-image: -o-linear-gradient(top, #FDDB6F, #FFB94B);
155            background-image: linear-gradient(top, #FDDB6F, #FFB94B);
156
157            /* 可以参考 form 样式中的 border-radius 注释 */
158            -moz-border-radius: 3px;
159            -webkit-border-radius: 3px;
160            border-radius: 3px;
161
162            /* 给文字加上阴影，早在 CSS 2 中已经出现 */
163            text-shadow: 0 1px 0 rgba(255, 255, 255, 0.5);
164
165            /* 可以参考 form 样式中的 box-shadow 注释 */
166            -moz-box-shadow: 0 0 1px rgba(0, 0, 0, 0.3), 0 1px 0 rgba(255,
               255, 255, 0.3) inset;
167            -webkit-box-shadow: 0 0 1px rgba(0, 0, 0, 0.3), 0 1px 0
               rgba(255, 255, 255, 0.3) inset;
168            box-shadow: 0 0 1px rgba(0, 0, 0, 0.3), 0 1px 0 rgba(255, 255,
               255, 0.3) inset;
169        }
170     .item-name { background: url(../images/user.png) 10px 11px no-
           repeat; }    /* 昵称背景样式 */
171     .item-email { background: url(../images/email.png) 10px 11px no-
           repeat; }    /* 密码背景样式 */
172     .item-password { background: url(../images/keys.png) 10px 11px no-
           repeat; } /* 电子邮箱背景样式 */
173  </style>
174  <script src="../js/jquery-1.8.3.js"></script>
175  <script src="../js/modernizr.custom.2.6.2.js"></script>
176 </head>
177 <body>
178    <header><h2>搞定输入框自动聚焦</h2></header>
```

23

```
179     <section>
180        <form action="" method="post">
181           <div class="clearfix">
182              <!-- 第1个 autofocus -->
183              <input type="email" tabindex="1" id="email" class="item-
                 email" placeholder="电子邮箱" autofocus required/>
184           </div>
185           <div class="clearfix">
186              <!-- 第2个 autofocus -->
187              <input type="text" tabindex="2" id="name" class="item-name"
                 placeholder="昵称" autofocus
188              required/>
189           </div>
190           <div class="clearfix">
191              <!-- 第3个 autofocus -->
192              <input type="password" tabindex="3" id="password"
                 class="item-password" placeholder="密
193              码" autofocus autocomplete="off" required/>
194           </div>
195           <div class="clearfix"><input type="submit" tabindex="4"
                 id="submit" value="注   册" /></div>
196        </form>
197     </section>
198  </body>
199  </html>
```

 代码中可以看到很多样式前带有-webkit、-moz、-o、-ms 的前缀，注释中给出了浏览器的支持情况。想更多地了解各浏览器前缀，可以参考网址 http://css3please.com。

2.4.2 代码分析

本示例侧重从 CSS 3 出发，介绍如何构建一个注册页面，下面讲解其中用到的 CSS 3 技巧。

【代码2-3】中第 19~31 行、126~132 行、149~155 行使用了 CSS 3 Gradient（渐变）。渐变分为线性渐变（Linear Gradients）和径向渐变（Radial Gradients）。这里使用了线性渐变，WebKit 内核的浏览器语法如下。

```
-webkit-gradient(<type>, [<point> || <angle>,]? <stop>, <stop> [, <stop>]* )
```

在 WebKit 下 Gradient 使用的语法如图 2.14 所示。

图 2.14　WebKit 下 Gradient 使用

第 1 个参数表示渐变类型，渐变类型分为 linear（线性渐变）和 radial（径向渐变）两种。第 2 个和第 3 个参数分别表示渐变的起点和终点，可以用坐标形式或方位值，比如 right top（右上角）和 right bottom（右下角），也可以使用角度，比如 red 10%。第 4 个和第 5 个参数表示起始和终止的渐变颜色。

再看标准浏览器的 Gradient 语法：

```
linear-gradient([point || angle,]? stop, stop [, stop]*)
```

标准浏览器下 Gradient 的使用如图 2.15 所示。

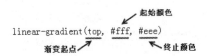

图 2.15　标准浏览器下 Gradient 的使用

标准浏览器下 Gradient 的渐变类型不在第 1 个参数上，而是写在样式名称上。第 1 个参数表示渐变的起点，可以使用方位值或者角度值，第 2 个和第 3 个参数和 WebKit 相同。

 想了解更多 Gradient 的使用，可以参考网址 http://css-tricks.com/examples/CSS 3Gradient/。

代码 32~38 行、79~81 行、108~110 行、158~160 行使用了 CSS 3 的 border-radius，中文意思是"圆角"，语法如下：

```
border-radius : none | <length>{1,4} [ / <length>{1,4} ]?
```

其中，length 是由浮点数字和单位标识符组成的长度值，可以使用 em、ex、pt、px、百分比等，不可为负值。圆角还有其他一些相关属性，比如 border-top-right-radius、border-bottom-right-radius、border-bottom-left-radius、border-top-left-radius。

代码 40~47 行、62~64 行、82~85 行、100~102 行、165~168 行使用了 CSS 3 的 box-shadow，语法如下：

```
box-shadow : <length> <length> <length> <length> || <color>
```

参数说明：阴影水平偏移值（可取正负值）；阴影垂直偏移值（可取正负值）；阴影边框；阴影模糊值；阴影颜色。

例子中使用的盒阴影效果属于盒外阴影，除此之外还有盒内阴影，使用时可增加一个 inset，代码如下：

```
box-shadow : inset 10px 10px 5px #000000;
```

如果还想了解更多的盒阴影，可以去 http://www.css3maker.com/box-shadow.html 动态感受下 box-shadow 的强大效果。

2.5　本章小结

本章主要介绍了 HTML 5 的一些移动特性，包括新的表单类型、表单属性。本章最后通过一个实际范例介绍了如何使用 HTML 5 移动特性，同时还介绍了 CSS 3 的一些技术。实际上 HMTL 5 并不是一项简单的技术，而是对 HTML、CSS 和 JavaScript 技术的全新应用。

第 3 章

◄ 移动特性2——多媒体形式 ►

音频视频作为 HTML 5 的最大亮点之一，解决了常年以来使用浏览器观看视频和音频都不得不安装 Flash 的窘境。随着 HTML 5 的发展、各大浏览器厂商对音频视频的支持，加上苹果的 iOS 系统禁止使用 Flash，使得 HTML 5 的音频视频在这几年内得到了飞速的发展，各大主流视频网站纷纷推出了完全使用 HTML 5 打造的视频编辑器。使用 HTML 5 的音频和视频非常简单，只需要用到两个标签 audio 和 video，本章将介绍这两个标签的使用和注意事项。

3.1 音频视频

本节我们先介绍一下音频与视频的基本知识、HTML 5 技术下使用音频（<audio>标签）与视频（<video>标签）的基本方法，让读者对 HTML 5 的音频与视频技术有一个初步的了解。

3.1.1 音频视频的格式

MP4 格式在日常生活中已经随处可见，但是大家对 WebM 和 Ogv 应该还有点陌生。WebM 是一个开放、免费的媒体文件格式，最早由谷歌提出，该格式容器中包括了 VP8 和 Ogg Vorbis 音轨。WebM 格式效率非常高，可以在平板电脑和其他一些手持设备上流畅地使用。Ogv 即带有 Thedora 视频编码和 Vorbis 音频编码的 Ogg 文件，该格式文件带有不确定的版权问题，可能在未来的浏览器中被慢慢淘汰。

各种格式的优缺点不一，如 WebM 格式，依赖于 Google 和 YouTube 的推广，并且在硬件上有良好的支持，但是由于涉及 MPEG LA 的专利案件，并且在 iOS 设备上得不到支持，虽然传统视频和音频编码技术经历多年的发展，并且相当稳定，但对于浏览器中原生支持视频和音频还非常年轻，仍然会遇到重重阻碍，不过规范和标准日益完善，如果读者及早地在视频和音频上做好技术准备，在未来会得到加倍的回报。

3.1.2 使用 video/audio 元素

HTML 5 除了提供 audio 和 video 元素播放音频和视频资源外，同时还配套提供了一系列的方法、属性和事件，这些方法、属性和事件允许使用 JavaScript 操作 audio 和 video 对象。
audio 和 video 对象均提供了一些类似的方法，如表 3-1 所示。

表 3-1 audio 和 video 对象方法

方法名	说明
load	重新加载音频或视频内容
play	播放音频或视频
pause	暂停音频或视频
addTextTrack	向音频或视频添加字幕
canPlayType	检测浏览器是否支持音频或视频格式

下面通过一个简单的视频播放示例介绍部分 API 的使用。

【代码 3-1】

```
01   <!DOCTYPE HTML>
02   <html>
03   <body>
04   <video src="video.webm" width="480" height="320" controls></video>
     // 视频播放元素
05       <a href=";" class="play">播放</a>                    // 播放按钮
06       <a href=";" class="pause">暂停</a>                   // 暂停按钮
07       </body>
08       <script>
09       var video = document.querySelector('video');        // 获取视频元素
10       document.querySelector('a.play',).addEventListener('click',function(e){
         // 监听播放按钮点击事件
11       e.preventDefault();                                 // 阻止元素默认事件
12       video.play();                                       // 播放视频
13       },false);
14       document.querySelector('a.pause').addEventListener('click',function(e){
         // 监听暂停按钮点击事件
15       e.preventDefault();                                 // 阻止元素默认事件
16       video.pause ();                                     // 暂停视频
17       },false);
18       </script>
19   </html>
```

该示例是一个最基本的使用 JavaScript 操作视频元素的例子，其中用到了 2 个关键方法 play
和 pause。audio 和 video 元素除了新增许多新的方法外，同时还增加了诸多属性，如表 3-2 所示。

表 3-2 audio 和 video 元素属性

元素名	说明
autoplay	表示视频或音频加载完毕后自动播放
controls	表示显示元素浏览器默认控件条
height	视频或音频元素的高
width	视频或音频元素的宽
loop	表示视频或音频是否循环播放
preload	表示视频或音频在页面加载时自动进行加载，并预备播放
src	表示视频或音频的地址 URL

在实际的开发中，使用 JavaScript 操作视频音频元素往往会遇到很多浏览器的差异，这些问题在本章对应的示例章节会给出相应的解决方案，同时读者可以使用市面目前比较成熟的第三方视频音频类库解决兼容问题，如目前比较流行的基于 HTML 5 的类库 video.js，官网地址 http://www.videojs.com/。

3.1.3　音频视频的通信

音视频的实时通信即 HTML 5 的 WebRTC 技术，是 Web Real-Time Communication 的缩写，该技术主要用于支持浏览器进行实时的语音对话和视频通信。

在 2011 年之前，浏览器实现语音对话和视频通信技术需要通过安装插件或者客户端等一些技术实现，不论对于用户还是开发人员都是一个烦琐和复杂的过程，并且还受到各种专利的影响。谷歌公司在 2010 年收购了 Global IP Solutions 公司从而获得了 WebRTC 技术，在 2011 年，按照 BSD 协议把该技术开源，同年 W3C 将 WebRTC 技术纳入 HTML 5 成为标准的一部分。最新 Android 系统上的 Chrome 版本也加入了 WebRTC 技术。

WebRTC 技术可以让 Web 开发者轻松地基于浏览器开发出丰富的实时媒体应用，帮助网页应用开发语音通话、视频聊天、P2P 文件分享等功能，而不需要安装任何插件，同时开发者也不需要关心多媒体的数字信号处理过程，只需要使用 JavaScript 即可实现。图 3.1 为 WebRTC 的技术架构图。

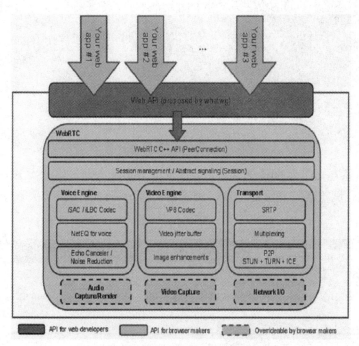

图 3.1　WebRTC 的技术架构图

WebRTC 技术由以下 3 部分组成。

● MediaStream：本地的音频视频流或来自远端浏览器的音频视频流。

- PeerConnection：执行音频视频调用，支持加密和带宽控制。
- DataChannel：采用点对点传输，传输常规数据。

下面通过一个示例演示如何使用浏览器 WebRTC，代码如下：

【代码 3-2】

```
01  <!DOCTYPE html>
02  <html>
03  <body>
04   <video autoplay></video>              <!-- 视频播放元素 -->
05   <script>
06     try {                              // 使用 WebKit 核心下的 getUserMedia 方法
07     navigator.webkitGetUserMedia({audio: true, video: true},
       uccessCallback, errorCallback);
08     } catch (e) {
09     navigator.webkitGetUserMedia("video,audio", successCallback,
       errorCallback);
10     }
11     function successCallback(stream) {          // 成功回调并设置 video 元素
12     document.querySelector('video').src = window.webkitURL.
       createObjectURL(stream);
13     }
14     function errorCallback(error) {             // 失败回调返回错误信息
15         console.log('发生错误，编号：' + error.code);
16     }
17   </script>
18  </body>
19  </html>
```

将上述代码保存至后缀为 html 的文件，并放置于 Web 服务器，如 IIS、Apache、Nginx 等。使用最新 Chrome 浏览器打开页面地址，浏览器会提示是否启用摄像头和麦克风，如图 3.2 所示。

图 3.2　浏览器提示是否启用摄像头和麦克风

点击浏览器提示条中的"允许"按钮，此时浏览器内出现一个宽 640 像素、高 480 像素的视频窗口，显示内容为用户摄像头拍摄视频。

随着 WebRTC 的发展和各大技术巨头的支持，虽然标准尚未完全成熟，但足以给开发者代码前所未有的惊喜，Web 开发人员可以完全基于浏览器开发音频视频实时在线应用。目前，已经出现了一批颇具实力的类库，如 webRTC.io 和 WebRTC-Experiment 等，用户可以前往项目地址学习使用，地址分别为 https://github.com/webRTC/webRTC.io 和 https://github.com/muaz-khan/WebRTC-Experiment。

BSD 是 Berkeley Software Distribution 的缩写，中文意思为伯克利软件发行版，是一整套软件发行版的统称，是自由软件中使用最广泛的许可证之一。BSD 的最初所有者是加州大学董事会。该协议可以自由地使用并修改源代码，也可以将修改后的代码作为开源或者专利软件再发布。

3.2　范例——制作音乐播放器 APP

本例将使用 HTML 5 的新元素 audio 播放音频。这里给出了一个实现简单在线音频播放器的场景，用户可以点击播放列表进行音乐切换。

使用 Chrome 浏览器打开网页文件，运行结果如图 3.3 所示。点击列表中第 3 首歌曲"LightMusic.mp3"，然后点击左下角的播放按钮，运行效果如图 3.4 所示。

图 3.3　使用 Chrome 打开网页文件

图 3.4　播放"LightMusic.mp3"

利用编辑器打开"3-3.做一个自己的在线音频播放器.html"文件，代码如下：

【代码 3-3】

```
01    <!DOCTYPE HTML>
02    <html>
03    <head>
04      <style>
05      // ......省略部分非关键样式，请参考下载资源源码
06       .list{                                    /* 播放列表样式 */
07         height:150px; font-size:15px;
```

```
08          border: 1px solid #464646;
09          border-radius: 3px;                         /* 圆角 */
10          -moz-border-radius: 3px;
11          -webkit-border-radius: 3px;
12          background-color: #F5F6F9;
13          margin-bottom:10px;
14      }
15      .run{                                           /* 当前正在播放 */
16          background-color:#4BA9E6 !important;
17          background: url(../images/running.gif) no-repeat;
18          background-position:4px 3px;
19      }
20      .box{                                           /* 播放器外观 */
21          border: 1px solid #464646;
22          border-radius: 3px;                         /* 圆角 */
23          -moz-border-radius: 3px;
24          -webkit-border-radius: 3px;
25          padding: 20px;
26          /* 背景色线性渐变 */
27          background:-moz-linear-gradient(top,rgb(53, 111, 143),#f6f6f8);
28          background:-webkit-gradient(linear, 0% 0%, 0% 100%, from(rgb(53,
            111, 143)), to(#f6f6f8));
29      }
30      </style>
31  </head>
32  <body>
33      <header><h2>做一个自己的在线音频播放器</h2></header>
34      <div class="box">
35          <div class="list">
36              <!-- 播放列表 -->
37              <ul>
38                  <li class="run">Kalimba.mp3</li>
39                  <li>MaidWithTheFlaxenHair.mp3</li>
40                  <li>LightMusic.mp3</li>
41              </ul>
42          </div>
43          <div>
44              <!-- 播放器 -->
45              <audio src="../res/Kalimba.mp3" controls>非常抱歉，您的浏览器不支持
                audio 标签。</audio>
46          </div>
47      </div>
```

```
48   </body>
49   <script>
50      var slice = Array.prototype.slice,
51          audio = document.querySelector('audio'),        // 音频播放元素
52          // 将获取的播放音频元素列表转化为数组
53          items = slice.call(document.querySelectorAll('.list li'),0),
54          run;
55      items.forEach(function (item) {
56          item.addEventListener('click', function () {   // 监听元素的 click 事件
57              run = document.querySelector('li.run');      // 获取当前播放的元素
58              run.className = '';                    // 取消之前元素播放状态
59              item.className = 'run';                // 为当前点击的音频加入正在播放样式
60              // 替换 audio 的地址为当前点击音频地址
61              audio.src = audio.src.replace(run.innerHTML, item.innerHTML);
62          });
63      });
64   </script>
65   </html>
```

代码第 45 行是播放器的核心，使用 HTML 5 新元素 audio。audio 元素有多种属性供使用，说明如下：

- autoplay：视频就绪后立即播放。
- controls：显示浏览器默认的播放器控件，如示例中的按钮。
- loop：某个文件完成播放后重复播放。
- preload：与页面一同进行加载，并预备播放。autoplay 存在时则忽略该属性。
- src：指定媒体的地址。

代码第 53 行获取播放列表中的文件元素并转化为数组。代码第 55 行循环文件数组，监听每个元素的 click 事件。当用户点击列表文件时，给文件添加播放的样式类，并重新设置 audio 的 src 属性。此时，音乐被切换，并且所有播放状态被重置为初始状态。

> 本例中并没有提及 audio 元素自身事件的相关使用。audio 元素拥有比一般元素更多的事件状态，如 pause、play、progress、waiting 等。用户可以通过这些事件，编写更为复杂的自定义音频播放器。

3.3　范例——制作视频播放器 APP

上面的示例已经向读者展示 HTML 5 带来的 video 元素在浏览器视频上的突破，摆脱了传统

浏览器播放视频过度依赖于第三方插件的局面。虽然 video 非常美好，但是各种浏览器对视频控件的实现不同，在原有的面板增加自定义功能更是难上加难。本例将初步实现一个自定义的播放器，给各位读者提供一个思路。

本例播放器将实现 3 个基本功能：播放、暂停、全屏。使用 Chrome 浏览器打开网页文件，运行结果如图 3.5 所示。点击视频中央的播放按钮，运行结果如图 3.6 所示。

图 3.5　使用 Chrome 打开网页文件　　　图 3.6　点击视频中央的播放按钮

此时，中央的播放按钮被隐藏，紧随着出现视频底部工具条。该工具条并非浏览器原生视频工具条，而是通过 HTML 进行模拟定制。如图 3.6 所示，工具条上出现了左下角暂停按钮和右下角全屏按钮。

 除了例子实现的 3 个功能外，后续例子将会在本例实现的基础上进行加强，读者可以继续阅读后续示例，感受自定义的魅力。

3.3.1　普通视频播放器

利用编辑器打开"3-4.普通视频播放器.html"文件，代码如下：

【代码 3-4】

```
01   <!DOCTYPE HTML>
02   <html>
03   <head>
04     <style>/* ......此处样式忽略，读者可以查看对应源代码 */</style>
05     <script src="../js/jquery-1.8.3.js"></script>
06   </head>
07   <body>
08     <header><h2>做一个自己的视频播放器</h2></header>
09     <div class="video_box">
10       <video src="../res/BigBuck.webm" width="480" height="320"
         controls></video>
11     </div>
```

```
12      </body>
13      <script>
14          (function () {
15              var CONTROLS_HTML = '......省略';                    // 播放工具条 HTML，此处省略
16              function VideoControl(ele) {                         // 播放工具条类
17                  this.video = $(ele);
18                  this.init();
19              };
20              VideoControl.prototype = {                          // 原型方法
21                  init: function () {
22                      // 移除 video 原本的 controls 属性，去除浏览器默认工具条
23                      this.video.removeAttr('controls');
24                      this._render();
25                      this._bind();
26                  },
27                  _render: function () {                          // 用于生成工具条 html 结构
28                      var wraper = this.wraper = $(document.createElement('div'));
29                      wraper.html(CONTROLS_HTML);
30                      this.video.parent().append(wraper);// 将工具类插入文档
31                  },
32                  _bind: function () {                            // 给工具条的元素绑定事件
33                      var self = this,
34                          video = self.video.get(0),              // 获取对应的原生元素
35                          wraper = self.wraper,
36                          control_btn = wraper.find('div.control_btn');
37                      // 用 jQuery 的 delegate 方法委托特制元素监听 click 事件
38                      wraper.delegate('div[data-type]', 'click', function (e) {
39                          var data_type = $(this).attr('data-type');
                            // 获取按钮自定义操作类型属性
40                          switch (data_type) {
41                              case 'go':                              // 初始屏中间大按钮
42                                  wraper.find('div.play_button').hide();
43                                  wraper.find('div.play_controls').show();
44                                  video.play();                  // 播放视频
45                                  break;
46                              case 'play':                        // 自定义工具条播放键
47                                  control_btn.toggle();
48                                  video.play();
49                                  break;
50                              case 'pause':                       // 自定义工具条暂停键
51                                  control_btn.toggle();          // 暂停视频
52                                  video.pause();
```

```
53                          break;
54                  case 'fullscreen':            // 自定义工具条全屏键
55                      self._fullScreen(video); // 调用实例的全屏方法
56                      break;
57              };
58          });
59      },
60      _fullScreen: function (video) {            // 全屏方法
61          var prefixs = 'Webkit Moz O ms Khtml'.split(' '),
            // 各种浏览器全屏方法前缀
62              parent = video, prefix;
63          // 循环各浏览器前缀名，找寻符合的方法并执行
64          for (var i = 0, l = prefixs.length; i < l; i++) {
65              prefix = prefixs[i].toLowerCase();
66
67              if (parent[prefix + 'EnterFullScreen']) {
                // 兼容不同浏览器全屏方法
68                  parent[prefix + 'EnterFullScreen']();
69                  break;
70              } else if (parent[prefix + 'RequestFullScreen']) {
71                  parent[prefix + 'RequestFullScreen']();
                    // 如果存在该方法即执行
72                  break;
73              };
74          };
75      }
76  };
77  new VideoControl(document.querySelector('video'));
    // 实例化自定义工具条类
78  })();
79  </script>
80  </html>
```

代码第 16~19 行定义了工具类构造函数。函数接收 1 个参数，该参数需要加入自定义工具条的 video 元素。

代码第 20~76 行在 VideoControl 的 prototype 原型上增加如下 4 个方法：

- init: 初始化函数。
- _render: 生成工具条 HTML 结构。
- _bind: 在工具条元素上绑定事件。
- _requestFullscreen: video 元素全屏方法。

> prototype 属性是 JavaScript 面向对象编程的基础，如果对其还不是很了解，可以参考
> http://msdn.microsoft.com/zh-cn/magazine/cc163419.aspx。

_render 方法将字符模板 CONTROLS_HTML 插入对应的 video 父节点中，用于构建工具条
DOM 结构。

_bind 方法在工具条的外围容器增加事件委托，监听元素类型为符合选择器 "div[data-type]" 的 click 事件。data-type 是自定义的元素属性，表示播放按钮的类型。本例中共有 4 种类型，具体如下：

- go：初始状态中央的大三角按钮事件类型。
- play：工具条播放按钮事件类型。
- pause：工具条暂停按钮事件类型。
- fullscreen：工具条全屏按钮事件类型。

在各种浏览器上，video 元素的播放和暂停方法的名称都相同，分别为 play 和 pause。全屏方法由于还处于草案阶段，因此需要加上对应浏览器的前缀名，代码第 60~75 行就是为了解决这个问题而设置的。兼容方案可以参考代码，这里不做过多说明。

细心的读者会发现，Chrome 浏览器下调用 video 全屏方法后，不论 video 是否带有 controls 属性，都会出现播放器的默认工具条，这显然不是当初想看到的，读者不妨先想想，稍后会给出解决方案。

> 本次代码分析主要针对示例的脚本逻辑，样式说明可以参考源码中的注释。

3.3.2　添加视频进度条

本例将完成给自定义播放器添加进度条的工作。一共会添加两种进度条，分别为下载进度条和播放进度条。使用 Chrome 浏览器打开网页文件，点击屏幕中央的三角播放按钮，播放器底部出现自定义工具条，同时进度条慢慢地向右伸长，运行效果如图 3.7 所示。

图 3.7　点击播放按钮

图 3.7 中的蓝色进度条表示播放时间，灰色条表示视频下载进度。将鼠标悬浮于进度条之上，此时进度条上方会出现对应的时间提示框，效果如图 3.8 所示。

图 3.8　鼠标悬浮于进度条出现时间提示

本例的代码构建在"3-5.添加视频进度条.html"的功能基础之上。下面对增添的代码部分做一个分析。

字符串模板 CONTROLS_HTML 增加进度条 HTML 结构，代码如下：

```
'<div class="control progress_control">' +              // 进度条外围层
  '<div class="progress_bar_bg"></div>' +                // 进度条背景层
  '<div class="progress_bar_buffered"></div>' +          // 下载进度条层
  '<div class="progress_bar_played"></div>' +            // 播放进度条层
  '<div class="progress_bar_time">' +                    // 悬浮提示外围层
      '<div class="progress_bar_time_line"></div>' +
      '<div class="progress_bar_time_txt">00:00</div>' + // 悬浮时间提示
  '</div>' +
'</div>' +
```

 HTML 模板对应的 CSS 可以参考源码。

视频工具类 VideoControl 的 prototype 原型上增加_progress 和_bartime 方法。其中_progress 方法用于控制下载进度条的移动，代码如下：

```
_progress: function () {                                 // 控制下载进度条
    var self = this,
        video = self.video,                              // 实例上的video属性
        video_ele = video.get(0),                        // 视频的原生元素
        progress_bar = self.wraper.find('div.progress_control'), // 进度条外围元素
        progress_bar_buffered =
self.wraper.find('div.progress_bar_buffered');// 下载进度条元素
    video.on({
        'progress': function (e) {                       // 监听video的下载进度事件
```

```
            if (this.buffered && this.buffered.length) {      // 判断是否开始接收数据
                var percent = video_ele.buffered.end(0) / video_ele.duration;
    // 下载数据相对总时间百分比
                progress_bar_buffered.width(percent * progress_bar.width());
    // 设置下载进度条长度
            };
        }
    });
},
```

video 的 buffered 属性返回 1 个 TimeRanges 对象。TimeRanges 对象表示音视频的已缓冲部分，对象具有 1 个 length 属性，表示音视频中已缓冲范围的数量，同时还具有两个方法，即 start 和 end，语法如下：

```
video. buffered.start(index);                    // 获得某个已缓冲范围的开始位置
video. buffered. end (index);                     // 获得某个已缓冲范围的结束位置
```

_bartime 方法用于实现鼠标悬浮进度条的时间提示，代码如下：

```
_bartime: function () {                           // 鼠标悬浮进度条的时间提示
   var wraper = this.wraper,
       progress_control = wraper.find('div.progress_control'),// 进度条外围元素
       progress_bar_bg = wraper.find('div.progress_bar_bg'),        // 进度条背景层
       progress_bar_time = wraper.find('div.progress_bar_time'),
       // 时间悬浮提示层外框
       progress_bar_time_txt = wraper.find('div.progress_bar_time_txt'),
       video_ele = this.video.get(0);              // 悬浮提示时间元素
   progress_bar_bg.on({                            // 绑定进度条背景层
       'mousemove': function (e) {
          var offsetX = e.clientX - progress_bar_bg.offset().left,
          // 相对于进度条横轴距离
             percent = offsetX / progress_bar_bg.width();
          progress_bar_time.css('left', offsetX + 6);    // 设置时间浮动框位置
          progress_bar_time_txt.html(timeFormat((percent * video_ele.duration)|| 0));
       },
       'mouseenter': function (){ progress_bar_time.show(); },// 移入显示时间提醒
       'mouseleave': function (){ progress_bar_time.hide(); }// 移出隐藏时间提醒
   });
}
```

最后，完成播放进度条的动态更新功能，修改原型方法 _timeupdate，代码如下：

```
this.video.on({
   'timeupdate': function () {                      // 视频播放位置变动时触发
```

```
        currentTime.html(timeFormat(video.currentTime));    // 当前播放时间动态更新
        var percent = video.currentTime / video.duration;  // 播放时间占总时间百分比
        progress_bar_played.width(percent * progress_bar.width());
        // 设置播放进度条宽度
    },
    'loadedmetadata': function () {                         // 视频元数据加载完毕后触发
        duration.html(timeFormat(video.duration));
    }
});
```

在上面的代码中，将之前监听 video 的 play 事件换为 loadedmetadata 事件，是为了保证视频的元数据下载完毕后再设置视频总耗时，避免在 play 事件触发时获取 video 的 duration 属性为空。

 视频的元素据包含时长、尺寸（仅视频）以及文本轨道等信息。

3.3.3　添加视频快进慢进按钮

HTML 5 的 video 元素几乎带来了所有传统播放器都具备的功能，本例将在自定义播放器上加入慢进和快进按钮。使用 Chrome 浏览器打开网页文件，点击屏幕中央的三角播放按钮，播放器底部出现自定义工具条，同时下方工具条左端出现快慢进按钮，运行效果如图 3.9 所示。

图 3.9　点击播放按钮

本例的代码构建在"3-6.添加视频快进慢进按钮.html"的功能基础之上。下面对增添的代码部分做一个分析。

字符模板增加快进和慢进 HTML 结构，代码如下：

```
<div class="control backward_control" data-type="backward" title="慢退
"><div></div><div></div></div>
<div class="control forward_control" data-type="forward" title="快进
"><div></div><div></div></div>
```

提示 backward_control 和 forward_control 样式类，读者可以参考下载资源源码。

在 HTML 结构中，自定义 data-type 属性表示对应按钮元素执行的方法名。快进和慢进在委托方法中对应的方法名为"backward"和"forward"，方法执行脚本如下：

```
case 'backward':                    // 自定义工具条慢退
    self._playbackRate(-0.1);       // 给实例方法_ playbackRate 传入负数播放速度
    break;
case 'forward':                     // 自定义工具条快进
    self._playbackRate(0.1);
    break;
```

如上代码所示，快慢进执行相同的实例方法_playbackRate，该方法接收 1 个数字参数，表示增减播放速度，_playbackRate 代码如下：

```
_playbackRate: function (rate) {
    this.video.get(0).playbackRate += rate;
}
```

playbackRate 属性表示视频的播放速度，默认值为 1，数值越小播放速度越慢，反之亦然。

3.3.4　处理带字幕的视频

本例将给读者介绍的是在 HTML 5 视频中添加字幕。听起来这像是一项非常复杂的工作，不过 HTML 5 已经将字幕文件进行抽象独立，同时非常简单的就能在任意视频中添加字幕。本节示例不能直接用浏览器打开文件，否则 Chrome 下会报出"Cross-origin text track load denied by Cross-Origin Resource Sharing policy."的错误信息，表示字幕文件加载违反了跨域资源共享策略。所以，需要将文件部署在 Web 服务器上，如 Apache、Nginx、IIS 等。

部署完毕后，用 Chrome 打开对应网址，点击屏幕中央的三角播放按钮，视频的下方出现字幕，效果如图 3.10 所示。

图 3.10　点击播放按钮，视频下方出现字幕

本例的代码构建在"3-7.处理带字幕的视频.html"的基础上，没有额外的脚本改动。在 HTML 中增加字幕结构，代码如下：

```
<video width="480" height="320" controls poster="../images/BigBuck.png" preload="none">
    <source src="../res/BigBuck.webm" type="video/mp4">
    <track label="English subtitles" kind="captions" srclang="en" src="../res/BigBuck.vtt" default>
</vidde>
```

track 标签为视频规定外部文本轨道，标签带有多种新属性，具体如下：

- default：表示该轨道是默认的。
- kind：表示轨道文本类型，如：captions、chapters、descriptions、metadata、subtitles。
- label：轨道的标签或标题。
- src：轨道的 URL。
- srclang：轨道的语言，若 kind 属性值是"subtitle"，则该属性是必需的。

本例 track 标签的轨道文件为 1 个 WebVTT 文件。WebVTT 文件是一个简单的纯文本，打开"../res/BigBuck.vtt"，代码如下：

```
WEBVTT                              // 文本轨道文件开头，必填
00:00.000 --> 00:01.000
<c>字幕出现---1</c>                  // 表示可以带 CSS 的文本
00:01.000 --> 00:02.000
<i>字幕出现---2</i>                  // 斜体文本
00:02.000 --> 00:03.000
<b>字幕出现---3</b>                  // 粗体文本
00:03.000 --> 00:04.000
<u>字幕出现---4</u>                  // 带下划线文本
00:04.000 --> 00:05.000
<v.loud>字幕出现---5                 // 声音文本加样式
00:05.000 --> 00:06.000
<v Man>字幕出现---6                  // 声音文本加人物名
```

在 WebVTT 文本中，所有 c 标签都可以带 CSS 样式，比如<c.demoClass>。还有一种 v 标签，也可以带样式，同时还可以加入人名。本例给 v 标签加上 2 种样式类，如下代码所示：

```
::cue(.loud) { font-size: 2em; color:Red;}
::cue(v[voice="Man"]) { color: green }
```

该类声音文本样式需要以字符串"::cue"开头，cue 表示指定文本和视频文件中字幕的时间定位。小括号中间的内容如同 CSS，表示选择器的名称。其中的".load"如同一般 CSS，表示文本中的样式类。其中，"v[voice="Man"]"表示对应人物音轨文字的样式类。

WebVTT 还有更多更奇怪的设置，详情可以参考网址 http://dev.w3.org/html5/webvtt/。

3.4　本章小结

　　本章主要介绍了使用 HTML 5 多媒体特性，包括音频与视频设计，并通过多个实际范例介绍了如何使用 HTML 5 多媒体特性。本章需要读者了解的虽然仅仅只有两个标签 audio 和 video，但它们延伸出来的技术却不是新手可以轻松掌握的，希望读者能多多练习，直到理解了每种方法背后的含义。

第 4 章
◀ 移动特性3——地理位置定位 ▶

地理位置是 HTML 5 非常重要且诱人的特性之一，在当今移动互联网时代更显得价值连城。开发者只需要简单的几行代码就可以轻松获取用户的地理位置信息，借助这些信息可以开发基于位置信息的高级应用，将虚拟世界和现实世界整合在一起，以一种难以捉摸、变化莫测的方式出现在大众眼前。本章将向读者介绍 HTML 5 中这一项伟大的技术。

4.1 认识地理位置

4.1.1 纬度和经度坐标

纬度和经度是一种利用三度空间的球面来定义地球上空间的球面坐标系统，能够标示地球上的任何一个位置。

谈到经纬度，可以追溯到公元前 344 年，亚历山大渡海南侵，随军的地理学家尼尔库斯沿途搜索材料，准备绘制一幅世界地图。尼尔库斯发现沿着亚历山大东征的路线，由西向东，无论季节变换与日照长短都很相仿。于是第一次在地球上划出了一条纬线，这条线从直布罗陀海峡起，沿着托鲁斯和喜马拉雅山脉一直到太平洋。

经线又称为子午线，定义为地球表面连接南北两极的半圆弧。任何两根经线的长度相同，相交于南北两极，每根经线都有相对应的值，称为经度。纬线定义为地球表面某个点随着地球自转所形成的轨迹，任何一根纬线都是圆形而且两两平行。

经 1884 年国际会议协商，决定以通过英国伦敦格林尼治天文台（原址）的经线为起始线。这根经线称本初子午线，以本初子午线为起点，向东为东经度（E），向西为西经度（W）。经度共 360°，本初子午线为 0° 经线，东西经度各为 180°，东、西经 180° 经线为同一条经线，统称 180° 经线。

纬度以赤道为起点，赤道以北为北纬度（N），赤道以南为南纬度（S）。赤道是 0° 纬度，北纬度的最大值是 90°，即北极点；南纬度的最大值为 90°，即南极点。

下面通过图 4.1 来了解地球经纬度。

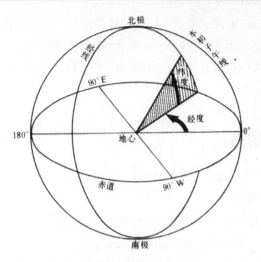

图 4.1　地球经纬度

4.1.2　定位数据

HTML 5 通过 Geolocation 接口获取用户地理位置信息，开发者不需要关心接口是在什么设备上、使用什么底层技术去实现，只需要会简单的调用即可。

一般来说，浏览器可以从设备中获取以下数据来源：

- IP 地址。
- GPS（Global Positioning System，全球定位系统）。
- RFID（Radio Frequency IDentification，射频识别），如汽车防盗和无钥匙开门系统的应用、门禁和安全管理系统。
- Wi-Fi 地址。
- GSM 或 CDMA 手机的 ID。
- 用户自定义的地理位置数据。

每种获取方式的原理不同，所以在精准度上也会产生差异，比如使用笔记本连接 Wi-Fi 上网获取的经纬度信息与使用手机在 GSM 上获取的经纬度信息很可能会不完全一致。下面通过比对各项技术的优缺点让读者能够更加全面地了解差异。表 4-1 列出了定位数据来源的优缺点。

表 4-1　定位数据来源优缺点

定位数据来源	优点	缺点
IP 地址	连接上网的地方都可获取	不精确
GPS	非常精确	定位时间长、耗电量大、室内效果差
RFID	精准、可在室内	接入设备少
Wi-Fi	精准、可在室内	需要有无线接入点
基于手机	较精准、可在室内	需要有手机网络，且基站点要多
用户自定义	自行输入位置更准备，定位快速	当用户位置发生变化时不准确

HTML 5 通过 Geolocation 除了能获取到经纬度坐标外，还能提供位置坐标的精准度。对于某些较高级的硬件设备，浏览器通过 Geolocation 还能获取到海拔、海拔精准度、行驶方向和速度等，开发者可以通过该接口获取到与原生应用同样丰富的数据形式，开发出更多酷炫的功能，而这一切都可以在浏览器里实现。

4.1.3　构建地理位置应用

地理位置信息涉及用户的隐私，HTML 5 Geolocation 设计之初就考虑到了这一点，除非用户明确允许，否则无法获取位置信息。

当用户访问一张使用 HTML 5 Geolocation 功能开发的页面时，浏览器会出现用户授权提示条。图 4.2 显示了在 Chrome 浏览器下用户授权条的样式。

图 4.2　Chrome 浏览器下 Geolocation 功能授权提示

不同的浏览器，Geolocation 用户授权提示信息形式也不同。Firefox 的授权提示如图 4.3 所示。

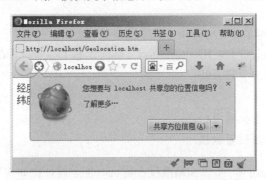

图 4.3　Firefox 浏览器下 Geolocation 功能授权提示

HTML 5 Geolocation 方法在使用时除了会进行用户授权，还允许对过往进行授权的网站进行再修改。用户可以通过修改网站授权保护自己的隐私，比如在咖啡厅使用带有 Geolocation 的应用查找周边的商户信息，这时通过经纬度信息定位周边商户，可以方便地寻找信息，但当环境发生变化时，如回到家中，此时可以重新将授权私有，以起到保护作用。下面将通过图示来学习如何对已授权的网站取消授权。

以 Chrome 浏览器为例，首先点击浏览器导航栏右侧圆形类似定位的按钮，如图 4.4 所示。然后点击弹出提示框的"管理位置设置"链接，此时会重新打开一个窗口，链接地址为"chrome://settings/contentExceptions#location"，新开的页面显示当前浏览器的地理位置信息情况列表，用户可以通过编辑列表选择是否再次对网站进行授权，如图 4.5 所示。

图 4.4 点击 Chrome 浏览器导航栏右侧定位按钮

图 4.5 Chrome 浏览器 Geolocation 授权编辑列表

4.2 手机地理位置定位

在一个以地点为核心的 POI 系统中，需要获取用户地理位置的坐标。本例演示通过 Wi-Fi 获取当前地理位置的坐标。当用户打开浏览器时，页面上显示通过手机 3G 网络信号地理定位的当前坐标，同时用 Google Maps 显示标记当前的地理位置。

在 iPhone 上使用 Safari 浏览器打开网页文件，运行效果如图 4.6 所示。

图 4.6 询问是否允许使用当前的位置

本例需要通过架设 Web 服务器来访问文件。

点击"好"按钮，运行效果如图 4.7 所示。

图 4.7　IP 使用联通 3G 网络定位

代码在 iPhone 的 Safari 浏览器下测试通过，建议使用 Safari 浏览器打开；确保手机关闭 Wi-Fi；确保手机已通过手机信号连接上网络；出于隐私考虑，在第一次运行该页面时，会弹出提示是否授权使用您的地理位置信息，该程序需要授权才可正常使用定位功能。

本例"4-1.手机地理定位.html"的关键函数 via3G 代码如下：

【代码 4-1】

```
01   function via3G(){
02     if (navigator.geolocation) {                // 判断浏览器是否支持
03       // 通过 HTML 5 getCurrnetPosition API 获取定位信息
04       navigator.geolocation.getCurrentPosition(function(position) {
05         var info = $("#info"),                   // 获取地理位置信息控件
06           longlat_html =                         // 拼接 HTML
07           '<h4>手机定位</h4>'+
08           '<ul>'+
09           '<li>经度：' + position.coords.longitude + '</li>'+
10           '<li>纬度：' + position.coords.latitude + '</li>'+
11           '</ul>';
12         info.html(longlat_html);                 // 设置显示内容结构
13         showMap(position.coords, document.getElementById("map"));
14       });
15     } else {
```

```
16          var _3g = $("#info");                    // 获取提示元素
17          _3g.html("您的浏览器不支持 HTML 5 Geolocation API 定位").css('color',
'#F30');
18      }
19  }
```

第 04 行，调用 navigator.geolocation.getCurrentPosition 方法通过手机信号获取定位信息。

4.3　谷歌地图的使用

本节我们着重向读者介绍谷歌地图的使用方法，包括追踪用户的位置、查找路线和用户自定义的地理定位等功能。

4.3.1　追踪用户的位置

在地图上描绘出移动路径可以清楚地表示用户的移动轨迹。本例演示用 Google 地图追踪用户的地理位置，根据用户的移动轨迹在 Google 地图上画出移动路线图。

在 iPhone 使用 Safari 浏览器打开 "4-2.使用 Google 地图追踪用户的位置.html" 网页文件，运行效果如图 4.8 所示。

通过 3G 网络访问，需要通过 Web 服务器来访问网页文件。

图 4.8　在 IOS 上用 Safari 浏览器打开

移动当前位置，行走一段距离，在移动过程中，Google 地图上会画出移动轨迹，如图 4.9 所示。

可以开车或者乘坐公交来移动当前位置，效果会更好。

图 4.9　移动过程中

利用编辑器打开"4-2.使用 Google 地图追踪用户的位置.html"文件，代码如下：

【代码 4-2】

```
01    <!DOCTYPE html>
02    <html lang="en">
03    <head>
04    <meta http-equiv="Content-Type" content="text/html; charset=utf-8" />
05    <title>使用 Google 地图追踪用户的位置</title>
06    <style>
07        body{
08        margin:50px auto;width:634px;padding:20px;border:1px solid #c88e8e;
09        border-radius: 15px;
10          height: 100%;                          /* 设置高度自适应 */
11        }
12      #map{ height: 400px; width: 630px; text-align: center;}/* 设置地图宽高 */
13    </style>
14    </head>
15    <body>
16       <p>使用 Google 地图追踪用户的位置</p>
17       <p>当前地理位置<span id="info"></span></p>
18       <div id="map">加载中...</div>                <!-- 地图显示控件 -->
19    </body>
20    <script src="http://maps.google.com/maps/api/js?sensor=false"></script>
21    <script>
22    ;(function(){
23    var
24    gmap = document.getElementById("map"),        // 获取地图 DOM
25    ginfo = document.getElementById("info"),      // 获取显示经纬度 DOM
26    chinapos = new google.maps.LatLng(35.86166, 104.195397),
      // 设置默认中国地图坐标
27    map = new google.maps.Map(document.getElementById("map"), {
```

50

```
        // google 地图实例化
28         zoom: 5,
29         center: chinapos,
30         mapTypeId: google.maps.MapTypeId.ROADMAP
31     }),
32     marker = new google.maps.Marker({position: chinapos, map: map, title:
       "用户位置"}), // 地图浮动提示
33     watchMap = function(position) {
34         var
35         pos = new google.maps.LatLng(position.coords.latitude,
           position.coords.longitude);   // 经纬度
36         ginfo.innerHTML = "当前位置（纬度：" + position.coords.latitude
37         + "，经度：" + position.coords.longitude + "）";   // 显示定位结果
38         map.setCenter(pos);
39         map.setZoom(14);
40         marker.setPosition(pos);                   // 更新位置标记
41         drawPath(position.coords);                 // 根据当前经纬度画线
42     },
43     drawPath = function(){                          // 画线函数
44         var
45         coordinatesPathArray = [],                  // 所监听到的所有经纬度信息
46         lineOption = {                              // 画线的配置选项
47             strokeColor: "#9290f8",                 // 线的颜色
48             strokeOpacity: 0.5,                     // 线的透明度
49             strokeWeight: 5                         // 线的精细
50         },
51         coordsPath;                                 // 保存 Polyline 的变量
52         var draw = function(coords){                // 重绘函数
53             coordsPath.setMap(null);                // 清除原有的线
54                 // 把新的位置信息加入到数组中
55             coordinatesPathArray.push(new google.maps.LatLng(coords.latitude,
               coords.longitude));
56             lineOption.path = coordinatesPathArray;     // 线的 path 配置选项
57             coordsPath = new google.maps.Polyline(lineOption);
               // 利用 Google API 画线
58             coordsPath.setMap(map);                      // 在地图上显示出线
59         }
60         lineOption.path = coordinatesPathArray;     // 初始化第一条线
61         coordsPath = new google.maps.Polyline(lineOption);
           // 初始化 Polyline 并赋值给 coordsPath
62         return draw;
63     }(),
64     updatePosition = function(){
65         var
66         errorHandler = function(error){             // 定位出错处理函数
67             switch(error.code){
68                 case error.PERMISSION_DENIED:       // 定位失败，没有权限
```

```
69                          gmap.innerHTML = "定位被阻止，请检查您的授权或者网络协议（" +
                            error.message + "）";
70              break;
71              case error.POSITION_UNAVAILABLE:      // 定位失败，不可达
72                          gmap.innerHTML = "定位暂时无法使用，请检查您的网络（" +
                            error.message + "）";
73              break;
74              case error.TIMEOUT:                   // 定位失败，超时
75                          gmap.innerHTML = "对不起，定位超时";     // 超时了
76              break;
77          }
78      },
79      getWatchPosition = function(){                 // 定位函数
80          var watchId = navigator.geolocation.watchPosition(watchMap,
            errorHandler, {timeout: 1000});
81      };
82      return getWatchPosition;                       // 返回定位函数供外部调用
83 }();
84 if (navigator.geolocation) {
85      gmap.innerHTML = "定位中...";
86      updatePosition();                              // 定位开始
87 } else {
88      gmap.innerHTML = '您的浏览器不支持地理位置';// 定位失败，浏览器不支持
89 }
90 }());
91 </script>
92 </html>
```

代码第 86 行是本例的入口函数，该函数调用 getWatchPosition 方法，然后执行 navigation.geolocation 对象的 watchPosition 方法。

第 80 行调用 HTML 5 Geolocation API 的 watchPosition 函数，有 3 个参数，这 3 个参数和 getCurrentPostion 含义一样，区别在于 watchPosition 函数是一个监视器，监视用户的位置是否发生变化，如果发生变化，浏览器就会触发其回调函数，成功则回调函数 watchMap，失败则回调函数 errorHandler。

第 40 行的作用是在用户移动过程中重新标记用户的当前位置。

第 41 行调用画线程序。Google 提供的画线 API Polyline 会在 2 点间画出 1 条直线。根据用户频繁的位置移动形成多个点，连接每个点，形成一条直线。

第 43~63 行是画线函数。首先把画线的变量保存在闭包中，注意第 61 行代码，该函数会在页面载入时立即执行，并初始化 coordinatesPathArray、lineOption、coordsPath 这 3 个变量，第 62 行返回 draw 函数。

第 52~59 行定义真正的画线函数 draw，第 40 行调用的 drawPath 函数实际上调用的是 drawp 函数。传递的参数为当前的坐标。draw 函数的原理是先清除原先已经画的轨迹，再把当前的位置坐标加入到历史坐标数组 coordinatesPathArray 中，最后根据新的数组在 Google Map 上重新绘

制一条轨迹。

第 53 行清除当前地图上已经画好的路径轨迹。

第 54 行把当前位置坐标加入到 coordinatesPathArray 数组中。

第 55~57 行把当前新的位置坐标数组在 Google Map 上重新绘制出来。

 更多关于通过 Google Map 画线的知识点，请参考谷歌官方网址
https://developers.google.com/maps/documentation/javascript/reference#Polyline。

4.3.2　查找路线

本例演示一个生活中经常用到的场景，根据 Google 地图查找出行路线。路线查找需要提供起始位置和目的地位置。利用 HTML 5 提供的获取地理位置信息，可以非常方便地定位到当前地理位置，然后提供目的地，就可以根据 Google 地图 API 查找出行路线。本例演示的路线查找功能也可以选择出行方式，包括自驾车、公交、步行、自行车 4 种方式。

使用 Chrome 浏览器打开"4-3.使用 Google 地图查找路线.html"网页文件，运行效果如图 4.10 所示。

图 4.10　查找路线页面

在"起始位置"一栏点击"使用当前位置作为起始位置"文字，运行效果如图 4.11 所示。

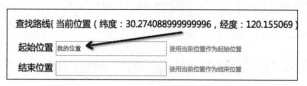

图 4.11　点击使用当前位置作为起始位置

在"结束位置"一栏填写"西溪国家湿地公园"，选择"出行方案"为"公交"，然后点击"查找"按钮，运行效果如图 4.12 所示。图中左侧以地图形式显示查找结果，标签 A 代表起始位置，标签 B 代表结束位置，图中右侧以文字的形式显示具体的路线信息。

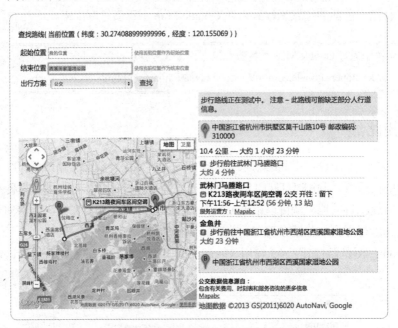

图 4.12　查找去西溪国家湿地公园的路线

设置"出行方案"为"驾车"，然后点击"查找"按钮，运行效果如图 4.13 所示。

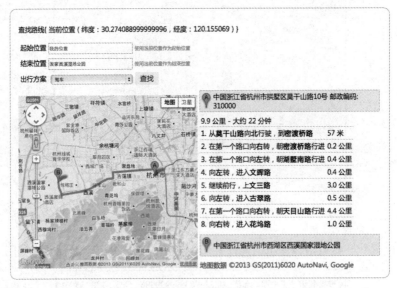

图 4.13　驾车路线

设置"出行方案"为"自行车"，然后点击"查找"按钮，运行效果如图 4.14 所示。

图 4.14 自行车路线

 没有找到自行车路线，因为 Google 地图目前只有美国地区支持自行车路线。

设置出行方案为"步行"，然后点击"查找"按钮，运行效果如图 4.15 所示。

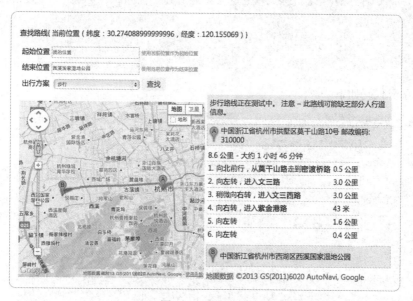

图 4.15 步行路线

利用编辑器打开"4-3.使用 Google 地图查找路线.html"文件，样式部分代码如下：

【代码 4-3】

```
<style>
body{
```

```
    margin:50px auto;width:870px;padding:20px;border:1px solid #c88e8e;
    border-radius: 15px;
        height: 100%;                                    /* 设置高度自适应 */
    }
    .item { width:430px; display: inline-block;padding-right:2px;}
     /* 设置 ip 和 wifi 容器的宽度并左浮动 */
    .section{padding: 5px;}
    .btn{text-decoration: none; color: #c89191;font-size: 11px; }
    .btn:hover{text-decoration: underline;}
    input, select{border: #b9aaaa 1px solid; height: 22px;width: 200px;margin-
    left:5px;}
    #map{ height: 400px; width: 430px; text-align: center;}    /* 设置地图宽高 */
    .search{                                            /* 设置查找按钮样式 */
    padding: 4px 12px;
    text-decoration: none;
    cursor: pointer;                                     /* 设置光标的手形 */
    color: #333333;
    background-color: #f5f5f5;                          /* 设置查找按钮背景色 */
    border-radius: 4px;
    box-shadow: inset 0 1px 0 rgba(255,255,255,.2), 0 1px 2px rgba(0,0,0,.05);
    /* 设置查找按钮阴影 */
    }
</style>
```

HTML 部分代码如下：

```
01    <p>查找路线<span id="info"></span></p>
02        <div class="section">                          <!--起始位置 -->
03        <label for="start">起始位置</label><input type="text" id="origin" />
          <!--起始位置输入框-->
04        <a href="javascript:;" class="btn" id="user-origin">使用当前位置作为起始
          位置</a>
05        </div>
06        <div class="section">                          <!--结束位置 -->
07           <label for="end">结束位置</label><input type="text"
             id="destination" />  <!--结束位置输入框 -->
08           <a href="javascript:;" class="btn" id="user-destination">使用当前位
             置作为结束位置</a>
09        </div>
10        <div class="section">
11           <label for="travelMode">出行方案</label>        <!--出行方案选择-->
12           <select id="travelMode">
```

```
13              <option value="TRANSIT">公交</option>          <!--选择公交-->
14              <option value="DRIVING">驾车</option>           <!--选择驾车-->
15              <option value="BICYCLING">自行车</option>        <!--选择自行车-->
16              <option value="WALKING">步行</option>            <!--选择步行-->
17          </select>
18          <a href="javascript:;" class="search" id="search">查找</a><!--查找路
            线按钮-->
19      </div>
20      <div id="map" class="item">加载中...</div>              <!--地图方式显示控件-->
21   <div id="directionsPanel" class="item"></div>            <!--文字方式显示路线-->
```

第 03 行和第 07 行设计的输入框可以让用户自己输入路线查找的起始位置或者结束位置。

第 04 行和第 08 行定义用户可以选择以当前位置作为起始或者结束位置。

第 12~17 行定义了 4 种出行方式，分别为：

- TRANSIT：公交。
- DRIVING：驾车。
- BICYCLING：自行车。
- WALKING：步行。

第 21 行<div id="directionsPannel">元素的作用是把路线查找的文字结果显示在这里。

JavaScript 逻辑代码部分如下：

```
01   var
02   gmap = document.querySelector("#map"),                  // 获取地图 DOM
03   ginfo = document.querySelector("#info"),                // 获取显示经纬度 DOM
04   origin = document.querySelector("#origin"),             // 获取起始位置输入 DOM
05   destination = document.querySelector("#destination"),// 获取结束位置输入 DOM
06   userOrigin = document.querySelector("#user-origin"),
     // 获取使用当前作为起始位置 DOM
07   userDestination = document.querySelector("#user-destination"),
     // 获取使用当前作为结束位置 DOM
08   travelMode = document.querySelector("#travelMode"),    // 获取出行方式 DOM
09   search = document.querySelector("#search"),             // 获取查找按钮 DOM
10   directionsPanel = document.querySelector("#directionsPanel"),
     // 获取文字结果 DOM
11   map,                                                   // 定义 Google 地图变量
12   currentMaker,                                          // 定义当前位置标记
13   currentPosition,                                       // 定义当前位置信息
14   directionsService=new google.maps.DirectionsService(),// 初始化获取路线服务
15   directionsDisplay = new google.maps.DirectionsRenderer(),// 初始化显示路线服务
16   showMap = function(position) {
```

```
17    currentPosition = new google.maps.LatLng(position.coords.latitude,
      position.coords.longitude);  // 经纬度
18    // 地图参数
19    var options = { zoom: 14, center: currentPosition, mapTypeId:
      google.maps.MapTypeId.ROADMAP };
20    map = new google.maps.Map(gmap, options),            // 地图
21    // 地图位置标记
22    currentMaker = new google.maps.Marker({position: currentPosition, map:
      map, title: "用户位置"});
23    ginfo.innerHTML = "{ 当前位置 (纬度: " + position.coords.latitude
24    + ", 经度: " + position.coords.longitude + ") }";// 显示定位结果
25    directionsDisplay.setMap(map);                       // 地图上显示路线
26    directionsDisplay.setPanel(directionsPanel);         // 显示路线查找文字结果
27  },
28  userSelectionCurrent = function(e){                    // 设置当前位置作为查找点
29    var prev = this.previousElementSibling;              // 获取 input 元素
30    prev.value = '我的位置';                             // 设置 input 元素的值
31    prev.style.color = 'blue';                           // input 元素字体设置为蓝色
32    prev.isCurrent = true;                               // 设置 input 使用当前位置来计算
33  },
34  cancelCurrent = function(){
35    this.style.color = '#111';                           // 设置 input 元素字体颜色为#111
36    this.isCurrent = false;                              // 设置不使用当前位置作为查找点
37  },
38  bind = function(){
39    [userOrigin, userDestination].forEach( function (item){
40      item.addEventListener('click', userSelectionCurrent, false);
          // 绑定使用当前位置的点击事件
41    // 如果 input 元素的值是人为改变的，就设置不使用当前位置作为查找点
42    item.previousElementSibling.addEventListener('change', cancelCurrent,
      false);
43    });
44    search.addEventListener("click", calcRoute, false);// 绑定查找按钮事件
45  },
46  calcRoute = function(){                                // 路线查找函数
47    var
48    start = origin.isCurrent ? currentPosition : origin.value,
      // 获取路线的起始位置
49    end = destination.isCurrent ? currentPosition : destination.value,
      // 获取路线的结束位置
50    selectedMode = travelMode.value,                     // 获取路线的出行方式
51    request = {                                          // 封装 route 函数参数
```

```
52              origin:start,
53              destination:end,
54              travelMode: google.maps.TravelMode[selectedMode]
55          };
56      // 调用 Google 地图 API 请求路线
57      directionsService.route(request, function(response, status) {
58          if (status == google.maps.DirectionsStatus.OK) {       // 找到路线
59              directionsPanel.innerHTML = '';                     // 清除文字结果
60              directionsPanel.style.color = '';          // 清除文字结果颜色
61              directionsDisplay.setMap(map);              // 在地图上显示路线
62              directionsDisplay.setDirections(response);          // 显示文字结果
63              currentMaker.setMap(null);                  // 清除位置标记
64          }else{
65              directionsPanel.style.color = 'red';
66              // 没有找到路线
67              if(status === google.maps.DirectionsStatus.ZERO_RESULTS){
68                  // 自行车查找的特殊处理
69                  if(selectedMode === 'BICYCLING'){
70              directionsPanel.innerHTML ='没有找到路线，可能是不支持当前国家';
71                  }else{
72                  directionsPanel.innerHTML = '没有找到相关路线';
73                  }
74              }else if(status == google.maps.DirectionsStatus.NOT_FOUND){
75                  directionsPanel.innerHTML = '地址没有找到';
76              }else{
77                  directionsPanel.innerHTML = '其他错误: ' + status;
78              }
79              directionsDisplay.setMap(null);         // 清除上一次显示的路线
80              currentMaker.setMap(map);               // 显示当前的位置标记
81          }
82      });
83  },
84  getPosition = function(){
85      var
86      errorHandler = function(error){                     // 定位出错处理函数
87          switch(error.code){
88              case error.PERMISSION_DENIED:               // 定位失败，没有权限
89                  gmap.innerHTML = "定位被阻止，请检查您的授权或者网络协议 (" +
error.message + ")";
90                  break;
91              case error.POSITION_UNAVAILABLE:        // 定位失败，不可达
92                  gmap.innerHTML = "定位暂时无法使用，请检查您的网络(" +
```

59

```
error.message + ")";
 93             break;
 94             case error.TIMEOUT:                    // 定位失败，超时
 95                 gmap.innerHTML = "您的网络较慢，请耐心等待...";
 96                 gmap.innerHTML = "对不起，定位超时";    // 超时了
 97             break;
 98         }
 99     },
100     getCurrentPosition = function(){               // 定位函数
101         navigator.geolocation.getCurrentPosition(showMap, errorHandler);
102     };
103     return getCurrentPosition;                     // 返回定位函数供外部调用
104 }();
105 var init = function(){
106     if (navigator.geolocation) {
107         gmap.innerHTML = "定位中...";
108         getPosition();                             // 定位开始
109         bind();
110     } else {
111         gmap.innerHTML = '您的浏览器不支持地理位置';// 定位失败，浏览器不支持
112     }
113 };
114 google.maps.event.addDomListener(window, 'load', init);        // 入口函数
```

第 17 行在 navigator.geolocation.getCurrentPosition 函数的回调结果中用 currentPosition 记录定位的结果。如果是使用当前位置查找路线，那么这个结果在执行路线查找时会用到。

第 28~33 行定义"使用当前位置作为起始位置"和"使用当前位置作为结束位置"的事件处理函数，当用户点击按钮时，设置其对应的文本输入框的值为"我的位置"，并把字体颜色改为蓝色。然后设置变量 isCurrent 的值为 true，用来标记要使用当前位置作为起始或者结束位置。

第 34~37 行取消使用当前位置作为查找条件。

 当用户在输入框中输入文字时，表示用户不想使用当前位置来查找。

第 38~45 行定义了"使用当前位置作为起始位置""使用当前位置作为结束位置" 2 个文本输入框和"查找"按钮的事件代理。

第 46~83 行是查找路线的处理函数。

第 48~49 行获取路线查找的起始和结束位置。如果使用当前位置，那么其值为第 17 行代码赋予变量 currentPostion 的值；如果不使用当前位置作为查找条件，就对应获取用户输入的文字。

第 50 行获取用户选择的出行方式。

第 57 行调用 directionsService 的 route 方法。该方法提供两个参数，第 1 个参数为查找条件（包括路线的起始、结束位置和出行方式等），第 2 个参数为查找结果的回调函数。回调函数中第一个参数是具体的路线结果，第 2 个参数代表查找结果的状态。

要了解更多谷歌地图相关的查找路线的信息接口，读者可以参考 https://developers.google.com/maps/documentation/javascript/reference#DirectionsService。

第 58 行表示已经查找到了结果。

第 61 行表示如果找到路线，就在地图上显示出路线。

第 62 行在<div id="directionsPanel">上显示查找结果的文字方案。

第 65~78 行是没有正确查找到路线的错误处理逻辑。常见的有以下 3 种错误：

● OK：找到路线。
● NOT_FOUND：起点和终点中至少有一个位置没找到。
● ZERO_RESULT：起点和终点都找到了，但没有找到相关路线。

更多的错误信息请参考 https://developers.google.com/maps/documentation/directions/?hl=zh-cn。

第 114 行表示 Google 地图可用后马上调用 init 函数进行初始化。

4.3.3　用户自定义的地理定位

提供以地理位置服务的应用程序，有时候需要用户自主选择当前地理位置。本例演示通过用户选择或者输入一个地名，去获取其地名的地理位置信息。当用户打开浏览器，点击"某一个地名"标签，或者在"文本框"中输入地名，然后点击"定位"按钮，网页程序就会根据查找的结果显示其地理位置信息。

使用 Chrome 浏览器打开"用户自己定义的地理定位"网页文件，运行效果如图 4.16 所示。

在城市列表中点击"杭州"标签，运行效果如图 4.17 所示。

图 4.16　打开网页文件

图 4.17　IP 使用联通 3G 网络定位

在"文本框"中输入"西溪湿地"，然后点击"定位"按钮，运行效果如图 4.18 所示。

图 4.18　用户自己输入的定位结果

利用编辑器打开"4-4.用户自定义的地理定位.html"文件，代码如下：

【代码 4-4】

```
01    <blockquote>
02        <p>用户自定义的地理定位</p>
03    </blockquote>
04    <h3>初始化中</h3>
05    <div id="mapInfo" class="mapInfo"></div>        <!-- 坐标显示控件 -->
06    <div class="citylist">
07        <p>初始化系统，请先选择一个地点</p>
08        <a href="javascript:;" title="北京" class="ad">北京</a>
09        <a href="javascript:;" title="上海" class="ad">上海</a>
10        <a href="javascript:;" title="杭州" class="ad">杭州</a>
```

```
11        <a href="javascript:;" title="成都" class="ad">成都</a>
12        <a href="javascript:;" title="深圳" class="ad">深圳</a>
13        ...
14        <br><br>
15        或者，您也可以从输入一个地名开始：<input type="text" name="address"
id="address" />
16        <button class="btn btn-mini" href="javascript:;" id="searchBtn">定位
</button>
17    </div>
18    <div class="item">
19        <div id="process"></div>                        <!-- 定位进度显示控件 -->
20        <div id="map" class="map"></div>                <!-- 地图显示控件 -->
21    </div>
```

第 07~12 行定义了城市列表。用户可以从城市列表中选择一个城市，当用户点击城市名称
标签时，程序会获取当前点击的城市名称，根据该城市名搜索其地理位置信息，然后自动定位到
所选择的城市。设置列表链接控件 a 的 class 属性为 ad，可以方便为 JavaScript 提供 DOM 查找。

第 15~16 行代码设置一个文本输入控件，用户可以自己输入地名或者城市名，当用户点击
"定位"按钮时，程序会根据当前输入的地名定位当前地理位置信息，如果定位失败，则给出提示。

第 19~20 行代码分别设置了当前定位的进度提示和显示地图信息的控件，JavaScript 部分代
码设计如下：

```
01    // 定义全局变量
02    var map,                                    // 地图对象
03        gLocalSearch,                           // Google 地图搜索对象
04        address,                                // 用户自定义定位文本
05        mapInfo,                                // 显示地理位置坐标
06        processDiv;                             // 定位状态过程提醒
07    function init(){                            // 初始化 Google 地图
08        map = new google.maps.Map(document.getElementById("map"), {
        // Google 地图实例化
09          zoom: 3,
10          center: new google.maps.LatLng(35.86166, 104.195397),
            // 设置默认中国地图坐标
11          mapTypeId: google.maps.MapTypeId.ROADMAP
12        });
13        map.getDiv().style.border = '1px solid #ccc';
14        gLocalSearch = new GlocalSearch();      // 实例化 GlocalSearch
15        gLocalSearch.setSearchCompleteCallback(null, showPosition);
            // 设置搜索结果的回调函数
16
17    }
```

```
18    function showMap(coords){                        // 通过经纬度显示地图
19      var latLng = new google.maps.LatLng(coords.latitude,
        coords.longitude);// 设置坐标标记
20      var marker=new google.maps.Marker({ position: latLng, map: map });
        // 在地图上显示标记
21      map.setCenter(latLng);                          // 设置当前坐标居中
22      map.setZoom(15)                                 // 设置地图放大15倍
23    }
24    function showPosition(){
25      var first = gLocalSearch.results[0];            // 获取第一个搜索结果
26      if(first){
27        showProcess();                                // 搜索进度搜索完成
28        showMap({latitude: first.lat, longitude: first.lng});
          // 显示地图
29        mapInfo.html("经度: " + first.lat + "<br>纬度: " + first.lng);
          // 显示经纬度
30      }else{                                          // 定位失败处理
31        mapInfo.html("");
32        showProcess("对不起，找不到该地点，请检查您的输入是否有误! ");
33      }
34    }
35    function showProcess(msg)                         // 显示定位进度
36      msg = msg || '';
37      processDiv.html(msg);                           // 打印出当前进度
38    }
39  function seach(keyword){
40      gLocalSearch.execute(keyword);
41    }
42    $(function(){
43      var bind = function(){                          // 设置事件绑定函数
44        $(".ad").bind("click", function(e){           // 城市列表标签绑定点击事件
45          var keyword = $(this).text();               // 获取城市名称
46          showProcess('正在定位中...');
47          seach (keyword);                            // 执行搜索
48        });
49        $("#searchBtn").bind("click", function(){     // 输入文本定位事件绑定
50          var keyword = address.val();
51          showProcess('正在定位中...');
52          seach (keyword);                            // 执行搜索
53        });
54      }
55      address = $("#address");                        // 获取文本框 DOM 对象
```

```
56        processDiv = $("#process")              // 获取进度状态 DOM 对象
57        mapInfo = $("#mapInfo");                // 获取地理位置信息 DOM 对象
58        init();                                 // 程序初始化
59        bind();                                 // 调用事件绑定函数
60    });
```

第 02~06 行代码定义了 5 个全局变量，map 和 gLocalSearch 这两个变量只需要初始化一次，但在多个地方调用（在本例中 showMap 和 search 函数调用）可以把变量作用域提升，减少重复实例化次数；另外 3 个变量保存 DOM 节点信息，在代码第 55~57 行进行初始化，把作用域提升是为了不用重复获取查询开销较大的 DOM 节点。

第 07~17 行代码初始化全局变量 map 和 gLocalSearch。地图初始化默认为中国。初始化 gLocalSearch，指定其回调函数为 showPosition。

 gLocalSearch 是 Google Map V3 提供的地图搜索 API，详细的使用说明请参考网址 https://developers.google.com/maps/documentation/localsearch/。

第 18~23 行定义显示地图的函数，接收 1 个经纬度信息的对象。

第 24~34 行定义 gLocalSearch 回调函数的具体实现，当 gLocalSearch 的 excute 函数执行完成时调用这个函数。

第 25 行通过 gLocalSearch 的 results 属性获取搜索结果的第 1 个返回值。当定位成功时，results 数组里包含了一组搜索结果，这里将获取第 1 个结果，因为第 1 个结果一般最精确。当定位不成功时，results 为 1 个空数组，有兴趣的读者可以打印出其值来，里面包含了非常丰富的地理位置信息。

4.4　高德地图的使用

本节我们将向读者介绍高德地图的使用方法，高德地图是国内领先的手机地图服务商，其提供的地图服务技术先进、性能优越，为设计人员所青睐。

下面这个高德地图应用（详见"4-5.使用高德地图显示用户当前的地理位置.html"网页文件）将在地图上显示用户当前的地理位置并进行标注。

【代码 4-5】

```
01    <!DOCTYPE html>
02    <html>
03    <script language="javascript" src="http://webapi.amap.com/maps?v=1.2"></script>
      // 高德地图脚本
04    <body>
05        <div id="imap" style="width:600px;height:200px;"></div>  // 高德地图容器
```

```
06    </body>
07    <script>
08    window.onload = function(){                        // 页面资源加载完毕后执行
09        navigator.geolocation.getCurrentPosition(function (position ) {
10            var lnglat = new AMap.LngLat(position.coords.longitude,
                  position.coords.latitude);  // 经纬度对象
11            var mapObj = new AMap.Map("imap",{         // 实例化地图对象
12                center:lnglat,                         // 地图中心点
13                level:13                               // 地图缩放登记
14            });
15            var marker = new AMap.Marker({             // 实例化图标对象
16                map:mapObj,                            // 地图对象
17                position:lnglat,                       // 基点位置
18                icon:"http://webapi.amap.com/images/marker_sprite.png",
                  // 图标，直接传递地址图片地址
19                offset:{x:-8,y:-34}                    // 相对于基点的位置
20            });
21        }, function(error){
22            debugger;
23        }, {
24            enableHighAccuracy : false,
25            maximumAge : 10,
26            timeout : 8000
27        });
28    }
29    </script>
30    </html>
```

示例效果如图 4.19 所示。

图 4.19 通过 Geolocation 接口获取经纬度并显示在地图上

浏览器的 Geolocation 对象有如下 3 个方法：

- getCurrentPosition：获取用户当前的位置信息，只能获取 1 次。
- watchPosition：循环检测用户的地理位置，只要发生变化，浏览器就会触发 watchPosition 函数。
- clearWatch：清除 1 个用于对用户位置的循环监视。

getCurrentPosition 和 watchPosition 的用法类似，语法如下：

```
navigator.geolocation.getCurrentPosition(geolocationSuccess, geolocationError,
```

```
geolocationOptions);
```

geolocationSuccess 当获取经纬度信息成功时触发，回调函数接收 1 个带有用户信息的对象字面量，包含两个属性 coords 和 timestamp，其中 coords 属性对象包含以下 7 个属性值：

- accuracy：精确度。
- latitude：纬度。
- longitude：经度。
- altitude：海拔，海平面以上以米计。
- altitudeAccuracy：海拔的精确度。
- heading：朝向，从正北开始以度计。
- speed：速度，以米/秒计。

geolocationError 为错误回调函数，当无法获取用户经纬度时，浏览器会触发该函数，并传回错误对象，具体可能出现的错误情况可以参考文档 http://dev.w3.org/geo/api/spec-source.html#permission_denied_error。

geolocationOptions 参数为自定义的对象字面量，拥有 3 个自定义属性，具体如下：

- enableHighAccuracy：返回更加精确的用户信息数据，默认为 false 关闭，如果设置为 true，浏览器将消耗更多的时间用于获取信息，在移动设备上使用会消耗更多的电量。
- timeout：浏览器获取用户位置信息的超时时间，默认为 0。
- maximumAge：浏览器获取用户位置信息后的缓存时间，单位为毫秒，默认为 0，表示每次都重新获取。

4.5 本章小结

本章主要介绍了 HTML 5 地理位置定位的特性，包括定位、追踪和路线等功能，并通过多个实际范例介绍了如何使用 HTML 5 地理位置定位的方法，希望对读者有一定的帮助。

第 5 章

◀ 移动特性4——离线缓存 ▶

传统的 Web 应用必须建立在联网的基础之上，HTML 5 新增了一项功能，为离线 Web 应用的开发提供了可能性。假设用户使用在线的记事本记录信息，忽然网络中断，对于传统的应用来说用户很可能会丢失先前书写的内容。如果使用离线 Web 功能开发的应用，用户可以继续离线添加笔记，待网络重新连接后将离线数据同步至线上服务。

听到这里，读者一定会对这个功能充满好奇，在开发一个离线应用时，开发者一般会综合使用多种功能，如离线资源缓存的文件列表 Manifest 文件、联网在线状态的检测、离线状态下的本地数据存储，这几种功能缺一不可。

本章将会介绍离线 Web 应用相关的方法接口，同时让读者了解 Manifest 文件的使用，最后通过例子说明 HTML 5 开发离线应用的方法。

5.1 离线缓存应用

本节介绍 HTML 5 离线缓存基本应用，包括离线缓存 API 简介、使用 Manifest 方法、使用 ApplicationCache API 方法以及如何搭建一个简单的离线 APP。

5.1.1 离线缓存 API 简介

为了实现离线存储功能，HTML 5 提供了 Web 存储相关的 API，即 Web Storage。Web Storage 包括 LocalStorage 和 SessionStorage 两部分，可用于对离线数据的短暂性或永久性存储。

另外，HTML 5 另外还提供了一套基于关系型的数据库 Web SQL Database，可以支持页面上复杂数据的离线存储，例如可以存储用户电子邮件信息、消费账务流水信息等，同时 Web SQL Database 还加入了传统数据库的事务概念，使得多窗口操作可以保持数据一致性。Web SQL Database 数据库是基于 SQLite 开发的，与 Web Storage 中的 LocalStorage 相同。

最后一个也是最为强大的功能即 IndexedDB。IndexedDB 是 HTML 5 推出的一种轻量级的 NoSQL 数据库，即常说的非关系型数据库。与传统的关系型数据库相比，NoSQL 数据库具有易扩展、快速读写、成本低廉等特点，HTML 5 的 IndexedDB 同时还包含了常见的数据库构造，如事务、索引、游标等，在 API 的使用上分为同步和异步两种形态。下面通过一个简单的示例介

绍 IndexedDB 的使用,代码如下:

【代码 5-1】

```
01   <!DOCTYPE html>
02   <html>
03   <body></body>
04   <script type="text/javascript">
05   var request = indexedDB.open('Html5IndexedDB', 2);   // 创建一个数据库
06   request.onerror = function(e) { console.log(e); };   // 监听错误事件
07   request.onupgradeneeded = function(event) {          // 监听事务事件
08     var db = event.target.result;                      // 获取数据库对象
09     var objectStore = db.createObjectStore("users", { keyPath: "html5" });
       // 创建对象存储空间存放用户信息
10     objectStore.createIndex("name", "name", { unique: false });
       // 创建索引来通过 name 搜索客户
11     objectStore.createIndex("id", "id", { unique: true });
       // 创建索引来通过 email 搜索客户
12     objectStore.add({ html5:'1' ,name : '小王' , sex :'女',
       id:'3323' ,age:23});   // 存入一条用户信息数据
13   };
14   </script>
15   </html>
```

将代码保存至以 html 为后缀的文件内,部署在 Web 服务器上,如 Apache、IIS、Nginx 等,使用最新的 Chrome 浏览器打开文件,然后打开 Chrome 浏览器的开发者工具,查看缓存内容,效果如图 5.1 所示。

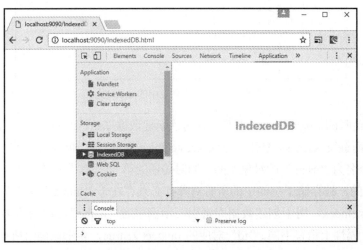

图 5.1　使用最新版 Chrome 浏览器打开示例文件

点击左侧列表中的 Html5IndexedDB 项,显示数据库中的插入信息,效果如图 5.2 所示。

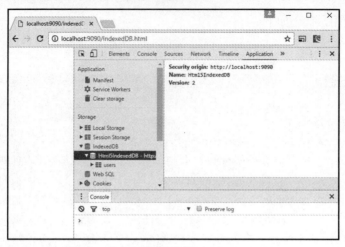

图 5.2　点击左侧列表中的 Html5IndexedDB

　　点击左侧列表中的 users 项，展开数据库中 users 键的存储信息，同时右侧区域出现对应键值的相关存储数据，效果如图 5.3 所示。

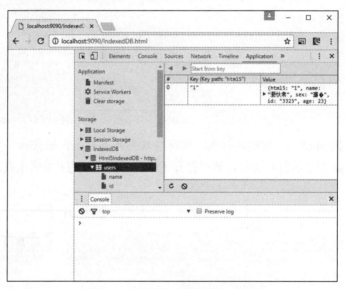

图 5.3　点击左侧列表中的 users 项

　　示例代码中监听的 upgradeneeded 事件在每次新建数据库结构时触发，当再次打开数据库时不触发该事件，而触发 success 事件。方法 createObjectStore 用于创建对象的存储空间，在示例中请求申请 1 个名为"users"的对象空间，同时传递的第 2 个参数保证了存储空间中每个单独的对象都是唯一的，被存储于空间中的所有对象都必须存在于"html5"中。另外，还可以看到使用了方法 createIndex，用于创建数据库索引。示例中对"name"和"id"两个属性添加了索引，但在 unique 属性上稍有不同，"id"对应的 unique 为 true，表示该键值所存储的数据具有唯一性，无法插入重复数据，而"name"的 unique 为 false，表示允许插入的用户信息数据相同。

5.1.2 使用 Manifest 方法

Manifest 文件是在 HTML 5 离线缓存功能中引入的非常重要的一项，表示 Web 应用存储可以进行文件的离线缓存，即使在没有因特网的情况下也可以访问内容，同时可以让加载资源变得更快，已经缓存的内容不会再发生任何请求，减少了服务器的负载压力。另外，只需要从服务器上下载最新 Manifest 文件就能对已有资源进行更新。

Manifest 文件只是一个单纯文本文件，结构非常简单，大致可分为 4 个部分：

● CACHE MANIFEST：MANIFEST 文件顶部必须出现的标题。
● CACHE：在此标题下方出现的文件将在首次下载后进行缓存。
● NETWORK：在此标题下方出现的文件需要与服务器连接，且不会被缓存。
● FALLBACK：在此标题下方出现的文件规定当页面无法访问时的回退页面。

一个简单的 Manifest 文件格式如下：

```
CACHE MANIFEST
CACHE:
/demo.css
/demo.png
/demo.js
NETWORK:
/demo2.css
FALLBACK:
/ajax/    ajax.html
/html5/   /404.html
```

文件名出现在 CACHE 下方后一直都会被缓存，除非发生以下情况浏览器才会再次更新：

● 浏览器的缓存被清空，如用户手动清空缓存。
● Manifest 文件被修改。
● 应用程序脚本更新缓存。

换句话说，如果不发生上面出现的情况，即使开发者将服务器端的文件进行更新，用户浏览器内使用的内容也不会发生变化，如果要对应用的文件进行更新，这时必须要做的就是更新 Manifest 文件。

使用 Manifest 缓存功能时，需要注意以下问题：

● 如果 Manifest 文件中的某行数据不能被下载，更新过程将失败，浏览器继续使用老缓存数据。
● Manifest 文件必须与主页面同源。
● Manifest 文件列表中的文件地址为相对路径，以 Manifest 为参照物。
● CACHE MANIFEST 标题只允许出现在第 1 行，且必须存在。

● 使用 Manifest 缓存功能的页面会被认为是自动进行缓存。

> Manifest 除了本节介绍的注意事项外，还有其特殊的加载流程，其他注意事项可以参考网址
> https://developer.mozilla.org/zh-CN/docs/HTML/Using_the_application_cache。

5.1.3 使用 ApplicationCache API 方法

5.1.2 小节提到了使用 Manifest 文件对 Web 应用进行离线缓存，更新缓存时一般需要对服务器端的 Manifest 文件进行更新，还有一种方法就是使用浏览器提供的 ApplactionCache 应用接口，通过 JavaScript 操作 ApplactionCache 对象达到更新缓存的目的。ApplactionCache 一共有以下 3 种方法：

● update：发起应用缓存下载进程，尝试更新缓存。
● abort：取消正在进行的缓存更新下载。
● swapcache：更新成功后，切换为最新的缓存环境。

ApplactionCache 对象上还有一个常用的属性 status，该属性有以下 6 种状态：

● CHECKING：检查中，状态值为 2。
● DOWNLOADING：下载中，状态值为 3。
● IDLE：闲置中，状态值为 1。
● OBSOLETE：失效，状态值为 5。
● UNCACHED：未缓存，状态值为 0。
● UPDATEREADY：已更新，状态值为 4。

使用 Manifest 功能进行文件缓存后，在每次更新 Manifest 文件后，第 1 次刷新时页面中的内容仍旧是老的缓存内容，第 2 次刷新时才会更新，不过 ApplicationCache 为开发者提供了一种 JavaScript 控制的可能性。表 5-1 列出了目前主流浏览器对 ApplicationCache 的支持情况。

表 5-1　主流浏览器对 ApplicationCache 的支持情况

浏览器	支持版本
Chrome	4.0＋
Firefox	3.5+
Internet Explorer	10+
Opera	10.6+
Safari	4.0+

5.1.4 搭建简单的离线 APP

本小节通过一个简单的缓存更新示例介绍 Manifest 和 ApplicationCache 的使用。在使用

Manifest 文件之前，首先要确保 Web 服务器对文件进行正确的解析。以 Apache 为例，需要在相应的 httpd.conf 配置文件中添加如下代码配置信息：

```
AddType text/cache-Manifest .Manifest
```

下面以 Chrome 作为演示浏览器，不过有的 Chrome 版本会默认关闭 ApplicationCache 功能，这时需要进入 Chrome 浏览器实验室开启 ApplicationCache 功能，如图 5.4 所示。

图 5.4　开启 Chrome 浏览器 ApplicationCache 功能

示例中的 Manifest 文件 application.Manifest 的代码如下：

```
CACHE MANIFEST
# v1
CACHE:
demo.css
demo.jpg
demo.js
NETWORK:
demo2.css
FALLBACK:
```

示例主页面代码如下：

【代码 5-2】

```
01    <!DOCTYPE html>
02    <html Manifest="ApplicationCache/application.Manifest">
      <!--Manifest 文件 -->
03    <head>
04    <script type="text/javascript" src="ApplicationCache/demo.js"></script>
05    <link rel="stylesheet" type="text/css" href="ApplicationCache/demo.css">
```

```
06    <link rel="stylesheet" type="text/css" href="ApplicationCache/demo2.css">
07    </head>
08    <body>
09        <img src="ApplicationCache/demo.jpg"><br>
10        <button>更新缓存 Manifest 文件</button>          <!-手动更新缓存按钮 ->
11    </body>
12    <script type="text/javascript">
13    document.querySelector('button').addEventListener('click',function() {
      // 监听按钮点击事件
14        var appCache = window.applicationCache;        // 获取缓存操作对象
15        appCache.update();                             // 尝试更新缓存.
16        if (appCache.status == window.applicationCache.UPDATEREADY) {
          // 状态是否已更新
17            appCache.swapCache();                      // 更新成功后，切换到新的缓存
18        }
19    })
20    </script>
21    </html>
```

将主页面文件部署在配置完毕的 Apache 服务器上，使用开启 ApplicationCache 功能的 Chrome 浏览器访问示例页面，同时打开开发者工具查看控制台信息，效果如图 5.5 所示。

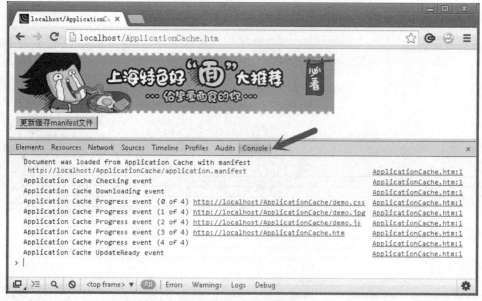

图 5.5 使用 Chrome 浏览器打开 ApplicationCache 示例

在开发者工具的控制台信息中可以看到浏览器的整个执行过程，首先下载 html 标签中 Manifest 属性对应的 Manifest 文件，然后将 Manifest 中 CACHE 标签下的文件连同主页面一同进行缓存。接下来修改 demo.js，添加 1 行代码：

```
alert('update');
```

再更新 application.Manifest 文件，将第 2 行的 v1 变为 v2，代码如下：

```
CACHE MANIFEST
# v2
CACHE:
demo.css
demo.jpg
demo.js
NETWORK:
demo2.css
FALLBACK:
```

点击页面中的"更新缓存 manifest 文件"按钮，浏览器启动缓存进程更新 CACHE 标签下的内容，重新刷新页面，待页面加载完毕后弹出内容为"update"的提示框，效果如图 5.6 所示。

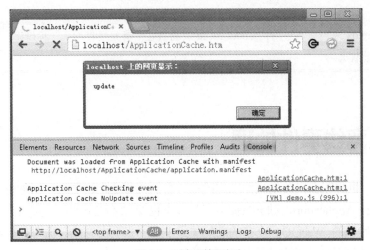

图 5.6　重新刷新页面

在 Chrome 下可以通过访问"chrome://appcache-internals/"查看浏览器缓存的内容，本示例的缓存信息效果如图 5.7 所示。

图 5.7　示例缓存数据内容

点击"View Entries"文字链接，展开被缓存的地址链接和缓存内容的大小，效果如图 5.8 所示。

图 5.8　点击"View Entries"文字链接

 在 Firefox 中可以通过访问 about:cache 页面（在"离线缓存设置"标题下）来检查离线缓存的当前状况。

5.2　离线事件处理

现今的 Web 世界正在向传统桌面应用挑战，页面变得越来越复杂，功能也变得越来越多，SPA（Single Page Application，独立页面应用）开发也变得稀疏平常，非常具有代表性的应用如谷歌的 Gmail、腾讯的 WebQQ，众多的功能被集中在一张页面完成。面对如此庞大的功能集，传统页面的加载性能面临着巨大的挑战。HTML 5 带来了 Application Cache API，提供了一系列新特性支持离线引用缓存。下面通过在示例 5-3"开发一个简单的离线应用"的基础上添加离线事件处理功能，介绍 Application Cache API 相关的技术和知识点。

首先，将本例页面文件和脚本部署在 Web 服务器上，如 Apache、IIS 或者 Nginx 等。使用 Chrome 打开本例页面地址，并添加若干条信息，效果如图 5.9 所示。

姓名	性别	年龄	操作
小王	男	33	删除 修改
小李	女	22	删除 修改
小周	男	34	删除 修改

图 5.9　使用 Chrome 打开本例页面地址

首次打开页面，所有请求均获得服务器响应的 HTTP 状态 200 信息，如图 5.10 所示。

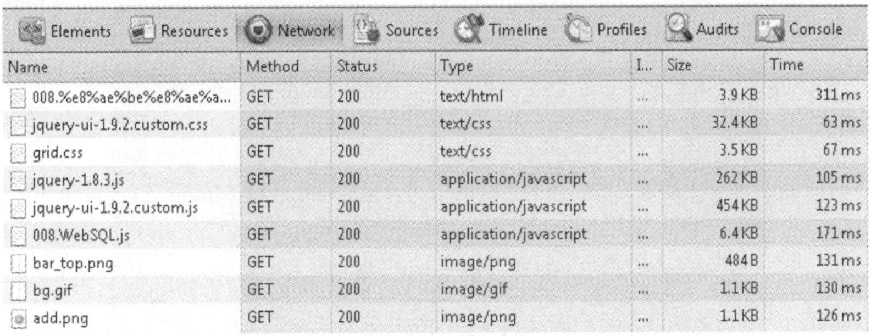

Elements | Resources | Network | Sources | Timeline | Profiles | Audits | Console

Name	Method	Status	Type	I...	Size	Time
008.%e8%ae%be%e8%ae%a...	GET	200	text/html	...	3.9 KB	311 ms
jquery-ui-1.9.2.custom.css	GET	200	text/css	...	32.4 KB	63 ms
grid.css	GET	200	text/css	...	3.5 KB	67 ms
jquery-1.8.3.js	GET	200	application/javascript	...	262 KB	105 ms
jquery-ui-1.9.2.custom.js	GET	200	application/javascript	...	454 KB	123 ms
008.WebSQL.js	GET	200	application/javascript	...	6.4 KB	171 ms
bar_top.png	GET	200	image/png	...	484 B	131 ms
bg.gif	GET	200	image/gif	...	1.1 KB	130 ms
add.png	GET	200	image/png	...	1.1 KB	126 ms

图 5.10 页面

刷新当前页面，部分请求的“Size”区域标识为“from cache”，表示该条请求数据从浏览器内部缓存中获取，同时请求耗时（Time）骤减，如图 5.11 所示。

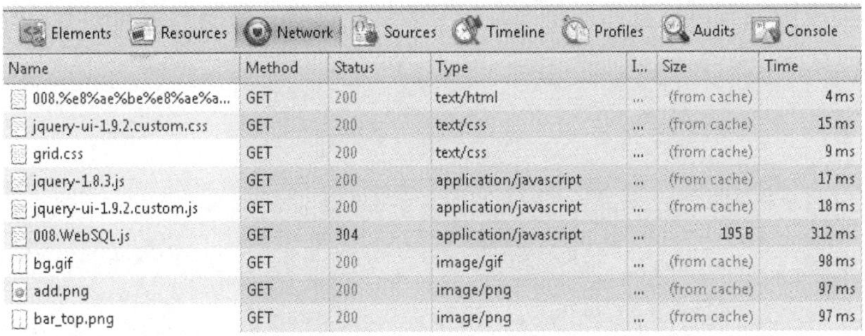

Elements | Resources | Network | Sources | Timeline | Profiles | Audits | Console

Name	Method	Status	Type	I...	Size	Time
008.%e8%ae%be%e8%ae%a...	GET	200	text/html	...	(from cache)	4 ms
jquery-ui-1.9.2.custom.css	GET	200	text/css	...	(from cache)	15 ms
grid.css	GET	200	text/css	...	(from cache)	9 ms
jquery-1.8.3.js	GET	200	application/javascript	...	(from cache)	17 ms
jquery-ui-1.9.2.custom.js	GET	200	application/javascript	...	(from cache)	18 ms
008.WebSQL.js	GET	304	application/javascript	...	195 B	312 ms
bg.gif	GET	200	image/gif	...	(from cache)	98 ms
add.png	GET	200	image/png	...	(from cache)	97 ms
bar_top.png	GET	200	image/png	...	(from cache)	97 ms

图 5.11 刷新当前页面

更新“appcache.manifest”文件，使用“#”符号注释“../js/jquery-ui-1.9.2.custom.js”，保存后关闭，修改后的代码如下：

```
CACHE MANIFEST

CACHE:

#../js/jquery-ui-1.9.2.custom.js
../js/jquery-1.8.3.js

../css/grid.css
../css/jquery-ui-1.9.2.custom.css

../css/images/grid/bg.gif
../css/images/grid/add.png
../css/images/grid/bar_top.png

NETWORK:
*
```

重新刷新页面，页面加载完毕后出现更新提示框，如图 5.12 所示。

图 5.12　修改"appcache.manifest"并刷新页面

点击"确认"按钮，页面被刷新，同时缓存策略更新，读者可以使用 Chrome 的开发者工具观察此时的请求变化。

代码的功能应用部分可以参考示例"5-3.开发一个简单的离线应用.html"，下面列出主体页面的结构，代码如下：

【代码 5-3】

```
01  <!doctype html>
02  <html manifest="appcache.manifest">                    // 离线缓存列表
03  <head>
04      <link rel="stylesheet" type="text/css" href="../css/jquery-ui-
        1.9.2.custom.css" />
05      <link rel="stylesheet" type="text/css" href="../css/grid.css" />
06  </head>
07  <body><header><h2>设计离线事件处理程序</h2>/* ...省略 HTML，详见下载资源源码*/
    </header></body>
08  <script src="../js/jquery-1.8.3.js"></script>
09  <script src="../js/jquery-ui-1.9.2.custom.js"></script>
10  <script src="008.WebSQL.js"></script>                  // 离线应用逻辑
11  <script>
12  window.addEventListener('load', function (e) {
13      window.applicationCache.addEventListener('updateready', function
        (e) { // 监听缓存列表更新
14          // 缓存列表内容发现更新
15          if (window.applicationCache.status ==
            window.applicationCache.UPDATEREADY) {
16              window.applicationCache.swapCache();        // 替换旧缓存内容
17              var wraper = $('<p>是否更新缓存文件？</p>');
18              $(document.body).append(wraper);            // 添加弹出节点
19              wraper.dialog({                             // 弹出提示浮层
20                  position: 'center', title: '提示', modal: true,
```

```
21                     buttons: [{ text: "确认",
22                         click: function () { window.location.reload(); }
                         // 刷新当前页面
23                     }, { text: "取消",
24                         click: function () { $(this).dialog("close"); }
                         // 关闭按钮事件
25                     }]
26                 });
27             wraper.dialog('open');                         // 打开对话框
28         };
29     }, false);
30 }, false);
31 </script></html>
```

首先注意到，在 HTML 的起始节点上增加了 manifest 属性，可以通过相对或绝对路径设置，但必须保证 manifest 文件与当前页面处于同一域名下。manifest 指向的文件可以是任意的后缀，但是 MIME Type 必须是 text/cache-manifest。如果使用的是 Apache 服务器，可以在 Apache 程序目录的 conf 文件夹内找到 "mime.types" 文件，并添加 1 行信息，用于对 manifest 后缀文件的支持，代码如下：

```
text/cache-manifest                 manifest
```

本例 manifest 文件 "appcache.manifest" 的代码如下：

```
CACHE MANIFEST
CACHE:
../js/jquery-ui-1.9.2.custom.js
../js/jquery-1.8.3.js
../css/grid.css
../css/jquery-ui-1.9.2.custom.css
../css/images/grid/bg.gif
../css/images/grid/add.png
../css/images/grid/bar_top.png
NETWORK:
*
```

文件以 "CACHE MANIFEST" 开头，CACHE 下面列举的文件在第一次访问以后会被浏览器缓存，NETWORK 下列举的文件表示除 CACHE 内的均通过网络下载，均支持通配符选择。

Chrome 下可以通过访问 chrome://appcache-internals/ 来查看或者清除离线缓存数据。

下面分析页面中的脚本逻辑，见代码第 12~30 行。

代码第 13 行监听离线缓存对象 applicationCache 的 updateready 事件，当 manifest 文件产生

变化时该事件被触发，通过 applicationCache 的 status 属性获取离线文件的缓存状态，所有缓存的状态如下：

- UNCACHED：缓存资源未被完全初始化。
- IDLE：缓存资源不在被更新的过程中。
- CHECKING：manifest 文件正在被加载或者检查是否已更新。
- DOWNLOADING：缓存资源正在被下载到缓存。
- UPDATEREADY：存在更新的缓存资源。
- OBSOLETE：缓存资源已过时。

本例判断缓存状态是否为"UPDATEREADY"，当确定为此状态时，调用 applicationCache 的 swapCache 方法，用新文件替换老缓存文件。

 有关 ApplicationCache 对象的 swapCache 方法使用的详细使用说明可参考网址 http://www.w3.org/TR/2011/WD-html5-20110525/offline.html#dom-appcache-swapcache。

5.3 范例——离线贴吧 APP

本例将结合之前所用的离线应用知识实现一个可在离线环境使用的留言网页，进一步展现 Web SQL 在日常开发中的使用。

使用 Chrome 浏览器打开网页文件，运行效果如图 5.13 所示。

图 5.13　使用 Chrome 打开网页文件

在没有输入任何内容时，点击"留言"按钮，输入框下方会出现红色的提示信息"请填写留言内容"，效果如图 5.14 所示。

图 5.14　不输入内容直接点击"留言"按钮

在输入框中输入内容"开发一个离线留言网页"，点击"留言"按钮，提交成功后下方会出现刚才输入的留言信息，并附上随机生成的头像和用户名，效果如图 5.15 所示。

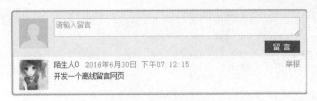

图 5.15 输入信息并点击"留言"按钮

重复多次刚才的留言操作，效果如图 5.16 所示。

图 5.16 多次重复留言操作

打开"5-4.开发一个离线留言网页.html"页面文件，示例代码如下：

【代码 5-4】

```
01    <!doctype html><html>
02    <head><style>/* 省略样式代码，详见下载资源源码 */</style></head>
03    <body>
04        <header><h2>开发一个离线留言网页</h2></header>
05        <div class="comment-box">
06            <div class="comment-box_2 clearfix">
07                <table>
08                    <tr>
09                        <td style="width: 60px;vertical-align: top;">
                            <!-- 默认头像-->
10                            <img height="50" width="50"
                            src="../images/comment/men_tiny.gif">
11                        </td>
12                        <td>
13                            <textarea placeholder="请输入留言"></textarea><!-- 输入
                            框-->
14                            <div>
15                                <span class="tip">请填写留言内容</span>
                                <!-- 错误提示-->
16                                <input type="button" value="留 言" class="input-
                                button">
```

```
17                              </div>
18                          </td></tr></table>
19              </div>
20              <div class="content">                              <!-- 留言内容区 -->
21                  <ul class="comment-list">
22                  <script id="J_item" type="text/x-html5-tmpl"> <!-- 留言行模板-->
23                      <img class="avatar" height="50" width="50"
                            src="../images/comment/{img}.jpg">
24                      <a class="s_4" href="#">举报</a>
25                      <div class="s_3">
26                          <p class="p_1">
27                              <a class="user" href="#">{name}</a>      <!-- 用户名-->
28                              <span class="date">{date}</span>         <!-- 留言时间-->
29                          </p><p class="comment"><span>{content}</span></p>   <!-- 留言
                                内容 -->
30                      </div>
31                  </script>
32                  </ul>
33              </div>
34          </div>
35  </body>
36  <script>
37      var DB_NAME = 'html5_storage_form_comment';                  // 数据库和表名
38      var substitute = function (str, sub) {                       // 字符串格式化函数
39          return str.replace(/\{(.+?)\}/g, function ($0, $1) { return $1 in
              sub ? sub[$1] : $0; });
40      };
41      var comment_list = document.querySelector('ul.comment-list'),// 留言列表区
42          first_item_el = document.getElementById('J_item'),// 存放留言行模板元素
43          item_tpl = first_item_el.innerHTML,                      // 留言字符模板
44          submit_btn = document.querySelector('input[type="button"]'),  // 留言按钮
45          textarea_el = document.querySelector('textarea'),        // 留言输入框
46          tip_el = document.querySelector('span.tip'),             // 错误提示框
47          storageDriver = window.openDatabase(DB_NAME, '1.0', 'html5 storage
              comment', 1048576);
48      function build_item(data) {                                  // 渲染添加一条留言
49          var li = document.createElement('li');
50          li.className = 'clearfix';
51          li.innerHTML = substitute(item_tpl, data);               // 设置留言内容
52          li.setAttribute('data-id', data.id);                     // 设置留言 ID
53          comment_list.insertBefore(li, first_item_el); // 插入留言列表第一行
54          first_item_el = li;                                      // 缓存列表第一元素
```

```
55          };
56          function store_data(data) {                        // 存储留言数据
57              storageDriver.transaction(function (t) {       // 往数据库插入一条数据
58                  t.executeSql("INSERT INTO " + DB_NAME + "
                    (img,name,date,content) VALUES (?,?,?,?);",
59                  [data.img, data.name, data.date, data.content],    // 传入保存数据
60                  function (transaction, resultSet) {
61                      data.id = resultSet.insertId;          // 获取数据库返回的自增 ID
62                      build_item(data);
63                      textarea_el.value = '';                // 清空留言输入框
64                  }, function (transaction, error)
                    { show_error_tip(error.message); });// 错误回调函数
65              });
66          };
67          function show_error_tip(msg) {                     // 显示错误信息
68              tip_el.style.display = 'inline';
69              tip_el.innerHTML = msg;
70              setTimeout(function () { tip_el.style.display = 'none'; }, 1500);
                // 错误信息1.5秒后消失
71          };
72          submit_btn.addEventListener('click', function (e) {// 监听留言按钮点击事件
73              e.preventDefault();                            // 阻止元素默认事件
74              var content = textarea_el.value.trim();
75              if (content.length) {
76                  store_data({
77                      img: (new Date().getTime()) % 5,                  // 随机头像
78                      name: '陌生人' + (new Date().getTime()) % 5,      // 随机昵称
79                      date: new Date().toLocaleString(),                // 当前时间
80                      content: content                                  // 留言内容
81                  });
82              } else { show_error_tip('请填写留言内容'); };
83          }, false);
84          storageDriver.transaction(function (t) {           // 启动一个事务
85              t.executeSql("CREATE TABLE IF NOT EXISTS " + DB_NAME +// 创建数据表
86                      "(id INTEGER PRIMARY KEY AUTOINCREMENT, " +// 自增字段
87                      "name TEXT NOT NULL, " +                  // 姓名字段
88                      "date TEXT NOT NULL, " +                  // 时间字段
89                      "content TEXT NOT NULL, " +               // 内容字段
90                      "img INTEGER DEFAULT 1)");                // 头像字段
91              t.executeSql("SELECT * FROM " + DB_NAME, [], // 读留言数据表
92              function (t, results) {
93                  for (var i = 0, l = results.rows.length; i < l; i++) {
```

```
               // 循环生成留言列表
94                  build_item(results.rows.item(i));
95              };
96          });
97      });
98   </script></html>
```

函数 build_item 主要完成构建单条留言 DOM 结构，值得注意的是，在每次构建完毕后都会将最新的行容器赋予变量 first_item_el，以确保每次添加至留言列表的第 1 行，见代码第 48~55 行。

函数 store_data 完成将接收的数据存储至 Web SQL 中，每次新增 1 条数据都会返回自增 ID 主键，将该主键 ID 数据赋予传入的数据参数对象 data 中，并提交给 build_item 方法渲染 1 条新的留言，见代码第 56~66 行。

show_error_tip 函数用于实现错误提示功能，并在提示出现后的 1500 毫秒自动隐藏提示信息。留言按钮的点击事件监听由代码第 72~82 行完成，点击留言按钮后，首先会判断是否在输入框中输入留言信息，输入内容会被 trim 方法去除头尾的空格符，确保输入内容真实有效。

每次刷新页面，脚本都会自动从 Web SQL 中读取历史留言信息并进行渲染，同时对于第 1 次进入页面的用户，会在浏览器中自动创建一张用于存放留言信息的数据表，见代码第 84~97 行。

> 本例中使用的 Web SQL 只是 HTML 5 中的冰山一角，浏览器客户端数据库还有更多的功能等待读者去发现，详情可参考网址 http://www.w3.org/TR/webdatabase/。

5.4 本章小结

本章主要介绍了 HTML 5 离线存储的特性，包括 LocalStorage、SessionStorage 和 Web SQL Database 等方面的内容，并通过一个实际范例介绍了如何使用 HTML 5 离线存储的方法，希望对读者有一定的帮助。

第 6 章
◀ 移动特性5——Canvas绘图 ▶

HTML 语言经过 20 多年的发展，现今已经成长为编程最广泛的语言，在互联网上随处可见，虽然 HTML 具备很多优点，但是始终没有完全解决图形绘制问题，并且没有提供一个成熟的解决方案，这也是 Flash 仍然在互联网领域一息尚存的根源。

在 HTML 5 出现之前，HTML 已经存在一些技术可以绘制图形，常用的基于 XML 的技术绘制，如 VML 和 SVG，都能够良好地支持矢量图形在 Web 页面上的显示，同时提供一些事件和动态机制。HTML 5 Canvas 出现后，从一个侧面弥补了过去的不足，基于画布的绘制，让开发者更容易操作页面上的像素级内容。不过由于历史原因，市面上各种浏览器的兼容情况不同，对于要求兼容众多浏览器和终端设备的应用，可以通过浏览器类型判断，如 VML 在 Internet Explorer 在使用，其他不支持 Canvas 的浏览器采用 SVG，推荐使用第三方开源类库解决图形绘制问题，如 Raphael 图形类库和本节将要介绍的 Paper.js 矢量图形类库。

6.1 HTML 5 的绘图 API

本节我们介绍 HTML 5 绘图 API 的基础知识，包括 Canvas、SVG、WebGL 和 Paper.js 等内容，是 HTML 5 绘图的入门学习。

6.1.1 什么是 Canvas

Canvas 是 HTML 5 新增的元素特性，允许脚本语言动态渲染绘制图形，如用 Canvas 画图、合成图像或者制作动画。

Canvas 最早由苹果公司的 Mac OS X Dashboard 引入，后来被内置于 Safari 浏览器内。之后在 Firefox、Opera、Chrome 的推动下，Canvas 由 W3C 纳为 HTML 5 的一部分。Internet Explorer 在 Canvas 的支持上仍然比其他浏览器慢了一步，直到 Internet Explorer 9 才开始支持 Canvas 元素。

要了解苹果公司的 Mac OS X Dashboard，可以前往网站 http://www.apple.com/macosx/features/dashboard/。

Canvas 由绘制区域 HTML 代码的属性决定宽高，同时 JavaScript 可以访问 Canvas 元素区域，通过 Canvas 提供的一套完成绘图应用程序接口生成图形。Canvas 与 VML 和 SVG 最大的区别在于，Canvas 有一套完全基于 JavaScript 脚本语言绘制的应用程序接口，而 VML 和 SVG 使用 XML 文档描述绘制图形。

HTML 5 出现后，在图形绘制使用方面，开发者一直都拿 SVG 与 Canvas 进行比较。两项技术的对比如表 6-1 所示。

表 6-1　SVG 与 Canvas 对比

SVG	Canvas
与分辨率无关，放大或缩小图形像质不会下降	可以控制画布上的每个像素，绘制出的是位图
多个元素节点	单个 Canvas 元素
图形允许 CSS 和脚本修改	图形完全由脚本修改
对动画支持较容易，可以通过 SVG 语法描述	制作动画时需要不断重复绘制画面
导出图片需要借助其他技术实现	可以方便地直接从页面导出 jpg 或 png 格式图片

技术的选择对于开发后期的维护起到了至关重要的作用。通常情况下，当应用需要处理点阵图时，如切割图片、去除红眼，请选择使用 Canvas。如果想开发一款对速度要求较高的网页游戏，也可以选择使用 Canvas，如比较著名的游戏 Cut The Rope（中文名"割绳子"）使用 Canvas 开发了一个测试版本，地址为 http://www.cuttherope.ie/。但是遇到一些数据可视化的图表时，要求图形能在不同分辨率下正常显示，就应使用 SVG 了，若这时仍使用 Canvas 开发则不是一个明智的选择。

6.1.2　加载 Canvas

Canvas 在页面上的使用从元素定义开始，代码如下：

```
<canvas width="150" height="150"></canvas>
```

Canvas 元素拥有 width 和 height 两个属性，均可选，并且可以用 DOM 属性或者 CSS 来设置。如果不指定宽高，就会默认为宽 300 像素、高 150 像素。通过 CSS 设置 Canvas 的宽高有时会出现渲染变形，建议设置 Canvas 的 width 和 height 属性。

很多老一代的浏览器不支持 Canvas，这时需要对不支持 Canvas 的浏览器做出提示。提示的设置非常简单，只需要在 Canvas 的元素内插入提示文本内容，不支持 Canvas 的浏览器就会将其识别为未知标签兼容渲染成为文字信息，而支持 Canvas 的浏览器就会做出正确的渲染，代码如下：

```
<canvas width="150" height="150">您的浏览器不支持 canvas，请升级后再使用！</canvas>
```

当 Canvas 被添加到页面上后，初始化渲染是空白的。想要在上面通过脚本进行图形绘制首先需要获得渲染的上下文，通过 Canvas 元素对象的 getContext 方法获得。

下面给出使用 Canvas 绘制一个矩形的示例。

【代码 6-1】

```
01  <html>
02  <head>
03     <script>
04     window.onload = function() {                        // 资源加载结束后触发
05         var canvas = document.querySelector("canvas");  // 获取 canvas 元素
06         if (canvas.getContext) {
07             var ctx = canvas.getContext("2d");          // 获取渲染上下文
08             ctx.fillStyle = "rgb(200,50,0)";            // 填充颜色
09             ctx.fillRect (50, 50, 50, 50);              // 绘制矩形
10         }
11     }
12     </script>
13  </head>
14  <body>
15     <canvas width="150" height="150">您的浏览器不支持 canvas,请升级后再使用!
       </canvas>
16  </body>
17  </html>
```

示例的运行效果如图 6.1 所示。

图 6.1　使用 Canvas 绘制一个矩形

6.1.3　什么是 SVG

SVG（Scalable Vector Graphics，可缩放矢量图形）是基于 XML（可扩展标记语言）用来描述二维矢量图形的一种图形格式。SVG 诞生于 2000 年 8 月，由 W3C（国际互联网标准组织）制定，由于采用文本格式的描述性语言来渲染图片，因此产生的图片和图像分辨率无关，即使缩放图形像质也不会下降。SVG 有如下优点：

● 基于 XML，继承了 XML 跨平台和可扩展的特性。
● 采用文本描述图形对象，利于搜索引擎通过文本内容搜索图片信息。

- 良好的交互和动态特性，可以在其中嵌入动画，通过脚本收缩、旋转调整图形。
- 对 DOM 支持完整，可以通过脚本获取元素、监听元素事件。
- 体积小下载快，与 GIF 和 JPG 格式的图片相比具有较小的体积，在互联网上传输有明显优势。

SVG 并不是本书的重点，所以下面通过一个简单的示例来介绍 SVG 的初步功能。

【代码 6-2】

```
01    <?xml version="1.0" standalone="no"?>
02    <!DOCTYPE svg PUBLIC "-//W3C//DTD SVG 1.1//EN" "http://www.w3.org/
      Graphics/SVG/1.1/DTD/svg11.dtd">
03    <svg width="100%" height="100%" version="1.1" xmlns="http://www.w3.org/
      2000/svg">
04        <circle cx="100" cy="100" r="50" stroke="black" stroke-width="2"
      fill="blue"/>
05    </svg>
```

以 svg 为后缀保存文件，使用 Chrome 浏览器打开，效果如图 6.2 所示。

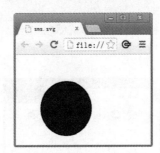

图 6.2　使用 SVG 画圆

示例代码虽然简单，但是包含了很多比较陌生的属性和节点信息。

第 01 行定义了 XML 文件的声明。这里有一个很关键的属性 standalone，表示该 SVG 文件是否引用外部文件，在示例中被赋值为 no 意味着该文件会引用一个外部文件，地址为 "http://www.w3.org/Graphics/SVG/1.1/DTD/svg11.dtd"。

上面提到的 DTD 文件 "http://www.w3.org/Graphics/SVG/1.1/DTD/svg11.dtd" 主要用于 SVG 规范，里面包含了所有 SVG 允许使用的元素。

第 03 行是整个绘图 SVG 文件的根元素 svg，类似于 HTML 文件中的 html 根元素。width 和 height 属性定义 SVG 的宽、高，version 属性定义 SVG 的版本，xmlns 属性定义 SVG 的命名空间。

第 04 行 circle 元素用来创建一个圆。cx 和 cy 属性定义圆中心的 x 和 y 轴坐标，默认设置均为 0。r 属性用来定义圆的半径。stroke 和 stroke-width 属性用来设置显示图形的轮廓，示例 stroke 被设置为黑色边框，stroke-width 被设置为 2 像素的边框。fill 属性用来设置图形内填充的颜色。

所有标签的规则必须严格遵循 W3C 规范，开启标签必须有对应的闭合标签。

6.1.4　什么是 WebGL

WebGL 规范由 Khronos Group 协会在 2011 年 3 月的美国洛杉矶举办的游戏开发大会上发布，允许把 JavaScript 和 OpenGL ES 2.0 相结合为 HTML 5 Canvas，提供硬件 3D 加速渲染，使开发人员可以借助系统显卡在浏览器里展现 3D 场景和模型，使用者可以在不安装插件的情况下体验 3D 图形技术。

 Khronos Group 成立于 2000 年 1 月，由 3Dlabs、ATI、Discreet、Evans & Sutherland、Intel、Nvidia、SGI 和 Sun Microsystems 在内的多家国际知名多媒体行业领导者创立，致力于发展开放标准的应用程序接口，以实现在多种平台和终端设备上的富媒体创作、加速和回放。

目前 WebGL 标准已经在 Firefox、Safari、Chrome 浏览器上得到支持，微软将在 Internet Explorer 11 中加入 WebGL 功能。相信不久的将来开发者可以通过 WebGL 展现各种 3D 模型和场景，推出更多基于 3D 的网站和游戏。

对于 Web 开发者来说，WebGL 提供了前所未有的想象空间，打开了一个面向 3D 技术的新领域，无须借助 Flash 或 Silverlight 等浏览器插件也能制作出丰富的视觉交互体验。目前已经涌现出很多使用 WebGL 技术开发的非常厉害的作品。

谷歌推出了 WebGL 版的 Google Map，用户可以从 https://maps.google.com/查看。进入网站后，网页会判断浏览器支持 WebGL 的情况，当确认用户的浏览器支持 WebGL 时页面左侧会出现提示，如图 6.3 所示。

图 6.3　谷歌地图开启 WebGL 功能提示

使用了 WebGL 技术后，地图效果得到极大的提升，增加了 3D 图形显示，地图拖动切换更加平滑，同时还带有 45 度的视角旋转功能。

另外，谷歌还在 Chrome 实验室里提供了很多 WebGL 的实验产品，让人叹为观止。要欣赏作品可前往站点 http://www.chromeexperiments.com/webgl。其中有一款关于 Google Maps 的游戏，相信一定会让用户眼前为之一亮，游戏地址为 http://www.playmapscube.com/，截图如图 6.4 所示。

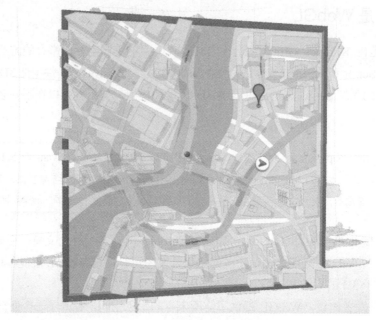

图 6.4　Google Maps 地图小游戏

6.1.5　Paper.js 图形库

Paper.js 是一个开源的矢量图形脚本框架，基于 HTML 5 Canvas 开发，提供了清晰的场景图和文档对象模型，还有许多强大的功能用来创建和使用矢量图形和贝塞尔曲线，接口设计精巧、规范并且干净。

Paper.js 的中文教程目前还很少，所以使用者需要前往官网 http://paperjs.org 的英文版教程学习使用，这对一般的使用者是一个挑战，不过作为一名合格的前端工作者，习惯阅读外文站点也是工作的一部分。下面通过一个示例了解使用 Paper.js，开发使用 Canvas 的图形绘制应用。

【代码 6-3】

```
01    <!DOCTYPE html>
02    <html>
03    <head>
04        <script type="text/javascript" src="paper.js"></script>
          <!-- 引入 paper.js -->
05        <script type="text/paperscript" canvas="canvas">
          <!-- 执行脚本块 -->
06                function onMouseDrag(event) {              // 鼠标拖动事件
```

```
07                       var path = new Path.Circle({          // 新建一个圆形路径实例
08                           center: event.downPoint,           // 设置中心点坐标
09                           radius: (event.downPoint - event.point).length,
                           // 设置圆形半径
10                           fillColor: 'white',                // 设置填充颜色
11                           strokeColor: 'black'               // 设置边框颜色
12                       });
13                   };
14       </script>
15   </head>
16   <body>
17       <canvas id="canvas" resize></canvas>                  // 画布元素
18   </body>
19   </html>
```

　　点击页面某个区域，按住鼠标进行拖动，将会以点击点为圆心、拖动距离为半径画圆，松开鼠标后圆形绘制完毕。图 6.5 为测试后绘制的效果图。

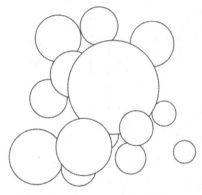

图 6.5　使用 Paper.js 示例绘制效果图

Paper.js 项目同时还被发布在 GitHub 上，了解开发者最新发布动态可以前往 GitHub，项目地址为 https://github.com/paperjs/paper.js。

6.2　应用 Canvas

　　本节我们介绍 HTML 5 核心的绘图控件 Canvas。绘图<canvas>标签用于定义图形，比如图表图像等，是 HTML 5 标准新提供的绘图容器。

6.2.1　绘制图形

画图软件已经不再是本地应用的专利了，越来越多的网站提供了在线版的画图应用。有的通过 Flash 实现，有的通过 HTML 5 实现。本例给出了 HTML 5 实现的简单画板。画板分成两个部分，第 1 部分为矩形，第 2 部分为圆形。两部分都有 1 个调节区和 1 个画布区。画布区默认绘制 1 个对应图形，调整颜色控件或拖动滑块同步作用于绘制的图形。通过本示例可以了解 Canvas 图形绘制接口的使用。

使用 Chrome 浏览器打开网页文件，运行效果如图 6.6 所示。

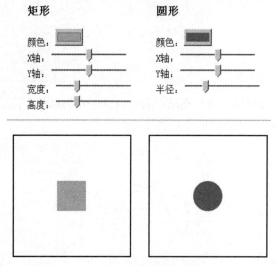

图 6.6　使用 Chrome 打开网页文件

点击"矩形"颜色控件，设置画布中的黄色矩形颜色为红色，然后点击"圆形"颜色控件，设置画布中的蓝色圆形颜色为绿色，效果如图 6.7 所示。

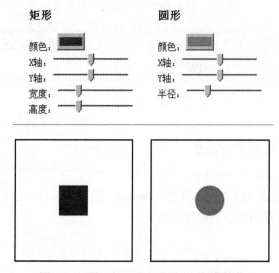

图 6.7　调整"矩形"和"圆形"颜色控件

利用编辑器打开"6-4.绘制图形：矩形和圆形.html"文件，代码如下：

【代码 6-4】

```
01  <!DOCTYPE HTML>
02  <html>
03  <head>
04     <style>
05        ul{ float: left; list-style: none; }
06        hr{ clear: both; }
07        canvas{ border:2px solid black; float:left; margin:15px; }
08     </style>
09  </head>
10  <body>
11     <header><h2>绘制图形：矩形和圆形</h2></header>
12     <!-- 矩形 Canvas 画布 设置区 -->
13     <ul>
14        <li><h3>矩形</h3></li>
15        <li>颜色: <input id="color_rect" type="color" value="#eabb02"
           /></li>
16        <li>X轴: <input id="x_rect" type="range" min="0" max="150"
           value="75" step="1" /></li>
17        <li>Y轴: <input id="y_rect" type="range" min="0" max="150"
           value="75" step="1" /></li>
18        <li>宽度: <input id="width_rect" type="range" min="0" max="200"
            value="50" step="1" /></li>
19        <li>高度: <input id="height_rect" type="range" min="0" max="200"
           value="50" step="1" /></li>
20     </ul>
21     <!-- 圆形 Canvas 画布 设置区 -->
22     <ul>
23        <li><h3>圆形<h3></li>
24        <li>颜色: <input id="color_circle" type="color"
           value="#506cc0"/></li>
25        <li>X轴: <input id="x_circle" type="range" min="0" max="200"
           value="100" step="1" /></li>
26        <li>Y轴: <input id="y_circle" type="range" min="0" max="200"
           value="100" step="1" /></li>
27        <li>半径: <input id="radius_circle" type="range" min="0" max="100"
           value="25" step="1" /></li>
28     </ul>
29     <hr />
30     <!-- 矩形 Canvas 画布 -->
31     <canvas id="canvas_rect" width="200" height="200"></canvas>
```

```
32        <!-- 圆形 Canvas 画布 -->
33        <canvas id="canvas_circle" width="200" height="200"></canvas>
34    </body>
35    <script>
36      (function () {
37          // 获取矩形 Canvas 画布绘图上下文
38          var content_rect = document.getElementById('canvas_rect')
                .getContext("2d"),
39          // 获取圆形 Canvas 画布绘图上下文
40            canvas_circle = document.getElementById('canvas_circle')
                .getContext("2d");
41          function draw_rect() {                       // 获取控件数据绘制矩形
42              content_rect.clearRect(0, 0, 300, 300);    // 清空给定矩形
43              content_rect.fillStyle = color_rect.value; // 填充矩形画布原色
44              content_rect.fillRect(                     // 填充矩形
45                  parseInt(x_rect.value),                // 矩形左上角的 x 坐标
46                  parseInt(y_rect.value),                // 矩形左上角的 y 坐标
47                  parseInt(width_rect.value),            // 矩形的宽度，以像素计
48                  parseInt(height_rect.value)            // 矩形的高度，以像素计
49              );
50          };
51          var color_rect = document.getElementById('color_rect'),
            // 获取矩形颜色选择元素
52              x_rect = document.getElementById('x_rect'),// 获取矩形 x 轴滑块元素
53              y_rect = document.getElementById('y_rect'),// 获取矩形 y 轴滑块元素
54              width_rect = document.getElementById('width_rect'),
                // 获取矩形宽度滑块元素
55              height_rect = document.getElementById('height_rect');
                // 获取矩形高度滑块元素
56          // 循环矩形设置元素，绑定数据变更 change 事件
57          [color_rect, x_rect, y_rect, width_rect, height_rect].
            forEach(function (item) {
58              item.addEventListener('change', draw_rect, false);
59          });
60          draw_rect();                                // 绘制默认矩形
61          function draw_circle() {                    // 获取控件数据绘制圆形
62              canvas_circle.clearRect(0, 0, 300, 300);  // 清空给定矩形
63              canvas_circle.fillStyle = color_circle.value;  // 填充矩形画布原色
64              canvas_circle.beginPath();                // 起始一条路径
65              canvas_circle.arc(                        // 创建圆形
66                  parseInt(x_circle.value),             // 圆的中心的 x 坐标
67                  parseInt(y_circle.value),             // 圆的中心的 y 坐标
68                  parseInt(radius_circle.value),        // 圆的半径
```

```
69                0,                                    // 起始角，以弧度计
70                2 * Math.PI,                          // 结束角，以弧度计
71                true                                  // 逆时针或顺时针绘图
72                                             // (false：顺时针, true：逆时针)
73            );
74        canvas_circle.closePath();          // 创建从当前点回到起始点的路径
75        canvas_circle.fill();               // 填充当前绘图
76        };
77        var color_circle = document.getElementById('color_circle'),
            // 获取圆形颜色选择元素
78          x_circle = document.getElementById('x_circle'),
            // 获取圆形 x 轴滑块元素
79          y_circle = document.getElementById('y_circle'),
            // 获取圆形 y 轴滑块元素
80          radius_circle = document.getElementById('radius_circle');
            // 获取圆形半径滑块元素
81              // 循环圆形设置元素，绑定数据变更 change 事件
82        [color_circle, x_circle, y_circle, radius_circle].forEach(function
          (item) {
83            item.addEventListener('change', draw_circle, false);
84        });
85        draw_circle();                          // 绘制默认圆形
86    })();
87  </script>
88  </html>
```

代码第 12~20 行是矩形调节区的 HTML 结构，第 21~28 行是圆形调整区的 HTML 结构。

代码第 31 和 33 行分别是矩形和圆形的画布。

代码第 38 和 40 行分别从文档中获取对应画布的上下文。

代码第 41~50 行为函数 draw_rect，用于在画布上绘制矩形。该函数第 42 行代码清空画布上固定矩形区域的内容，就像平时所用的橡皮擦。clearRect 方法拥有 4 个参数，语法如下：

```
context.clearRect(x,y,width,height)
```

- x：要清除的矩形左上角的 x 轴坐标。
- y：要清除的矩形左上角的 y 轴坐标。
- width：要清除的矩形的宽度，以像素计。
- height：要清除的矩形的高度，以像素计。

代码第 43 行获取矩形调节区颜色控制的值，设置矩形画布的颜色。

代码第 44~49 行填充 1 个矩形，fillRect 方法拥有 4 个参数，参数用法与 clearRect 方法相同，语法如下：

```
context.fillRect(x,y,width,height)
```

代码第 51~55 行获取矩形调节区颜色控件和各滑块元素。

代码第 57~59 行监听矩形调节区各控件的 change 事件。当各控件的值发生变化时，调用函数 draw_rect 重新绘制矩形。

代码第 60 行调用函数 draw_rect，使用矩形调节区各控件的默认值绘制默认矩形。

圆形区的代码基本与矩形区的相似，只是在调用画布上下文的方法上略有不同，绘制圆形通过 draw_circle 函数实现。

代码第 64 行调用方法 beginPath，告诉画布开始一条新的路径。假使不调用该方法，每次绘制的图形会被重叠。

代码第 65~73 行调用方法 arc 以给定的坐标点为中心点以指定半径画 1 条弧，语法如下：

```
context. arc(x,y,radius,startAngle,endAngle,counterclockwise)
```

- x，y：弧圆心坐标。
- radius：弧圆心半径。
- startAngle，endAngle：弧的开始点和结束点弧度。
- counterclockwise：弧沿逆时针 true 或顺时针 false 绘制。

代码第 74 行调用 closePath 方法关闭之前打开的路径。第 75 行调用 fill 方法，使用设置的 fillStyle 属性颜色填充绘制的路径。

6.2.2 绘制文字

随着互联网的发展，图片成为人们分享信息的一种重要手段，但随之而来的图片盗用问题成为阻碍用户分享的一大障碍。目前，被认为行之有效的方法是给用户上传的图片加上水印，防止图片被盗用。本例提供了 HTML 5 加水印的解决方案。

使用 Chrome 浏览器打开网页文件，运行效果如图 6.8 所示。

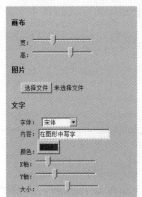

图 6.8　使用 Chrome 打开网页文件

　　点击"选择文件"按钮，选择任意图片并打开（示例中选择了"考拉"图），效果如图 6.9 所示。

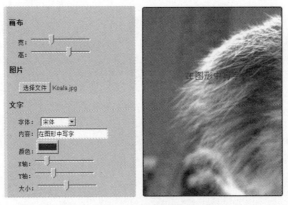

图 6.9　点击"选择文件"按钮选择一张图片并打开

　　在画布设置区调节"宽""高"滑块为最大值，然后将光标移入画布框，此时光标样式变为拖动状态。拖动画布框中的图片，直到合适位置后松开，效果如图 6.10 所示。

图 6.10　调整画布大小并拖动图片到合适位置

　　此时画布内出现一个完整的考拉头像。接下来给图片打上水印"我是考拉"，并将水印移动到图片的右下角。调整文字的字体、颜色和大小，效果如图 6.11 所示。

图 6.11　调整文字内容和样式

利用编辑器打开"6-5.在图形中写字.html"文件，代码如下：

【代码 6-5】

```
01  <!DOCTYPE HTML>
02  <html>
03  <head>
04      <style>
05          ul                              /* 画布调节区样式 */
06          {
07              float: left;
08              list-style: none;
09              font-size:13px;
10              border: 1px solid #cccc99;
11              border-radius: 3px;
12              -moz-border-radius: 3px;
13              -webkit-border-radius: 3px;
14              background-color: #cccc99;
15              padding:10px;
16          }
17          hr{ clear: both; }
18          canvas                          /* 画布样式 */
19          {
20              border:2px solid black;
21              float:left;
22              margin:15px; font-family:
23              border-radius: 5px;
24              -moz-border-radius: 5px;
25              -webkit-border-radius: 5px;
26          }
27          .item                           /* 调节区元素行样式 */
28          {
29              padding-left:20px;
30          }
31      </style>
32  </head>
33  <body>
34      <header><h2>在图形中写字</h2></header>
35      <section>
36          <!-- 矩形 Canvas 画布 设置区 -->
37          <ul>
38              <li><h3>画布</h3></li>
```

```
39              <!-- 画布长宽调节区 -->
40              <li class="item">宽: <input id="width_canvas" type="range"
                min="200" max="500" value="300"
41   step="1" /></li>
42              <li class="item">高: <input id="height_canvas" type="range"
43    min="200" max="500" value="395" step="1" /></li>
44              <li><h3>图片</h3></li>
45              <!-- 图片选择区 -->
46              <li class="item"><input id="file_img" type="file" value="在图形
                中写字" /></li>
47              <!-- 文字设置区 -->
48              <li><h3>文字</h3></li>
49              <li class="item">字体:
50                <select id="family_font">
51                    <option value="宋体">宋体</option>
52                    <option value="黑体">黑体</option>
53                    <option value="幼圆">幼圆</option>
54                    <option value="微软雅黑">微软雅黑</option>
55                    <option value="楷体">楷体</option>
56                    <option value="隶书">隶书</option>
57                    <option value="方正姚体">方正姚体</option>
58                    <option value="方正舒体">方正舒体</option>
59                    <option value="华文彩云">华文彩云</option>
60                </select>
61              </li>
62              <li class="item">内容: <input id="text_font" value="在图形中写字"
                maxlength=16 /></li>
63              <li class="item">颜色: <input id="color_font" type="color"
                value="#0000ff" /></li>
64              <li class="item">X 轴: <input id="x_font" type="range" min="0"
                max="500" value="90" step="1"
65   /></li>
66              <li class="item">Y 轴: <input id="y_font" type="range" min="0"
67   max="500" value="150" step="1" /></li>
68              <li class="item">大小: <input id="size_font" type="range"
69   min="1" max="40" value="20" step="1" /></li>
70          </ul>
71          <!-- 矩形 Canvas 画布 -->
72          <canvas id="canvas"></canvas>
73      </section>
74  </body>
75  <script>
```

```
76      (function () {
77          var canvas = document.getElementById('canvas'),// 获取 Canvas 画布元素
78              context = canvas.getContext("2d"),        // 获取 Canvas 元素上下文
79              width_canvas = document.getElementById('width_canvas'),// 画布宽
80              height_canvas=document.getElementById('height_canvas'),// 画布长
81              file_img = document.getElementById('file_img'),     // 图片选择
82              text_font = document.getElementById('text_font'),   // 文字内容
83              color_font = document.getElementById('color_font'),// 文字颜色
84              x_font = document.getElementById('x_font'),         // 文字 x 轴坐标
85              y_font = document.getElementById('y_font'),         // 文字 y 轴坐标
86              size_font = document.getElementById('size_font'),   // 文字大小
87              family_font = document.getElementById('family_font'),// 文字字体
88              img = new Image();                          // 新建图片元素实例
89          function draw(e, x, y) {                        // 绘制图片和文字
90              // 清空画布指定矩形区域内容
91              context.clearRect(0, 0, parseInt(canvas.width),
                    parseInt(canvas.height));
92              canvas.width = parseInt(width_canvas.value);    // 设置画布宽
93              canvas.height = parseInt(height_canvas.value); // 设置画布高
94              context.drawImage(img, x || move_x, y || move_y);// 填充图片到画布
95              context.fillStyle = color_font.value;       // 设置文字颜色
96              context.textAlign = 'left';                 // 设置文字水平对齐方式
97              context.font = size_font.value + "px " + family_font.value;
                // 设置文字大小和字体
98              // 填充文字到画布指定区域
99              context.fillText(text_font.value, parseInt(x_font.value),
                    parseInt(y_font.value));
100         };
101         //绑定文字内容文本框 keyup 事件，当键盘按键释放时触发
102         text_font.addEventListener('keyup', draw, false);
103         // 绑定数值区域选择控件 change 事件，当数值变化时触发 draw 函数
104         [color_font, x_font, y_font, size_font, width_canvas,
                height_canvas, family_font].forEach(function
105 (item) {
106             item.addEventListener('change', draw, false);
107         });
108         // 绑定图片 load 事件，当图片加载完毕后触发
109         img.addEventListener('load', draw, false);
110         //绑定长传控件 change 事件，当路径发生变化时触发
111         file_img.addEventListener('change', function () {
112             var files = this.files,                    // 获取文件列表
113                 reader;
```

```
114            for (var i = 0, length = files.length; i < length; i++) {
115                if (files[i].type.toLowerCase().match(/image.*/)) {
                       // 正则判断文件类型是否为图片类型
116                    reader = new FileReader();  // 实例化 FileReader 对象
117                    reader.addEventListener('load', function (e) {
                           // 监听 FileReader 实例的 load 事件
118                        img.src = e.target.result;         // 设置图片内容
119                    });
120                    reader.readAsDataURL(files[i]);// 读取图片文件为 dataURI 格式
121                    canvas.style.cursor = 'move';    // 设置光标为移动样式
122                    break;
123                };
124            };
125        }, false);
126        var move_x = 0, move_y = 0;                 // 临时存储图片 x、y 轴偏移量
127        function canvas_mousemove(e) {              // 当鼠标拖动图片时触发
128            // 计算图片拖动后的 x 轴位置
129            move_x = e.clientX - canvas.$mousedown_x + canvas.$mouseup_move_x;
130            // 计算图片拖动后的 y 轴位置
131            move_y = e.clientY - canvas.$mousedown_y + canvas.$mouseup_move_y;
132            // 按照计算后的坐标位置重新绘制图片和文字
133            draw(null, move_x, move_y);
134        };
135        canvas.addEventListener('mousedown', function (e) {
           // 当鼠标点击画布区时触发
136            if (img.src.length) {                  // 判断画布区内是否已经存在图片
137                canvas.$mousedown_x = e.clientX;        // 缓存当前鼠标 x 轴坐标
138                canvas.$mousedown_y = e.clientY;        // 缓存当前鼠标 y 轴坐标
139                // 监听画布区鼠标拖动事件
140                canvas.addEventListener('mousemove', canvas_mousemove, false);
141            };
142        }, false);
143        document.addEventListener('mouseup', function (e) {
           // 当鼠标在文档内释放后触发
144            canvas.$mouseup_move_x = move_x;    // 缓存拖动后图片 x 轴坐标
145            canvas.$mouseup_move_y = move_y;    // 缓存拖动后图片 y 轴坐标
146            // 移除对画布鼠标拖动监听事件
147            canvas.removeEventListener('mousemove', canvas_mousemove,
               false);
148        }, false);
149        // 阻止文档内容选择事件，避免拖动时触发内容选择造成不便
150        document.addEventListener('selectstart', function (e)
```

```
              { e.preventDefault() }, false);
151        draw();                                          // 绘制默认内容
152    })();
153  </script>
154  </html>
```

本例涉及多个逻辑功能点，将代码功能分成 3 大块进行分析。

1. 在画布中显示本地图片

代码第 88 行创建一个图片实例赋予变量 img。

代码第 109 行监听变量 img 的 load 事件，当图片的 src 属性发生改变时触发函数 draw。

代码第 111~125 行添加对上传控件 change 事件的监听，当上传的控件值改变时触发事件。

代码第 112 行定义变量 files 存储上传文件列表。

代码第 114~124 行循环文件列表，判断文件类型是否为图片类型。遇到图片文件，通过 FileReader 读取文件内容。当文件读取完毕，重新设置变量 img 的 src 属性，待图片加载完毕以后触发函数 draw。在函数 draw 中绘制图片的代码如下：

```
context.drawImage(img, x || move_x, y || move_y);
```

drawImage 语法如下：

```
drawImage(image, sourceX, sourceY, sourceWidth, sourceHeight,destX, destY,
destWidth, destHeight)
```

- image：所要绘制的 Image 元素。
- sourceX，sourceY：图像在画布左上角坐标位置。
- sourceWidth，sourceHeight：图像的宽和高。
- destX，destY：绘制图像区域左上角的画布坐标。
- destWidth，destHeight：图像区域所要绘制的画布大小。

 在画布中绘制图像必须在图像加载完毕以后执行，即在图像的 load 事件回调中进行，否则绘制为空图。

2. 在画布中写入文字

函数 draw 有两个功能，一个是绘制图片，另外一个是在画布上写入文字。

代码第 91 行清空对应画布大小区域的内容。

代码第 92、93 行读取画布调节区宽高滑块的值，重新设置画布宽高。

代码 95~97 行分别设置画布文字的颜色、水平位置、大小和字体。

代码第 99 行调用画布的 fillText 方法写入文字，fillText 语法如下：

```
context.fillText(text, x, y, maxWidth);
```

- text: 文本内容。
- x: 相对于画布的 x 轴坐标。
- y: 相对于画布的 y 轴坐标。
- maxWidth: 可选，允许的最大文本宽度，以像素计。

3. 拖动画布中的图片

使用脚本完成拖动元素效果，首先要明白元素的 3 种事件：

- mousedown: 事件会在鼠标按键被按下时发生。
- mouseup: 事件会在鼠标按键被松开时发生。
- mousemove: 事件会在鼠标指针移动时发生。

本例实现画布中图片拖动的效果见代码第 126~148 行，下面分析相关的代码逻辑。

代码第 126 行定义了 2 个初始化为 0 的变量，用于记录图片拖动后的坐标偏移量。

代码第 136~141 行在用鼠标点击画布时被触发。mousedown 触发后，先判断画布中是否已经存在图片。如果已经上传图片（img 变量的 src 属性不为空），就获取鼠标指针位置相对于当前窗口的 x 轴坐标和 y 轴坐标，并将两个坐标值缓存在 canvas 元素变量上。最后监听 canvas 元素的 mousemove 事件，绑定 canvas_mousemove 函数。

代码第 144~147 行在鼠标在文档内松开时被触发。mouseup 触发后，将 move_x、move_y 两个图片坐标偏移量缓存在 canvas 元素变量上，并在移除 mousedown 时绑定在 canvas 元素上的 mousemove 事件监听。

代码第 127~134 行是完成拖动效果的关键。拖动时计算图画和画布的相对位置，代码如下：

```
move_x = e.clientX - canvas.$mousedown_x + canvas.$mouseup_move_x;
move_y = e.clientY - canvas.$mousedown_y + canvas.$mouseup_move_y;
```

首先分析如何得到 move_x，即当前图片拖动后相对于画布的 x 轴坐标（move_y 的计算方法与 move_x 类似）。

- e.clientX: 拖动时鼠标指针位置相对于当前窗口的 x 轴坐标。
- canvas.$mousedown_x: 拖动开始时鼠标指针位置相对于当前窗口的 x 轴坐标。
- canvas.$mouseup_move_x: 上次拖动结束后图片相对于画布的偏移量，默认未拖动为 0。

代码分析并未包括所有源码，未提及的可以参考代码的注释。

6.2.3 颜色渐变

是否觉得前面例子的水印文字变化过于单调？本例将在此基础上运用 Canvas 增加文字渐变处理。示例中将原来的"颜色"一栏变化为"起始色""过渡色"和"终止色"，并采用线性渐变以直线为渐变轴处理文字。

使用 Chrome 浏览器打开网页文件，运行效果如图 6.12 所示。

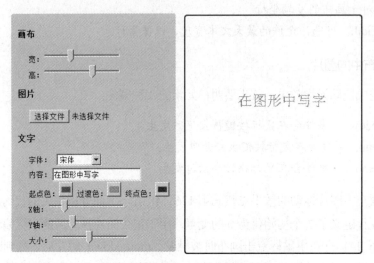

图 6.12　使用 Chrome 打开网页文件

选择"图片库"中的"郁金香.jpg"并打开。调整画布宽度、文字内容、文字 XY 轴和文字大小，效果如图 6.13 所示。

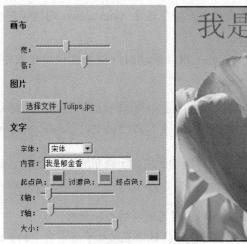

图 6.13　选择图片并调整相关设置

本例代码基本与前面的例子相同，下面就不同部分做一个分析。

去掉了原有的文字"颜色"控件后，新增 3 个颜色选择控件，代码如下：

```
起点色: <input id="color_font_begin" type="color" value="#ff0000" />
过渡色: <input id="color_font_middle" type="color" value="#00ff00" />
终点色: <input id="color_font_end" type="color" value="#400080" />
```

draw 函数增加了文字渐变色处理。

利用编辑器打开"6-6.画布中使用渐变色.html"文件，代码如下：

【代码 6-6】

```
01    function draw(e, x, y) {                              // 绘制图片和文字
02        // 清空画布指定矩形区域内容
03        context.clearRect(0, 0, parseInt(canvas.width), parseInt
          (canvas.height));
04        canvas.width = parseInt(width_canvas.value);        // 设置画布宽
05        canvas.height = parseInt(height_canvas.value);       // 设置画布高
06        context.drawImage(img, x || move_x, y || move_y);    // 填充图片到画布
07        // 创建线性渐变
08        var gradient = context.createLinearGradient(0, 0, canvas.width,
          canvas.height);
09        gradient.addColorStop("0.0", color_font_begin.value);
          // 渐变起点添加一个颜色变化
10        gradient.addColorStop("0.5", color_font_middle.value);
          // 渐变中间点添加一个颜色变化
11        gradient.addColorStop("1.0", color_font_end.value);
          // 渐变终点添加一个颜色变化
12        context.fillStyle = gradient;                        // 用渐变填色
13        context.textAlign = 'left';                          // 设置文字水平对齐方式
14        context.font = size_font.value + "px " + family_font.value;
          // 设置文字大小和字体
15        // 填充文字到画布指定区域
16        context.fillText(text_font.value, parseInt(x_font.value),
          parseInt(y_font.value));
17    };
```

draw 函数第 8 行代码调用 context 的 createLinearGradient 方法，该方法创建一个线性颜色渐变对象，渐变由左上角到右下角线性进行，语法如下：

```
context.createLinearGradient(xStart, yStart, xEnd, yEnd)
```

- xStart，yStart：渐变起始点的坐标。
- xEnd，yEnd：渐变结束点的坐标。

代码第 9~11 行调用线性渐变对象 gradient 的 addColorStop 方法，分别在开始点、中间点、结束点添加对应颜色，说明如下：

- offset：表示渐变的开始点和结束点之间的一部分，是在 0.0~1.0 之间的浮点值。
- color：表示指定 offset 显示的颜色，本例中通过 3 个颜色控件来定义。

提 示　Canvas 渐变除了线性渐变外还有径向渐变（关键 API 为 createRadialGradient）。有兴趣的读者可以尝试修改本示例，熟悉两种渐变方法的使用。

6.3　范例——带特效的相册 APP

在很多社交网站上能看到这样的场景，用户上传自定义头像，并对其进行编辑保存。多数网站实现图像编辑功能采用的是 Flash 技术。本例将采用 HTML 5 技术实现此场景，具备上传图片和简单的剪贴功能。

使用 Chrome 浏览器打开网页文件，运行效果如图 6.14 所示。

点击"选择文件"按钮，在图库中选择"Einstein.png"图片并打开，效果如图 6.15 所示。

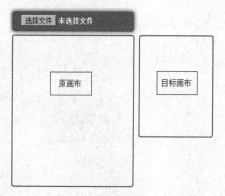

图 6.14　使用 Chrome 打开网页文件

图 6.15　点击"选择文件"按钮并打开图片

在人物的头部左上方按住鼠标左键，并沿着右下方拖动，出现一个蓝色虚线框。虚线区域将被剪贴到右侧目标画布，效果如图 6.16 所示。松开鼠标左键，原画布虚线框内的爱因斯坦头像被复制到右侧目标画布，效果如图 6.17 所示。

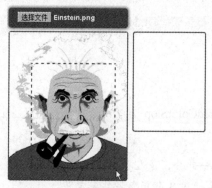

图 6.16　点击鼠标左键并拖动

图 6.17　松开鼠标左键截取头像

利用编辑器打开"6-7.在画布中剪贴图像.html"文件，代码如下：

【代码 6-7】

```
01   <!DOCTYPE HTML>
02   <html>
03   <head>
04     <style>
05     @-webkit-keyframes bluePulse {              /* 蓝色闪动动画 */
06          from { background-color: #007d9a; -webkit-box-shadow: 0 0 9px
               #333; }
07          50% { background-color: #2daebf; -webkit-box-shadow: 0 0 18px
               #2daebf; }
08          to { background-color: #007d9a; -webkit-box-shadow: 0 0 9px
               #333; }
09     }
10     .button {                                    /* 上传按钮样式 */
11        // ......省略部分样式代码
12        -webkit-animation-name: bluePulse;       /* 设置执行动画名称 */
13        -webkit-animation-duration: 2s;          /* 动画一周期的时间 */
14        -webkit-animation-iteration-count: infinite;/* 无限次的循环播放动画 */
15     }
16     // ...... 此处省略部分样式代码，请参考下载资源源代码
17     </style>
18   </head>
19   <body>
20     <header><h2>在画布中剪贴图像</h2></header>
21     <section>
22        <!-- 图片按钮上传 -->
23        <input type="file" class="button"/>
24        <!-- 原画布 -->
25        <canvas id="J_canvas_i" width="250" height="300"></canvas>
26        <!-- 目标画布 -->
27        <canvas id="J_canvas_ii" width="150" height="200"></canvas>
28     </section>
29   </body>
30   <script>
31     var canvas_i = document.getElementById('J_canvas_i'),
       // 获取 Canvas 画布元素
32        context_i = canvas_i.getContext("2d"),     // 获取 Canvas 元素上下文
33        canvas_ii = document.getElementById('J_canvas_ii'),
          // 获取目标 Canvas 画布元素
```

```
34          context_ii = canvas_ii.getContext("2d"),
            // 获取目标 Canvas 元素上下文
35          input_file = document.querySelector('input[type=file]'),
             // 图按上传按钮
36          clip_wraper = document.createElement('div'),    // 自创建剪贴框元素
37          img = new Image();                              // 新建图片元素实例
38      clip_wraper.setAttribute('class', 'clip');          // 设置剪贴框样式
39      function draw() {                                   // 绘制上传图片
40          // 清空原画布指定矩形区域内容
41          context_i.clearRect(0, 0, parseInt(canvas_i.width),
            parseInt(canvas_i.height));
42          // 清空目标画布指定矩形区域内容
43          context_ii.clearRect(0, 0, parseInt(canvas_ii.width),
            parseInt(canvas_ii.height));
44          context_i.drawImage(img, 0, 0);                 // 填充图片到画布
45      };
46      //获取或设置元素样式。参数1为目标元素；参数2若为字符串则获取样式，若为对象则设置元素样式
47      function css(element, options) {
48          if (typeof options === 'string') {   return element.style[options];
49          } else {
50              for (var name in options) {    element.style[name] =
                options[name];  };
51          };
52      };
53      img.addEventListener('load', draw, false);          // 监听图片的加载完毕事件
54      input_file.addEventListener('change', function () {// 上传按钮值改变事件
55          // ……此处省略部分代码，请参考下载资源源代码
56      }, false);
57      var start_x = 0, start_y = 0,                        // 鼠标点击的 XY 轴坐标位置
58          move_x = 0, move_y = 0,                          // 鼠标点击后移动的相对距离
59          offset_xy = 6;                                  // 剪贴框距鼠标的相对位置
60      function canvas_mousemove(e) {                      // 鼠标移动事件函数
61          // 鼠标移动时屏幕位置减去鼠标点击时的位置以获取鼠标移动的相对距离
62          move_x = e.clientX - start_x;  move_y = e.clientY - start_y;
63          if (move_x > 0 && move_y > 0) {                 // 往右下方移动
64              css(clip_wraper, {
65                  'width': move_x + 'px', 'height': move_y + 'px',
66                  'top': (start_y - offset_xy) + 'px', 'left': (start_x -
                    offset_xy) + 'px'
67          }
68          // ……此处省略鼠标往右上、左下、左上移动的代码，请参考下载资源源代码
69      };
```

```
70        // 监听剪贴框鼠标移动事件
71        clip_wraper.addEventListener('mousemove', canvas_mousemove, false);
72        canvas_i.addEventListener('mousedown', function (e) {
          // 监听原画布鼠标点击事件
73          css(clip_wraper, {
74              // 获取鼠标点击时的屏幕位置，设置剪贴框样式，并临时存放到变量中
75              'left': (start_x = (e.clientX - offset_xy)) + 'px', 'top':
                (start_y = (e.clientY - offset_xy)) + 'px',
76              'width': '1px', 'height': '1px'
77          });
78          document.body.appendChild(clip_wraper);// 将剪贴框添加到 DOM 文档内
79          // 监听原画布的鼠标移动事件，绑定 canvas_mousemove 函数
80          canvas_i.addEventListener('mousemove', canvas_mousemove, false);
81        }, false);
82        document.addEventListener('mouseup', function (e) {
          // 当鼠标在 DOM 文档内释放后触发；
83          // 移除原画布的鼠标移动事件
84          canvas_i.removeEventListener('mousemove', canvas_mousemove, false);
85          if (e.target.nodeName.toLowerCase() == 'canvas' &&
86            move_x > offset_xy && move_y > offset_xy &&
              // 移动的相对距离必须超过预设距离
87            img.src.length > 0                        // 判断是否已经上传图片
88          ) {
89            var sourceX = parseInt(css(clip_wraper, 'left')) -
              canvas_i.offsetLeft,
90              sourceY = parseInt(css(clip_wraper, 'top')) -
                canvas_i.offsetTop,
91              destWidth = parseInt(canvas_ii.width), destHeight =
                parseInt(canvas_ii.height);
92            context_ii.clearRect(0, 0, destWidth, destHeight);
              // 清空目标画布内容
93            // 填充图片到画布
94            context_ii.drawImage(img, sourceX, sourceY, Math.abs(move_x),
              Math.abs(move_y), 0, 0,
95      destWidth, destHeight);
96          };
97          try { document.body.removeChild(clip_wraper); } catch (e) { };
            // 从 DOM 文档中移除剪贴框
98        }, false);
99        // 阻止文档内容选择事件，避免拖动时触发内容选择造成不便
100       document.addEventListener('selectstart', function (e)
          { e.preventDefault() }, false);
```

```
101  </script>
102  </html>
```

代码第 05~09 行使用 CSS 3 的@keyframes 创建了一个动画。示例中的@-webkit-keyframes 表示只适用于 WebKit 内核浏览器。@-webkit-keyframes 后方紧跟的标识符表示动画的名称，大括号内为动画的过程。关键词 "from" 和 "to" 等同于 0% 和 100%，以上的代码等同于如下代码：

```
@-webkit-keyframes bluePulse {
    0% { background-color: #007d9a; -webkit-box-shadow: 0 0 9px #333; }
    50% { background-color: #2daebf; -webkit-box-shadow: 0 0 18px #2daebf; }
    100% { background-color: #007d9a; -webkit-box-shadow: 0 0 9px #333; }
}
```

样式类 button 中使用了定义的 bluePulse 动画，代码如下：

```
. button{
......
-webkit-animation-name: bluePulse;
-webkit-animation-duration: 2s;
-webkit-animation-iteration-count: infinite;
}
```

- -webkit-animation-name: 动画名。
- -webkit-animation-duration: 完成一个周期所花费的时间，秒.默认是 0。
- -webkit-animation-iteration-count: 动画被播放的次数。默认是 1，示例中 infinite 表示无限。

> CSS 3 动画还提供其他丰富的属性，想了解更多内容可以浏览网址 http://www.w3school.com.cn/css3/css3_animations.asp。

接着分析脚本逻辑的关键部分，其余部分读者可以参考代码后方注释。

代码第 39~45 行定义函数 draw，用于在原画布绘制上传图片，并清空目标画布内容。

代码第 47~52 行定义函数 css，封装了一个简单设置和获取元素样式的方法，没有过多对浏览器兼容性做处理，读者可以使用第三方类库（如 jQuery）替代这个临时方法。

代码第 57~59 行定义了 5 个变量：

- start_x，start_y：记录点击鼠标时在浏览器上的坐标。
- move_x，move_y：记录点击鼠标后在原画布移动的相对距离。
- offset_xy：预设鼠标离虚线剪贴框的距离。

代码第 60~69 行定义函数 canvas_mousemove，为虚线剪贴框运行拖动的核心函数。首先，计算获得鼠标点击后移动的相对距离，然后根据坐标轴的 4 个区间分成左上、左下、右上、右下

4 个方向。通过判断移动距离的正负关系，得到鼠标的移动方向，最后设置虚线剪贴框的样式。

代码第 72~81 行监听原画布的 mousedown 事件。用户在原画布上点击鼠标后，在 DOM 文档内插入一个宽、高为 1 像素的 DIV 元素表示剪贴框，并添加对原画布 mousemove 事件的监听，监听函数为 canvas_mousemove。

代码第 82~98 行监听 DOM 文档的 mouseup 事件。松开鼠标后，移除绑定在目标画布 mousemove 事件上的 canvas_mousemove 函数，防止多次绑定。通过 if 条件过滤后，计算矩形虚线剪贴框左上角相对于原画布的距离（单位为像素），然后调用目标画布 drawImage 方法，在目标画布上绘制剪贴图片。

在上面的示例中已经实现了截取上传图像指定区域的功能。本例将加入对截取后图像的 360 度旋转功能，用户可以轻松对图像进行 4 个方向的旋转。

使用 Chrome 浏览器打开网页文件，目标画布下方多出 1 个旋转按钮，运行效果如图 6.18 所示。

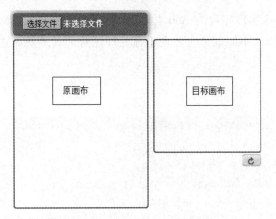

图 6.18　使用 Chrome 打开网页文件

点击"选择文件"按钮，在图库中选择"Einstein-180.png"图片并打开。该图片是"Einstein.png"的 180 度旋转图，效果如图 6.19 所示。使用鼠标截取原画布"爱因斯坦"的头部，此时原画布与目标画布图像均是倒立的，效果如图 6.20 所示。单击两次"旋转"按钮，进行两次 90 度目标图片旋转，效果如图 6.21 所示。

图 6.19　点击"选择文件"按钮并打开图片

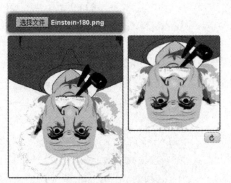

图 6.20　截取图像

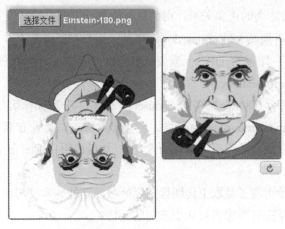

图 6.21　旋转图像

利用编辑器打开"6-8.实现相片的 360 度旋转特效.html"文件。本例代码多数与"6-7.在画布中剪贴图像.html"类似，不同部分主要集中在处理图片旋转的脚本逻辑。下面就这部分做一个分析，代码如下：

【代码 6-8】

```
01  var rotation_ii = document.getElementById('J_rotation_ii'),
02      rotation_angle = [0, 90, 180, 270],              // 4个方向的变化角度
03      temp_image = new Image();                        // 临时目标画框图片
04  rotation_ii.addEventListener('click', function () {
05      if (!temp_image.src.length) {
06          return;
07      };
08      var ANGLE_KEY_NAME = 'data-angleindex',          // 缓存在按钮元素上的属性名称
09          // 获取当前索引数
10          angle_index = parseInt(rotation_ii.getAttribute(ANGLE_KEY_NAME)) || 0,
11          width = parseInt(canvas_ii.width),
12          height = parseInt(canvas_ii.height),
13          drawX,
14          drawY;
15      angle_index++;                                   // 计数加1，用于下轮点击
16      if (angle_index === rotation_angle.length) {     // 进入新的轮询
17          angle_index = 0;
18      };
19      switch (angle_index) {                           // 获取目标画框绘制的坐标
20          case 0: drawX = drawY = 0; break;            // 正位
21          case 1: drawX = 0; drawY = -height; break;   // 顺时针90度
22          case 2: drawX = -width; drawY = -height; break;  // 顺时针180度
23          case 3: drawX = -width; drawY = 0; break;    // 顺时针270度
```

```
24          };
25          context_ii.clearRect(0, 0, width, height);
26          context_ii.save();
27          context_ii.rotate(rotation_angle[angle_index] * Math.PI / 180);
28          context_ii.drawImage(temp_image, drawX, drawY);
29          context_ii.restore();
30          rotation_ii.setAttribute(ANGLE_KEY_NAME, angle_index);// 将计数写入按钮属性
31      });
```

代码第 02 行定义变量 rotation_angle，用于存储图片旋转的 4 个角度值。

代码第 03 行定义变量 temp_image，存放 1 个 Image 的实例。该图片实例的 src 属性会在每次截取图片完毕后被赋值，代码如下：：

```
document.addEventListener('mouseup', function (e) {
 // ......省略，详见下载资源源码
 temp_image.src = canvas_ii.toDataURL();
});
```

代码第 05~07 行判断目标 temp_image 的 src 属性是否为空，即判断目标画布是否被绘制内容。若没有被绘制，则不继续往下走。

在计算图片左上角位置之前，先了解 Canvas 的 rotate 方法，方法语法如下：

```
context.rotate(angle)
// angle 表示旋转的量，用弧度表示。正值表示顺时针方向旋转，负值表示逆时针方向旋转。
```

rotate 方法的旋转效果如图 6.22 所示。

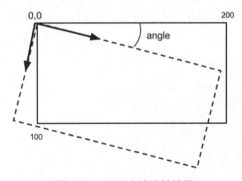

图 6.22　rotate 方法旋转效果

代码第 19~24 行给出了计算 4 种变化对应的图片左上角位置值。

在旋转图片的逻辑中，还需要特别注意以下两个关键方法：

● save：把当前状态的一份副本压入一个保存图像状态的栈中。

● restore：从栈中弹出存储的图形状态并恢复画布对象的属性、剪切路径和变换矩阵的值。

6.4　本章小结

　　本章主要介绍了 HTML 5 多媒体绘图的特性，包括 Canvas 控件等方面的内容，并通过多个实际范例介绍了如何使用 HTML 5 多媒体绘图的方法，希望对读者有一定的帮助。

第 7 章

◀ 移动特性6——CSS 3视觉辅助 ▶

CSS 随着 Web 2.0 的出现和发展，以往的特性和标准已经无法完全满足现今的交互和需求，开发者需要更强的字体选择、更方便的阴影渐变、更简单的图形动画。随之而来的就是 CSS 3 的到来，在不需要改变原有设计结构的情况下，就可以使用最新的特性，做到良好的向后兼容。不过目前支持的浏览器有限，很大一部分新功能在使用时都需要添加浏览器前缀，给开发使用带来了一定的困难。本章将从背景、文字效果、边框、用户界面、转换和过渡 6 个性能点来介绍 CSS 3。

7.1 CSS 3 的变化

CSS 3 让原有的网站更加趣味盎然，很多站点都给自己的网站页面添加了各种酷炫的 CSS 3 效果，让网站变得更加吸引人，如大众点评网的十周年活动页面（网址为 http://www.dianping.com/userevent/ten/tm/1），效果如图 7.1 所示。

图 7.1 中箭头所指区域均使用了 CSS 3 动画效果，用到了@keyframes 和 animation 样式功能。读者可以继续向下滚动页面查看更多的 CSS 3 动画效果。这里推荐一个 CSS 3 的体验网站（网址为 http://beta.theexpressiveweb.com/），上面通过 CSS 3 制作的动画生动地介绍了 HTML 5 和 CSS 3 的新特性。

图 7.1 动画效果页面

7.2 背景（Backgrounds）

在 CSS 2.1 中 background 属性已经出现，并且拥有以下 5 个属性：

- background-color: 背景色。
- background-image: 背景图片地址，相对或者绝对位置。
- background-repeat: 是否及如何重复背景图像，默认为 repeat 表示图像将在垂直方向和水平方向重复。
- background-attachment: 背景图像是否固定或者随着页面的其余部分滚动，默认为 scroll 表示随着页面的其余部分滚动。
- background-position: 背景图像的起始位置。

在 CSS 3 中又给 background 添加了 3 种属性，下面分别进行介绍。

1. background-origin

background-origin 用于设置或检索对象的背景图像计算 background-position 时的参考原点（位置），共有 3 种可选值：padding-box 表示从 padding 区域（含 padding）开始显示背景图像，border-box 表示从 border 区域（含 border）开始显示背景图像，content-box 表示从 content 区域开始显示背景图像。

通过 background-origin 示例比较 3 种属性，使用 Chrome 浏览器打开 backgound-origin.htm 文件，效果如图 7.2 所示。

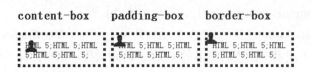

图 7.2　background-origin 示例效果图

2. background-clip

background-clip 用于指定对象的背景图像向外裁剪的区域，同样具有 3 种可选值：padding-box 表示从 padding 区域（不含 padding）开始向外裁剪背景，border-box 表示从 border 区域（不含 border）开始向外裁剪背景，content-box 表示从 content 区域开始向外裁剪背景。

通过 background-clip 示例比较 3 种属性，使用 Chrome 浏览器打开 backgound-clip.htm 文件，效果如图 7.3 所示。

图 7.3　background-clip 示例效果图

3. background-size

background-size 用于检索或设置对象的背景图像尺寸大小，允许用长度或者百分比指定背景图片大小，不允许使用负值。通过 background-size 示例可以比较各种写法。使用 Chrome 浏览器打开 backgound-size.htm 文件，效果如图 7.4 所示。

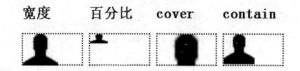

图 7.4　background-size 示例效果图

另外，CSS 3 还支持 Multiple backgrounds，即多重背景图像，可以把不同背景图像只放到 1 个块元素里。多个图片 URL 之间使用逗号隔开，如果有多个背景图片，而其他属性只有 1 个（例如 background-repeat 只有 1 个），就表明所有背景图片都应用该属性值。通过 Multiple backgrounds.htm 示例学习如何使用 Multiple backgrounds，效果如图 7.5 所示。

图 7.5　Multiple backgrounds 使用效果图

7.3　文字效果（Text Effects）

CSS 3 对文字也增加了多种效果，下面将介绍其中的两种效果。

1. text-shadow

text-shadow 用于设置或检索对象中文本的文字是否有阴影及模糊效果，语法如下：

```
text-shadow ：none | <length> none | [<shadow>, ] * <shadow> 或 none | <color>
[, <color> ]*
```

通过 text-shadow 示例查看使用效果。使用 Chrome 浏览器打开 text-shadow.htm 文件，效果如图 7.6 所示。

H T M L 5

图 7.6　text-shadow 示例效果图

2. text-overflow

text-overflow 用于设置或检索是否使用一个省略标记 "..." 表示对象内文本的溢出，语法如下：

```
text-overflow : clip | ellipsis
```

- clip：不显示省略标记 "..."，而是简单地裁切。
- ellipsis：当对象内文本溢出时显示省略标记 "..."。

通过 text-overflow 示例查看使用效果。使用 Chrome 浏览器打开 text-overflow.htm 文件，效果如图 7.7 所示。

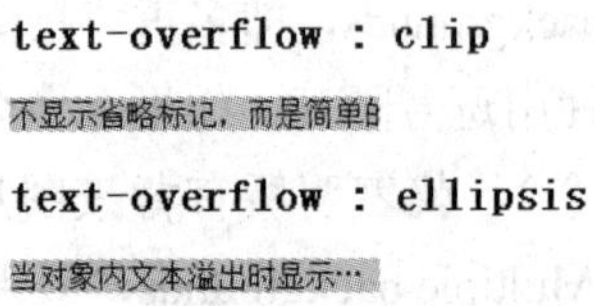

text-overflow : clip

不显示省略标记，而是简单的

text-overflow : ellipsis

当对象内文本溢出时显示…

图 7.7　text-overflow 示例效果图

7.4　边框（Border）

CSS 中的 Border 主要用于处理边框效果，经常被使用在网页中。新版的 CSS 3 对 Border 属性添加了更多丰富的功能，本节将介绍几种功能属性：border-colors、border-radius、border-image 和 box-shadow。

1. border-colors

border-colors 用于设置或检索对象边框的多重颜色，CSS 2 中 border-colors 已经出现，但 CSS 3 中的可以制作渐变边框，不过目前只有 Firefox 对 border-colors 支持比较完整。查看 border-colors 示例，使用 Firefox 浏览器打开 border-colors.htm 文件，效果如图 7.8 所示。

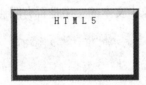

图 7.8　border-colors 示例效果

2. border-radius

border-radius 用于设置或检索对象使用圆角边框，这个属性应该是目前出镜率最多的 CSS 3 属性，也是目前各大网站最常用的 CSS 3 属性，语法如下：

```
border-radius : none | <length>{1,4} [ / <length>{1,4} ]?
```

查看 border-radius 示例，使用 Chrome 浏览器打开 border-radius.htm 文件，效果如图 7.9 所示。

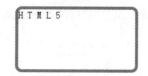

图 7.9　border-radius 示例效果

3. border-image

border-image 用于设置或检索对象的边框样式并使用图像来填充，一直以来边框的填充只能使用颜色来进行，CSS 3 在这点上做了较大的突破。border-image 可以被拆解为以下 5 种属性：

- border-image-source：用于设置引入图片的地址。
- border-image-slice：用于切割引入的图片。
- border-image-width：设置边框的宽度。
- border-image-repeat：设置图片的排列方式，如 stretch、repeat、round。
- border-image-outset：设置边框图像超过边框盒的偏移量。

border-image 属性语法如下：

```
border-image:border-image-source border-image-slice{1,4}/border-image-
width{1,4} border-image-repeat{0,2}
```

查看 border-image 示例，使用 Chrome 浏览器打开 border-image.htm 文件，效果如图 7.10 所示。

图 7.10　border-image 示例效果

4. box-shadow

box-shadow 用于向边框添加 1 个或多个阴影，通过逗号分隔阴影列表，语法如下：

```
box-shadow: h-shadow v-shadow blur spread color inset;
```

各属性值说明如下：

- h-shadow：水平阴影的位置，允许负值。
- v-shadow：垂直阴影的位置，允许负值。
- blur：模糊距离，可选。
- spread：阴影的尺寸，可选。
- color：阴影的颜色，可选。

- inset：将外部阴影（outset）改为内部阴影，可选。

查看 box-shadow 示例，使用 Chrome 浏览器打开 box-shadow.htm 文件，效果如图 7.11 所示。

图 7.11　box-shadow 示例效果

7.5　用户界面（User interface）

1. outline

outline 用于设置或检索对象外的线条轮廓，语法如下：

```
outline：[outline-color] || [outline-style] || [outline-width] || [outline-offset] | inherit
```

各属性值说明如下：

- outline-style：指定轮廓边框轮廓。
- outline-width：指定轮廓边框宽度。
- outline-offset：指定轮廓边框偏移位置的数值。
- outline-color：指定轮廓边框颜色。

查看 outline 示例，使用 Chrome 浏览器打开 outline.htm 文件，效果如图 7.12 所示。

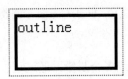

图 7.12　outline 示例效果

2. box-sizing

box-sizing 用于改变容器的盒模型组成方式，语法如下：

```
box-sizing：content-box | border-box
```

各属性值说明如下：

- content-box：padding 和 border 不被包含在定义的 width 和 height 之内，与标准模式下

的盒模型相同。

- border-box：padding 和 border 被包含在定义的 width 和 height 之内，表现为怪异模式下的盒模型。

content-box 属性与 border-box 属性均用于设置或检索对象的盒模型组成模式，但二者又有所区别。下面分别通过两段样式代码来比较这两个属性使用效果的区别，具体如下：

```
.content-box { box-sizing:content-box; width:200px; padding:10px; border:15px
solid #eee; }
```

content-box 使用效果说明如图 7.13 所示。

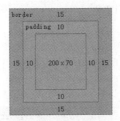

图 7.13　content-box 图示

```
.border-box { box-sizing:border-box; width:200px; padding:10px; border:15px
solid #eee; }
```

border-box 使用效果说明如图 7.14 所示。

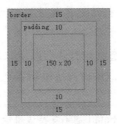

图 7.14　border-box 图示

3. resize

resize 用于设置或检索对象的区域是否允许用户缩放，调节元素尺寸大小，语法如下：

```
resize : none | both | horizontal | vertical | inherit
```

各属性值说明如下：

- none：不允许用户调整元素大小。
- both：用户可以调节元素的宽度和高度。
- horizontal：用户可以调节元素的宽度。
- vertical：用户可以调节元素的高度。

使用效果如图 7.15 所示。

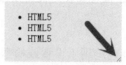

图 7.15　resize 使用效果

4. nav 系列

nav 系列用于设置对象的导航顺序和方向，分为 nav-up、nav-right、nav-down、nav-up。作为旧版本 HTML 属性 tabindex 的替代品，允许在 CSS 中设置页面元素通过键盘操作获取焦点的顺序，通常使用"Tab"按键进行顺序切换。

5. ime-mode

用于设置或检索是否允许用户激活输入中文、韩文、日文等的输入法（IME）状态，语法如下：

```
zoom: auto | normal | active | inactive | disabled
```

各属性说明如下：

- auto：默认值，不影响当前输入法编辑器的状态。
- normal：输入法编辑器的状态应该是 normal，这个值可以用于用户样式表来覆盖页面的设置。
- active：输入法编辑器的状态初始时是激活的，输入将一直使用该输入法直到用户切换输入法。
- inactive：输入法编辑器的状态初始时是非激活状态，除非用户激活输入法。
- disabled：禁用输入法编辑器，该输入法编辑器也许不会被用户激活。

目前新版的 Chrome、Opera、Safari 均不支持该属性。

7.6　转换（Transform）

CSS 3 Transform 包含旋转（rotate）、扭曲（skew）、缩放（scale）、移动（translate）和矩阵变形（matrix），语法如下：

```
transform: rotate | scale | skew | translate |matrix;
```

当使用多个 transform 属性时，需要使用空格符号隔开，各属性说明如下：

- rotate：通过设置角度参数给元素指定 1 个 2D 旋转，正值为顺时针，负值为逆时针。

- skew：通过传入的矢量进行水平方向和垂直方向扭曲变形，即 X 轴和 Y 轴同时按一定的角度值进行扭曲变形，同时还支持使用 skewX 和 skewY 进行单个方向的扭曲变形。
- scale：通过传入的矢量进行水平方向和垂直方向缩放，同时还支持使用 scaleX 和 scaleY 进行单个方向的缩放。
- translate：通过传入的矢量进行水平方向和垂直方向移动，同时还支持使用 translateX 和 translateY 进行单个方向的移动。
- matrix：以 1 个含 6 位值的变换矩阵的形式指定 1 个 2D 变换，该属性涉及数学中的矩阵变化，可以说该方法是 transform 转换属性的根基，一切的 Transform 使用都是由 matrix 变化而来。

在使用 transform 属性前，还有一个非常关键的属性 transform-origin，用于设置每次转化前的基点位置，默认基点位置为中心位置，参数可以使用百分值、px 或者方向值（如 left、right、top、center 和 bottom）。

查看 Transform 示例，使用 Chrome 浏览器打开 Transform.htm 文件，效果如图 7.16 所示。

图 7.16　Transform 示例效果

7.7　过渡（Transition）

Transition 用于将 CSS 的属性值在一定的时间区域内平滑过渡，制作各种动态的效果。比如，将鼠标移入元素，使得元素颜色发生渐变，语法如下：

```
transition : [<'transition-property'> || <'transition-duration'> ||
<'transition-timing-function'> || <'transition-delay'> [, [<'transition-
property'> || <'transition-duration'> || <'transition-timing-function'> ||
<'transition-delay'>]]*
```

各属性说明如下：

- transition-property：指定当前元素某个属性改变时执行的过渡效果。
- transition-duration：指定转化过程的持续时间，单位为 s（秒）。
- transition-timing-function：根据时间的推进改变属性值的变换速率，有 6 种值，分别为 ease（逐渐变化）、linear（匀速）、ease-in（加速）、ease-out（减速）、ease-in-out

（先加速后减速）、cubic-bezier（自定义贝塞尔曲线值）。

- transition-delay：设置延后执行时间，即当元素属性值发生改变后多长时间开始执行，单位为 s（秒）。

查看 Transition 示例，使用 Chrome 浏览器打开 Transition.htm 文件，效果如图 7.17 所示。

将鼠标移入方框区域内，图中的两个圆形各自的位置、颜色、形状发生变化，变化后的效果如图 7.18 所示。

图 7.17　Transition 示例效果　　　图 7.18　Transition 示例变化后

7.8　范例——用 CSS 3 画哆啦 A 梦

本节就运用前面介绍的这些功能来完成一个综合实例——用 CSS 3 画一个哆啦 A 梦（见图 7.19）。为了让它在 IE 6 下也能看到大致效果，在代码中做了一些兼容。

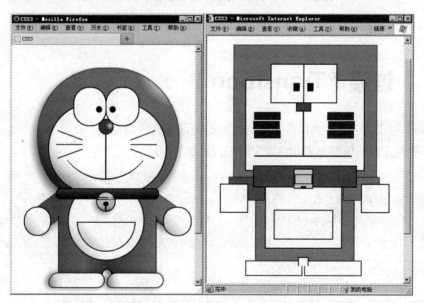

图 7.19　在 Firefox 和 IE 6 下用 CSS 3 绘制的哆啦 A 梦

7.8.1　头和脸

首先来制作头和脸。先放置一个 div，class 名为 doraemon，以便整体控制，然后在 doraemon 中添加一个 class 名为 head 的 div，head 包含 eyes 和 face 两大块 div，分别绘制眼睛和脸。

【代码 7-1】

```
01        <div class="head">
02          <div class="eyes">
03            <div class="eye left"><div class="black bleft"></div>
             </div>
04            <div class="eye right"><div class="black bright"></div>
             </div>
05          </div>
06          <div class="face">
07            <div class="white"></div>
08            <div class="nose"><div class="light"></div></div>
09            <div class="nose_line"></div>
10            <div class="mouth"></div>
11            <div class="whiskers">
12              <div class="whisker rTop r160"></div>
13              <div class="whisker rt"></div>
14              <div class="whisker rBottom r20"></div>
15              <div class="whisker lTop r20"></div>
16              <div class="whisker lt"></div>
17              <div class="whisker lBottom r160"></div>
18            </div>
19          </div>
20        </div>
```

哆啦 A 梦的头不是正圆的，将其设置为宽为 320px、高为 300px 的一个椭圆。这里会用到 border-radius 属性，让其变成椭圆型的头，用 radial-gradient 填充一个从右上角开始的放射性渐变，脸的左下角用 box-shadow 设置一个阴影模拟自然光线使之有立体感，除了胡子需要用 transform 做角度变形外，其他都是一些线条和圆块。

【代码 7-2】

```
01    /*让元素可自由定位*/
02    .doraemon{position:relative;}
03    .doraemon .head{
04      width:320px;height:300px;          /*扁扁的头，非正圆*/
05      border-radius:150px;               /*圆脸，让方形角变成圆角*/
```

```
06      background:#07bbee;          /*脸颜色，兼容所有的浏览器*/
07      /*这个放射渐变使头右上角有白色高光，头的左下角有黑色阴影*/
08      background:-webkit-radial-gradient(right top,#fff 10%,#07bbee
        20%,#10a6ce 75%,#000);
09      background:-moz-radial-gradient(right top,#fff 10%,#07bbee
        20%,#10a6ce 75%,#000);
10      background:-ms-radial-gradient(right top,#fff 10%,#07bbee 20%,#10a6ce
        75%,#000);
11      border:#555 2px solid;
12      box-shadow:-5px 10px 15px rgba(0,0,0,0.45);
13      position:relative;
14  }
15  /*让所有脸部元素可自由定位*/
16  .doraemon .face{ position:relative;z-index:2;}
17  /*白色脸底*/
18  .doraemon .face .white{
19      border:#000 2px solid;
20      width:265px;height:195px;
21      border-radius: 150px 150px;
22      position:absolute;
23      top:75px;left:25px;
24      background:#fff;
25      /*此放射渐变也是使脸的左下角暗一些，看上去更真实*/
26      background: -webkit-radial-gradient(right top,#fff 75%,#eee 80%,#999
        90%,#444);
27      background: -moz-radial-gradient(right top,#fff 75%,#eee 80%,#999
        90%,#444);
28      background: -ms-radial-gradient(right top,#fff 75%,#eee 80%,#999
        90%,#444);
29  }
30  /*鼻子*/
31  .doraemon .face .nose{
32      background:#C93300;
33      width:30px;height:30px;
34      border:2px solid #000;
35      border-radius:30px;
36      position:absolute;/*绝对定位*/
37      top:110px;left:140px;
38      z-index:3;
39  }
40  /*鼻子上的高光*/
41  .doraemon .face .nose .light{
```

```
42        border-radius: 5px;box-shadow: 19px 8px 5px #FFF;
43        height:10px;width:10px;
44    }
45    /*鼻子下的线*/
46    .doraemon .face .nose_line{
47        background:#333;
48        width:3px;height:100px;
49        top:143px;left:155px;
50        position:absolute;
51        z-index:3;
52    }
53    /*嘴巴*/
54    .doraemon .face .mouth{
55        width:220px;height:400px;
56        border-bottom:3px solid #333;
57        border-radius:120px;
58        position:absolute;
59        top:-160px;left:45px;
60    }
61    /*眼睛*/
62    .doraemon .eyes{position:relative; z-index:3;}
63    .doraemon .eyes .eye{
64        position:absolute;top:40px;
65        width:72px;height:82px;
66        background:#fff;
67        border:2px solid #000;
68        border-radius: 35px 35px;
69    }
70    .doraemon .eyes .eye .black {
71        width:14px;height:14px;
72        background: #000;
73        border-radius: 14px;
74        position:relative;top:40px;
75    }
76    .doraemon .eyes .left{left: 82px;}
77    .doraemon .eyes .right{left: 156px;}
78    .doraemon .eyes .eye .bleft{left: 50px;}
79    .doraemon .eyes .eye .bright{left: 7px;}
80    /*胡须背景,主要用于挡住嘴巴的一部分,不要显得太长*/
81    .doraemon .whiskers{
82        background:#fff;
83        width:220px;height:80px;
```

```
84        position:relative;
85        top:120px;left:45px;
86        border-radius:15px;
87        z-index:2;
88    }
89    /*所有胡子的公用样式*/
90    .doraemon .whiskers .whisker{
91        background:#333;
92      height: 2px;width: 60px;
93       position: absolute;z-index:2;
94    }
95    /*右上胡子*/
96    .doraemon .whiskers .rTop{
97        left:165px;top:25px;
98    }
99    .doraemon .whiskers .rt{
100       left: 167px;top:45px;
101    }
102    .doraemon .whiskers .rBottom{
103       left:165px;top:65px;
104    }
105    /*左上胡子*/
106    .doraemon .whiskers .lTop{
107       left:0;top:25px;
108    }
109    .doraemon .whiskers .lt{
110       left:-2px;top:45px;
111    }
112    .doraemon .whiskers .lBottom{
113       left:0;top:65px;
114    }
115    /*胡子旋转角度*/
116    .doraemon .whiskers .r160{
117       transform:rotate(160deg);-webkit-transform:rotate(160deg);
118    }
119    .doraemon .whiskers .r20{
120       transform: rotate(20deg);-webkit-transform:rotate(20deg);
121    }
```

7.8.2 脖子和铃铛

需要注意脖子围巾的层次级别，应该放置在最高层。另外，脖子围巾需要用线性渐变。铃铛是圆形的，用 border-radius 可以完成，HTML 代码如下：

【代码 7-3】

```
01          <div class="choker">
02            <div class="bell">
03                <div class="bell_line"></div>
04                <div class="bell_circle"></div>
05                <div class="bell_under"></div>
06                <div class="bell_light"></div>
07            </div>
08          </div>
```

这个 choker 放置在 doraemon 中的 head 之后，对应的 CSS 3 代码如下：

【代码 7-4】

```
01   /*围脖*/
02   .doraemon .choker{
03     position: relative;z-index:4;
04     top: -40px;left: 45px;
05      background:#C40;
06      /*线性渐变 让围巾看上去更自然*/
07      background: -webkit-gradient(linear,left top,left bottom,from
         (#C40),to(#800400));
08      background: -moz-linear-gradient(center top,#C40,#800400);
09      background: -ms-linear-gradient(center top,#C40,#800400);
10      border: 2px solid #000000;
11      border-radius: 10px 10px 10px 10px;
12      height: 20px;width: 230px;
13   }
14   /*铃铛*/
15   .doraemon .choker .bell{
16      width:40px;height:40px; _overflow:hidden;/*IE6 hack*/
17      border-radius:50px;
18      border:2px solid #000;
19      background:#f9f12a;
20      /*线性渐变 让铃铛看上去更自然*/
21      background: -webkit-gradient(linear, left top, left bottom,
         from(#f9f12a),color-stop(0.5, #e9e11a), to(#a9a100));
```

```
22      background: -moz-linear-gradient(top, #f9f12a, #e9e11a 75%,#a9a100);
23      background: -ms-linear-gradient(top, #f9f12a, #e9e11a 75%,#a9a100);
24      box-shadow:-5px 5px 10px rgba(0,0,0,0.25);
25      position:relative;
26      top:5px;left:90px;
27  }
28  /*双横线*/
29  .doraemon .choker .bell_line{
30      background:#F9F12A;
31      border-radius: 3px 3px 0px 0px;
32      border: 2px solid #333333;
33      height: 2px;width: 36px;
34      position: relative; top: 10px;
35  }
36  /*铃铛上的孔*/
37  .doraemon .choker .bell_circle {
38      background:#000;
39      border-radius: 5px;
40      height: 10px;
41      width: 12px;
42      position: relative;
43      top: 14px; left: 14px;
44  }
45  /*铃铛上孔下的缝隙*/
46  .doraemon .choker .bell_under {
47      background:#000;
48      height: 15px;width: 3px;
49      left: 18px;top: 10px;
50      position: relative;
51  }
52  /*铃铛上高光*/
53  .doraemon .choker .bell_light {
54      border-radius: 10px;
55      box-shadow: 19px 8px 5px #FFF;
56      height:12px;width:12px;
57      left: 5px;top: -35px;
58      position: relative;
59      opacity: 0.7;
60  }
```

通过实践，可以发现阴影和渐变能够更加逼真地模拟事物，使之看起来更加自然、富有立体感。

7.8.3　身体和四肢

身体部分主要有四肢和白色肚兜，外加肚兜上的魔法口袋，这个是哆啦 A 梦最经典的识别标志之一。实现思路也很简单，用矩形绘制身体，用圆绘制肚兜，用半圆绘制口袋。四肢也可以分解为矩形和圆，只是要变换下角度即可。

【代码 7-5】

```
01          <div class="bodys">
02              <div class="body"></div>
03              <div class="wraps"></div>
04              <div class="pocket"></div>
05              <div class="pocket_mask"></div>
06          </div>
07          <div class="hand_right">
08              <div class="arm"></div>
09              <div class="circle"></div>
10              <div class="arm_rewrite"></div>
11          </div>
12          <div class="hand_left">
13              <div class="arm"></div>
14              <div class="circle"></div>
15              <div class="arm_rewrite"></div>
16          </div>
17          <div class="foot">
18              <div class="left"></div>
19              <div class="right"></div>
20              <div class="foot_rewrite"></div>
21          </div>
```

身体和四肢的 HTML 代码结构并不复杂，在 CSS 代码中也仅需要注意两腿之间的颜色要深一些，这样才有立体感，否则就像一张纸皮，在胳膊连接处用 div 遮挡一下身体矩形的连接线，使之看上去更符合服装设计的常理。

接下来看看 CSS 代码。

【代码 7-6】

```
01  .doraemon .bodys{position: relative;top:-310px;}
02  /*肚子*/
03  .doraemon .bodys .body{
04      background:#07BEEA;            /*不支持CSS 3的IE会显示色块*/
05      background: -webkit-gradient(linear,right top,left top,from(#07beea),
        color-stop(0.5, #0073b3),color-stop(0.75,#00b0e0), to(#0096be));
```

```
06        background: -moz-linear-gradient(right center,#07beea,#0073b3
          50%,#00b0e0 75%,#0096be 100%);
07        background: -ms-linear-gradient(right center,#07beea,#0073b3
          50%,#00b0e0 75%,#0096be 100%);
08      border: 2px solid #333;
09      height: 165px;width: 220px;position: absolute;left: 50px;top:265px;
10    }
11    /*白色肚兜*/
12    .doraemon .bodys .wraps{
13        background:#FFF;              /*不支持CSS 3的IE会显示色块*/
14        background: -webkit-gradient(linear, right top, left bottom,
          from(#fff),color-stop(0.75,#fff),color-stop(0.83,#eee),color-stop
          (0.90,#999),color-stop(0.95,#444), to(#000));
15    background: -moz-linear-gradient(right top,#FFF,#FFF 75%,#EEE 83%,#999
      90%,#444 95%,#000);
16        background: -ms-linear-gradient(right top,#FFF,#FFF 75%,#EEE 83%,#999
          90%,#444 95%,#000);
17      border: 2px solid #000;
18      border-radius: 85px;              /*肚兜实际是一个大圆*/
19      position: absolute; height:170px;width:170px;left:72px;top:230px;
20    }
21    /*口袋*/
22    .doraemon .bodys .pocket{
23        position:relative;width:130px;height:130px;
24        border-radius:65px;
25        background:#fff;              /*不支持CSS 3的IE会显示色块*/
26        background: -webkit-gradient(linear, right top, left bottom,
          from(#fff),color-stop(0.70,#fff),color-stop(0.75,#f8f8f8),color-
          stop(0.80,#eee),color-stop(0.88,#ddd), to(#fff));
27        background: -moz-linear-gradient(right top, #fff, #fff 70%,#f8f8f8
          75%,#eee 80%,#ddd 88% , #fff);
28        background: -ms-linear-gradient(right top, #fff, #fff 70%,#f8f8f8
          75%,#eee 80%,#ddd 88% , #fff);
29        border:2px solid #000;top:250px;left:92px;
30    }
31    /*挡住口袋一半*/
32    .doraemon .bodys .pocket_mask{
33        position:relative;width:134px;height:60px;
34        background:#fff;              /*不支持CSS 3的IE会显示色块*/
35        border-bottom:2px solid #000;top:125px;left:92px;
36    }
37    /*右手*/
```

132

```
38    .doraemon .hand_right{
39        height: 100px;width: 100px;position: absolute;
40        top: 272px;left: 248px;
41    }
42    /*左手*/
43    .doraemon .hand_left{
44        height: 100px;width: 100px;
45        position: absolute; top: 272px;left:-10px;
46    }
47    /*手臂公共部分*/
48    .doraemon .arm {
49        background:#07BEEA;           /*不支持CSS 3的IE会显示色块*/
50        background: -webkit-gradient(linear, left top, left bottom,
          from(#07beea),color-stop(0.85,#07beea), to(#555));
51        background: -moz-linear-gradient(center top , #07BEEA, #07BEEA 85%,
          #555);
52        background: -ms-linear-gradient(center top , #07BEEA, #07BEEA 85%,
          #555);
53        border: 1px solid #000000;
54        box-shadow: -10px 7px 10px rgba(0, 0, 0, 0.35);
55        height: 50px;width: 80px;z-index:-1;position: relative;
56    }
57    /*右手手臂*/
58    .doraemon .hand_right .arm {
59        top: 17px;transform: rotate(35deg);-webkit-transform:rotate(35deg);
60    }
61    /*左手手臂*/
62    .doraemon .hand_left .arm {
63        top: 17px;background:#0096BE;box-shadow: 5px -7px 10px rgba(0, 0, 0,
          0.25);
64        transform: rotate(145deg);-webkit-transform:rotate(145deg);
65    }
66    /*圆形手掌公共部分*/
67    .doraemon .circle{
68        position:absolute;
69        width:60px;height:60px;
70        border-radius:30px;
71        border:2px solid #000;
72        background:#fff;                /*不支持CSS 3的IE会显示色块*/
73        background: -webkit-gradient(linear, right top, left bottom,
          from(#fff),color-stop(0.5,#fff),color-stop(0.70,#eee),color-
          stop(0.8,#ddd), to(#999));
```

```
74        background: -moz-linear-gradient(right top, #fff, #fff 50%, #eee 70%,
          #ddd 80%,#999);
75    }
76    /*右手手掌*/
77    doraemon .hand_right .circle{
78    left:40px;top:32px;
79    }
80    /*左手手掌*/
81    .doraemon .hand_left .circle{
82        left:-20px;top:32px;
83    }
84    /*手臂和身体结合处*/
85    .doraemon .arm_rewrite{
86        background:#07BEEA;
87        height: 45px;width:5px;position: relative;
88    }
89    /*右手结合处*/
90    .doraemon .hand_right .arm_rewrite{
91        top: -45px;left:22px;
92    }
93    /*左手结合处*/
94    .doraemon .hand_left .arm_rewrite{
95        top: -45px;left:60px;background:#0096be
96    }
97    /*脚*/
98    .doraemon .foot {
99        height: 40px;left: 20px;
100       position: relative; top: -141px;width: 280px;
101   }
102   /*左脚*/
103   .doraemon .foot .left {
104       background:#fff;
105       background: -webkit-gradient(linear, right top, left bottom,
          from(#fff),color-stop(0.75,#fff),color-stop(0.85,#eee), to(#999));
106       background: -moz-linear-gradient(right top , #fff, #fff 75%, #EEE 85%,
          #999);
107       background: -ms-linear-gradient(right top , #fff, #fff 75%, #EEE 85%,
          #999);
108       border: 2px solid #333;
109       border-radius: 80px 60px 60px 40px;
110       box-shadow: -6px 0 10px rgba(0, 0, 0, 0.35);
111       height: 30px;left: 8px;position: relative;top:65px; width: 125px;
```

```
112  }
113  /*右脚*/
114  .doraemon .foot .right {
115      background:#fff;
116      background: -webkit-gradient(linear, right top, left bottom,
         from(#fff),color-stop(0.75,#fff),color-stop(0.85,#eee), to(#999));
117      background: -moz-linear-gradient(right top , #fff, #fff 75%, #EEE 85%,
         #999);
118      background: -ms-linear-gradient(right top , #fff, #fff 75%, #EEE 85%,
         #999);
119      border: 2px solid #333;
120      border-radius: 80px 60px 60px 40px;
121      box-shadow:-6px 0px 10px rgba(0,0,0,0.35);
122      height: 30px;width: 125px;top:31px;left:141px;position: relative;
123  }
124  .doraemon .foot .foot_rewrite{
125      position:relative;top:-11px;left:130px;_left:127px;
126      width:20px;height:10px;background:#fff;/*用一个半圆来模拟双脚之间的缝隙*/
127      background: -webkit-gradient(linear, right top, left bottom,
         from(#666),color-stop(0.83,#fff), to(#fff));
128      background: -moz-linear-gradient(right top, #666, #fff 83%, #fff);
129      background: -ms-linear-gradient(right top, #666, #fff 83%, #fff);
130      border-top:2px solid #000;
131      border-right:2px solid #000;
132      border-left:2px solid #000;
133      border-top-right-radius:40px;
134      border-top-left-radius:40px;
135  }
```

到这里，大功基本告成，在不支持 CSS 3 的 IE 6 中也能看到一个大概的样子，只是 IE 6 下的机器猫更像一个"苦瓜脸"。

7.8.4 让眼睛动起来

都说眼睛是心灵的窗户，那么眼睛应该更加有活力才是，那就让眼睛动起来吧！利用 keyframes 设置一个定时动画，让 black 眼睛移动位置即可，详细代码如下：

【代码 7-7】

```
01  /*让眼睛动起来,自定义一个定时动画函数*/
02  @-webkit-keyframes eyemove{
03    80%{margin:0;}
```

```
04    85%{margin:-20px 0 0 0;}
05    90%{margin:0 0 0 0;}
06    93%{margin:0 0 0 7px;}
07    96%{margin:0 0 0 0;}
08  }
09  @-moz-keyframes eyemove{
10    80%{margin:0;}
11    85%{margin:-20px 0 0 0;}
12    90%{margin:0 0 0 0;}
13    93%{margin:0 0 0 7px;}
14    96%{margin:0 0 0 0;}
15  }
16  @-ms-keyframes eyemove{
17    80%{margin:0;}
18    85%{margin:-20px 0 0 0;}
19    90%{margin:0 0 0 0;}
20    93%{margin:0 0 0 7px;}
21    96%{margin:0 0 0 0;}
22  }
23  /*调用自定义的动画*/
24  .doraemon .eyes .eye .black {
25    -webkit-animation-name: eyemove;
26    -webkit-animation-duration: 5s;
27    -webkit-animation-timing-function: linear;
28    -webkit-animation-iteration-count: 20000;
29    -moz-animation-name: eyemove;
30    -moz-animation-duration: 5s;
31    -moz-animation-timing-function: linear;
32    -moz-animation-iteration-count: 20000;
33    -ms-animation-name: eyemove;
34    -ms-animation-duration: 5s;
35    -ms-animation-timing-function: linear;
36    -ms-animation-iteration-count: 20000;
37  }
```

7.9 本章小结

　　本章主要介绍了 CSS 3 视觉辅助的特性，通过多个实际范例介绍了如何使用 CSS 3 视觉辅助的方法，希望对读者有一定的帮助。

第 8 章

◀ 移动特性7——调用手机设备 ▶

经常调用手机摄像头的无非两种情况，一是微信的视频聊天，二是美图秀秀等让照片更好看的 APP。当我们注册一个实名 APP 时，经常需要设置头像。头像一般来源于两个地方，一个是相册，一个就是调用手机摄像头自拍一个。在生活中我们经常会碰到这类 APP，本章就来学习如何利用 HTML 5 调用手机摄像头。

8.1 HTML 5 调用手机摄像头

本例将使用 HTML 5 的 WebRTC 技术，借助 video 标签实现网页视频，同时利用 Canvas 实现照片拍摄。本节示例不能直接用浏览器打开文件，需要将文件部署在 Web 服务器上，如 Apache、Nginx、IIS 等。

 WebRTC 是一项在浏览器内部实时视频和音频通信的技术，标准协议为 WHATWG。目的是通过浏览器提供简单的 JavaScript 就可以达到实时通信能力，包括音视频的采集、编解码、网络传输、显示等功能，并且还支持跨平台，如 Windows、Linux、Mac、Android 等。

部署完毕后，用 Chrome 打开对应的地址，在浏览器界面会提示是否使用摄像头，并带有两个按钮，即"允许"和"拒绝"，效果如图 8.1 所示。

图 8.1　提示是否使用摄像头

点击"允许"按钮，浏览器启动摄像头，左侧 video 标签内出现摄像头捕捉的画面，如图 8.2 所示。

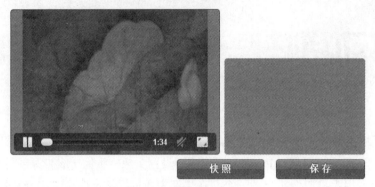

图 8.2　启动摄像头

点击"快照"按钮，截取左侧视频显示在右侧画布中，效果如图 8.3 所示。

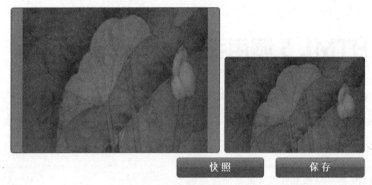

图 8.3　截取图片

点击"保存"按钮，画布图片将被保存为"照片.png"以供下载。读者可以自己体验，本例不做图片说明。

利用编辑器打开"8-1.用 HTML 5 拍照和摄像.html"文件，代码如下：

【代码 8-1】

```
01   <!DOCTYPE HTML>
02   <html>
03   <head>
04     <style>  // ...... 省略样式代码，读者可以参考下载资源源码   </style>
05   </head>
06   <body>
07     <header><h2>用 HTML 5拍照和摄像</h2></header>
08     <section>
09        <!-- 关闭音频、显示视频工具条 -->
10        <video width="360" height="240" muted controls></video>
```

```
11          <!-- 快照画布 -->
12          <canvas width="240" height="160"></canvas>
13      </section>
14      <section>
15          <a id="save" href="javascript:;" download="照片">保   存</a>
16          <button id="photo">快   照</button>
17      </section>
18  </body>
19  <script>
20      (function () {
21          var video = document.querySelector('video'),            // 视频元素
22              canvas = document.querySelector('canvas'),          // 画布元素
23              photo = document.getElementById('photo'),           // 拍照按钮
24              save = document.getElementById('save');             // 保存按钮
25          // 获取浏览器摄像头视频流
26          navigator.getUserMedia = navigator.getUserMedia || navigator.
            webkitGetUserMedia ||
27                                  navigator.mozGetUserMedia;
28          if (navigator.getUserMedia) {
29            navigator.getUserMedia({ video: true }, function (stream) {
              // 摄像头连接成功回调
30                  if ('mozSrcObject' in video) {        // 是否为火狐浏览器
31                      video.mozSrcObject = stream;
32                  } else if (window.webkitURL) {        // 是否为 Webkit 核心浏览器
33                      // 获取流的对象 URL 值赋予 video 元素 src
34                      video.src = window.webkitURL.createObjectURL(stream);
35                  } else {                              // 其他标准浏览器
36                      video.src = stream;
37                  }
38                  video.play();                         // 播放视频
39              }, function (error) {                     // 摄像头连接失败回调
40                  console.log(error);                   // 控制台显示错误回调信息
41              });
42          };
43          photo.addEventListener('click', function (e) {// 拍照按钮点击事件监听
44              e.preventDefault();                       // 阻止按钮默认事件
45              canvas.getContext('2d').drawImage(video, 0, 0, 240, 160);
              // 在画布中绘制视频照片
46              save.setAttribute('href', canvas.toDataURL('image/png'));
              // href 属性值为图片 base64 值
47          }, false);
48      })();
```

```
49    </script>
50    </html>
```

代码第 10 行添加用于视频显示的 video 标签，带有一个比较陌生的属性 muted，表示关闭视频的声音。

代码第 12 行添加用于快照的 canvas 元素，当点击"快照"按钮时，脚本调用 canvas 方法截取视频元素当前的图片，并绘制于画布上。

代码第 26、27 行获取摄像头的方法，兼容火狐浏览器和 Webkit 内核浏览器，语法如下：

```
navigator.getMedia(constraints,successCallback,errorCallback);
```

- constraints: 支持 video、audio 属性，在成功回调函数内返回对应数据流。
- successCallback: 成功接收后回调返回媒体数据。
- errorCallback: 连接失败后回调返回错误对象。

> getUserMedia 方法的详细说明可以参考网址 http://dev.w3.org/2011/webrtc/editor/getusermedia.html 和 https://developer.mozilla.org/en-US/docs/WebRTC/navigator.getUserMedia。http://caniuse.com/stream 网址中罗列了目前浏览器的支持情况。

代码第 30~38 行，视频连接成功后执行回调。本例在 Chrome 浏览器 Webkit 核心下运行，使用关键方法是 window.webkitURL.createObjectURL，语法如下：

```
objectURL = window.URL.createObjectURL(blob);
```

- blob: 媒体文件流对象。
- objectURL: 返回对象 URL，可以被赋值于 video 元素的 src 属性。

代码第 38 行执行 video 元素的 play 方法，播放用户摄像头拍摄的内容。至此，一个简单的 WebRTC 功能的 Web 应用就完成了。

代码 43~47 行实现快照功能并设置保存按钮的内容。

8.2 HTML 5 调用手机相册

本节将使用 HTML 5 Plus 技术实现调用手机相册的应用。由于不同品牌的手机系统不一样，即便同是 Android 系统的手机，定制的版本也略有不同，因此实现的效果图可能不尽相同。但这点影响不大，读者只需要掌握使用 HTML 5 Plus 技术的方法即可。

利用编辑器打开源代码"8-2.HTML 5 调用手机相册"目录下的"index.html"文件，页面代码如下：

【代码 8-2】

```
01  <body onselectstart="return false;">
02      <header id="header">
03          <div id="back" style="visibility:hidden" class="nvbt iback"
                onclick="plus.runtime.quit()"></div>
04          <div class="nvtt">HTML 5+手机相册</div>
05          <div class="nvbt iabout" onclick="clicked('about.html','zoom-
                fade-out',true)"></div>
06      </header>
07      <div id="content" class="content">
08      <ul id="plist" style="list-style:none;margin:0;padding:0;text-
            align:left;">
09          <li id="plus/gallery.html" onclick="clicked(this.id);">
10              <span class="item">Gallery
11                  <div class="chs">手机相册</div>
12              </span>
13          </li>
14      </ul>
15      </div>
16  </body>
```

代码第 09～13 行定义了打开手机相册的列表，其中第 09 行代码<li>标签内定义了一个 JS 脚本方法 clicked(this.id)，用于打开手机相册页面，而 "this.id" 定义的页面地址就是 "plus/gallery.html"。

找到 "plus" 目录下的 "gallery.html" 页面，具体代码如下：

【代码 8-3】

```
01  <!DOCTYPE HTML>
02  <html>
03  <head>
04  <meta charset="utf-8"/>
05  <meta name="viewport" content="initial-scale=1.0, maximum-scale=1.0,
    user-scalable=no"/>
06  <meta name="HandheldFriendly" content="true"/>
07  <meta name="MobileOptimized" content="320"/>
08  <title>Hello H5+</title>
09  <script type="text/javascript" src="../js/common.js"></script>
10  <script type="text/javascript">
11  function plusReady(){
12  // 用户侧滑返回时关闭显示的图片
13  plus.webview.currentWebview().addEventListener( "popGesture",
```

```
           function(e){
14            if(e.type=="start"){
15                closeImg();
16            }
17    }, false );
18  }
19  document.addEventListener('plusready',plusReady,false);
20  function getImage(){
21    var cmr = plus.camera.getCamera();
22    cmr.captureImage( function ( path ) {
23        plus.gallery.save( path );
24        outSet( "照片已成功保存到系统相册" );
25    }, function ( e ) {
26        outSet( "取消拍照" );
27    }, {filename:"_doc/gallery/",index:1} );
28  }
29  function galleryImg() {
30    // 从相册中选择图片
31    outSet("从相册中选择图片:");
32      plus.gallery.pick( function(path){
33        outLine(path);
34          //showImg( path );
35          //createItem(path);
36      }, function ( e ) {
37        outSet( "取消选择图片" );
38      }, {filter:"image"} );
39  }
40  function galleryImgs(){
41    // 从相册中选择图片
42    outSet("从相册中选择多张图片:");
43      plus.gallery.pick( function(e){
44        for(var i in e.files){
45        outLine(e.files[i]);
46        }
47      }, function ( e ) {
48        outSet( "取消选择图片" );
49      },{filter:"image",multiple:true,system:false});
50  }
51  function galleryImgsMaximum(){
52    // 从相册中选择图片
53    outSet("从相册中选择多张图片(限定最多选择3张):");
54      plus.gallery.pick( function(e){
```

```
55      for(var i in e.files){
56      outLine(e.files[i]);
57      }
58    }, function ( e ) {
59      outSet( "取消选择图片" );
60    },{filter:"image",multiple:true,maximum:3,system:false,onmaxed:function
      (){
61      plus.nativeUI.alert('最多只能选择3张图片');
62    }});// 最多选择3张图片
63  }
64  var lfs=null;// 保留上次选择图片列表
65  function galleryImgsSelected(){
66    // 从相册中选择图片
67    outSet("从相册中选择多张图片(限定最多选择3张):");
68      plus.gallery.pick( function(e){
69        lfs=e.files;
70        for(var i in e.files){
71        outLine(e.files[i]);
72        }
73    }, function ( e ) {
74      outSet( "取消选择图片" );
75    },{filter:"image",multiple:true,maximum:3,selected:lfs,system:false,onm
      axed:function(){
76      plus.nativeUI.alert('最多只能选择3张图片');
77    }});// 最多选择3张图片
78  }
79  function showImg( url ){
80    // 兼容以 "file:" 开头的情况
81    if(0!=url.indexOf("file://")){
82      url="file://"+url;
83    }
84    var _body_ = document.body;
85    var _div_ = document.createElement("div");
86    _div_.style.top="0px";
87    _div_.style.left="0px";
88    _div_.style.height="100%";
89    _div_.style.width="100%";
90    _div_.style.zIndex="99999";
91    _div_.style.position="fixed";
92    _div_.style.background="#ffffff";
93    _div_.id="imgShow";
94    _div_.onclick=closeImg;
```

```
95   var _img_=document.createElement("img");
96   _img_.src=url;
97   _img_.style.width="100%";
98   _body_.appendChild(_div_);
99   _div_.appendChild(_img_);
100  }
101  function closeImg(){
102  var trnode=document.getElementById("imgShow");
103  trnode&&trnode.parentNode.removeChild(trnode);
104  }
105  var list=null,first=null;
106  document.addEventListener("DOMContentLoaded",function(){
107  list=document.getElementById("list");
108  first=document.getElementById("empty");
109  },false);
110  // 添加列表项
111  function createItem(path) {
112  var li = document.createElement("li");
113  li.className = "ditem";
114  li.innerHTML = '<span class="iplay"><font class="aname"></font><br/><font
     class="ainf"></font></span>';
115  li.setAttribute( "onclick", "displayMedia(this);" );
116  list.insertBefore( li, first.nextSibling );
117  var i = path.lastIndexOf("/");
118  if(i<0){
119      i = path.lastIndexOf("\\");
120  }
121  li.querySelector(".aname").innerText = path.substr(i+1);
122  li.querySelector(".ainf").innerText = path;
123  li.path = path;
124  // 设置空项不可见
125  first.style.display = "none";
126  }
127  // 清除列表记录
128  function cleanList() {
129  list.innerHTML = '<li id="empty" class="ditem-empty">无记录</li>';
130  empty = document.getElementById( "empty" );
131  // 删除音频文件
132  outSet( "清空选择照片记录: " );
133  }
134  // 返回后关闭图片显示
135  var _back=window.back;
```

```
136 window.back=function(){
137 closeImg();
138 _back();
139 };
140 </script>
141 <link rel="stylesheet" href="../css/common.css" type="text/css" charset=
    "utf-8"/>
142 </head>
143 <body>
144     <header id="header">
145     <div class="nvbt iback" onclick="back(true);"></div>
146     <div class="nvtt">Gallery</div>
147     <div class="nvbt idoc" onclick="openDoc('Gallery Document','
    /doc/gallery.html')"></div>
148     </header>
149     <div id="dcontent" class="dcontent"><br/>
150     <div class="button" onclick="getImage()">拍照并保存到相册</div>
151     <div class="button" onclick="galleryImg()">从相册中单选图片</div>
152     <div class="button" onclick="galleryImgs()">从相册中多选图片</div>
153     <div class="button" onclick="galleryImgsMaximum()">从相册中多选图片
    (最多3张)</div>
154     <div class="button" onclick="galleryImgsSelected()">从相册中多选图片
    (保存勾选记录)</div><br/>
155     </div>
156     <div id="output">
157 Gallery 模块管理系统相册，如从相册中选择图片或视频文件、保存图片或视频文件到相册等功能。
158     </div>
159 </body>
160 <script type="text/javascript" src="../js/immersed.js" ></script>
161 </html>
```

　　代码第 149～155 行定义了打开手机相册的功能按钮菜单，包括单选图片和多选图片多种选择功能，每一个"onclick"点击事件均定义了 JS 函数方法；代码第 10～140 行实现了以上各个功能的 JS 函数方法。

　　下面我们测试运行一下"HTML 5 调用手机相册"项目，在手机端打开应用后界面效果如图8.4 所示。

　　点击图中的"Gallery 手机相册"列表项，则会打开功能选择按钮列表，如图 8.5 所示。

图 8.4　HTML 5 调用手机相册主页

图 8.5　HTML 5 调用手机相册功能列表

点击"从相册中单选图片"按钮，则会打开手机相册，效果如图 8.6 所示。

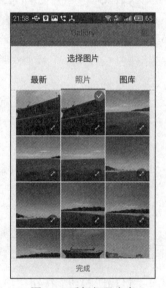

图 8.6　手机相册内容

执行"长按"操作选中满意的照片，页面底部"完成"按钮就会变成高亮，表示被成功激活。

8.3　HTML 5 调用手机通讯录

本节使用 HTML 5 Plus 技术实现调用手机通讯录的应用。利用编辑器打开源代码"8-3.HTML 5 调用手机通讯录"目录下的"index.html"文件，页面代码如下：

【代码 8-4】

```
01  <body onselectstart="return false;">
02    <header id="header">
03      <div id="back" style="visibility:hidden" class="nvbt iback"
        onclick="plus.runtime.quit()"></div>
04      <div class="nvtt">HTML 5+调用手机通讯录</div>
05      <div class="nvbt iabout" onclick="clicked('about.html','zoom-fade-
        out',true)"></div>
06    </header>
07    <div id="content" class="content">
08      <ul id="plist" style="list-style:none;margin:0;padding:0;text-
        align:left;">
09        <li id="plus/contacts.html" onclick="clicked(this.id);">
10          <span class="item">Contacts
11            <div class="chs">通讯录</div>
12          </span>
13        </li>
14      </ul>
15    </div>
16  </body>
```

代码第 09～13 行定义了打开手机通讯录的列表，其中第 09 行代码<li>标签内定义了一个 JS脚本方法 clicked(this.id)，用于打开手机通讯录页面，而"this.id"定义的页面地址就是"plus/contacts.html"。

找到"plus"目录下的"contacts.html"页面，具体代码如下：

【代码 8-5】

```
01  <!DOCTYPE html>
02  <html>
03    <head>
04    <meta charset="utf-8"/>
05    <meta name="viewport" content="initial-scale=1.0, maximum-scale=1.0,
      user-scalable=no"/>
06    <meta name="HandheldFriendly" content="true"/>
07    <meta name="MobileOptimized" content="320"/>
08    <title>HTML 5+调用手机通讯录</title>
09    <script type="text/javascript" src="../js/common.js"></script>
10    <script type="text/javascript">
11  // 监听 plusready 事件
12  document.addEventListener( "plusready", function(){
13    // 扩展 API 加载完毕，现在可以正常调用扩展 API
```

```
14   plus.contacts.getAddressBook(plus.contacts.ADDRESSBOOK_PHONE, function
     (addressbook) {
15       addressbook.find(["displayName","phoneNumbers"],function(contacts){
16           alert("通讯录共计: " + contacts.length + "条.");
17           var newLi, newSpan, textNode;
18           for(var i=0; i<contacts.length; i++) {
19               // contactLi = "<li><span class='item'><div class='chs'>" +
                    contacts[i].displayName + "</div></span></li>";
20               newLi = document.createElement("li");
21               newSpan = document.createElement("span");
22               newSpan.className = "item";
23               newDiv = document.createElement("div");
24               newDiv.className = "chs";
25               textNode = document.createTextNode(contacts[i].displayName);
26               newDiv.appendChild(textNode);
27               newSpan.appendChild(newDiv);
28               newLi.appendChild(newSpan);
29               document.getElementById("clist").appendChild(newLi);
30           }
31       }, function () {
32           alert("error");
33       },{multiple:true});
34   },function(e){
35       alert("Get address book failed: " + e.message);
36   });
37   }, false );
38   </script>
39   <link rel="stylesheet" href="../css/common.css" type="text/css"
     charset="utf-8"/>
40   </head>
41   <body>
42   <header id="header">
43       <div class="nvtt">通讯录</div>
44   </header>
45   <div id="content" class="content">
46       <ul id="clist" style="list-style:none;margin:0;padding:0;text-
         align:left;">
47       <ul>
48   <div>
49   </body>
50   <script type="text/javascript" src="../js/immersed.js" ></script>
51   </html>
```

代码第 14 行通过 getAddressBook()函数方法获取了手机通讯录,执行该操作时由于通讯录属于系统高级权限,因此系统会提示用户是否允许授予访问权限。

代码第 15 行通过 addressbook.find()方法查询通讯录,而回调函数中的"contacts"参数包含了获取的通讯录数据。

代码第 16 行通过 contacts.length 参数获取了通讯录一共包含的项数,并通过一个消息框进行提示。

代码第 17~30 行通过一个 for 循环方法依次读取了通讯录中的每一条数据,并动态添加到第 46 和 47 行定义的<ul>列表控件中进行显示。由于通讯录信息需要保密,因此本例仅仅打印出通讯录的姓名参数(displayName)一项进行测试。

下面我们测试运行一下"HTML 5 调用手机通讯录"项目,在手机端打开应用后界面效果如图 8.7 所示。

点击图中的"Contacts 通讯录"列表项,弹出一个信息提示框,如图 8.8 所示。

点击"确定"按钮,进入通讯录列表界面,效果如图 8.9 所示。

图 8.7　HTML 5 调用手机通讯录主页

图 8.8　通讯录项数消息框

图 8.9　通讯录列表界面

8.4　本章小结

本章主要介绍了 HTML 5 借助插件实现调用手机摄像头、相册及通讯录的功能,通过多个实际范例介绍了编写代码的方法,希望对读者有一定的帮助。

第 9 章
◀ HTML 5移动性能优化 ▶

传统对 Web 开发性能的定义是指页面加载时间。开发一个现代化的互联网网站是一项复杂的任务，需要各种职能的密切合作，以应对用户日新月异的需求。其中，网页的性能直接决定了用户的体验，而随着新型客户端浏览设备的出现与网站功能的日益复杂化，对于性能的专注也达到了前所未有的高度。事实上，除了页面加载，还需要考虑其他几个方面，如图片优化、CSS优化、脚本优化等，本章将一一介绍。

9.1 HTML 5 的性能考量

本节介绍了 3 种性能考量指标，即客户端（浏览器）性能、网络性能和开发效率，提升这三方面性能，需要尽可能减少页面加载时间、尽可能减少 HTTP 请求和带宽的使用、尽可能复用代码。

9.1.1 浏览器性能

浏览器越来越重视对 JavaScript 引擎、CSS 动画渲染处理等方面的性能优化和加速。了解浏览器的各方面新特性，并加以充分利用，可以充分发挥浏览器的便捷功能。

传统的网站性能监测通常有以下几种方式：

● 借助传统的开发者工具查看网络请求

例如，使用浏览器的 F12 工具、Fiddler、Charles 等，通过追踪 HTTP 请求与响应的时间，以图形的方式列出所有资源的下载情况。这种方式依赖于人为操作，难以实现批量测试与统计。

● 使用侵入式的 JavaScript 代码检测 DOM 事件的发生时间

例如，使用 DOMContentLoaded 和 document.onreadystatechange 等，这时会在页面的业务逻辑之外再加额外的代码，加重了开发者与测试人员的负担，还有可能因为检测代码本身的潜在问题影响页面的性能，甚至影响页面主体功能。

● 使用第三方的服务与工具

例如，使用 WebPagetest、Pingdom 等，这些服务通常能够实现在不同浏览器和不同地域进行测试，并且为用户提供一些优化建议。但某些服务需要排队等待，并且多次测试结果之间往往区别较大。

除此之外，以上各种方式的测量指标都比较单一，基本只能起到计时和流量计算的作用。对于其他一些指标，例如电池状态等方面则没有监测体现。并且，传统的方法难以实现自动化，以及在持续集成流程中统计测试结果。

W3C Web 性能工作小组与各浏览器厂商都已认识到性能对于 Web 开发的重要性。为了解决当前性能测试的困难，W3C 推出了一套性能 API 标准，各种浏览器对这套标准的支持如今也逐渐成熟起来。这套 API 的目的是简化开发者对网站性能进行精确分析与控制的过程，最终实现性能的提高。例如，Navigation Timing API（导航计时），能够帮助网站开发者检测真实用户数据（RUM），例如带宽、延迟或主页的整体页面加载时间。开发者可以用以下 JavaScript 代码检测页面的性能：

```
01    varpage = performance.timing,
02    plt = page.loadEventStart - page.navigationStart,
03    console.log(plt);
04    // Page load time (PTL) output for specific browser/user in ms
```

Navigation Timing 的目的是用于分析页面整体性能指标。如果要获取个别资源（例如 JS、图片）的性能指标，请使用 Resource Timing API。

通过 Page Visibility API（页面可见性），网站开发者能够以编程方式确定页面的当前可见状态，从而使网站能够更有效地利用电源与 CPU。例如，当页面获得或失去焦点时，文档对象的 visibilitychange 事件便会被触发：

```
01    document.addEventListener('visibilitychange', function(event) {
02        if (document.hidden) {
03            // Page currently hidden.
04        }else{
05            // Page currently visible.
06        }
07    });
```

这一事件对了解页面的可见状态十分有用，举例来说，用户可能会同时打开多个浏览器标签，而你希望只在用户显示你的网站页面时才进行某些操作（比如播放一段音频文件或执行一段 JavaScript 动画），就可以通过这一事件进行触发。对于移动设备来说，如果用户在某个标签中打开了你的网站，但正在另一个标签中浏览其他内容时，这一特性能够节省该设备的电池消耗。

其他部分 API 功能简介：

- Resource Timing（资源计时）

对单个资源（如图片）的计时，可以对细粒度的用户体验进行检测。

- Performance Timeline（性能时间线）

以一个统一的接口获取由 Navigation Timing、Resourcing Timing 和 User Timing 所收集的性能数据。

- Battery Status（电池状态）

能够检测当前设备的电池状态，例如是否正在充电、电量等级等。可以根据当前电量决定是否显示某些内容（例如视频、动画等），对于移动设备来说非常实用。

- User Timing（用户计时）

可以对某段代码、函数进行自定义计时，以了解这段代码的具体运行时间，类似于 stop watch 的作用。

- Beacon（灯塔）

可以将分析结果或诊断代码发送给服务器，采用异步执行的方式，不会影响页面中其他代码的运行，对于收集测试结果并进行统计分析来说是一种十分便利的工具。

- Animation Timing（动画计时）

通过 requestAnimationFrame 函数让浏览器精通地控制动画的帧数，能够有效地配合显示器的刷新率，提供更平滑的动画效果，减少对 CPU 和电池的消耗。

- Resource Hits（资源提示）

通过 html 属性指定资源的预加载，例如在浏览相册时能够预先加载下一张图片，加快翻页的显示速度。

- Frame Timing（帧计时）

通过一个接口获取与帧相关的性能数据，例如每秒帧数和 TTF。该标准目前尚未被支持。

- Navigation Error Logging（导航错误日志记录）

通过一个接口存储及获取与某个文档导航相关的错误记录。该标准目前尚未被支持。

表 9-1 列举了当前主流浏览器对性能 API 的支持，其中标注星号的内容并非来自于 Web 性能工作小组。

表 9-1　各浏览器对性能 API 的支持情况

规范	Internet Explorer	Firefox	Chrome	Safari	Opera	iOS Safari	Android
Navigation Timing	9	31	全部	8	26	8(不包括 8.1)	4.1
High Resolution Timing	10	31	全部	8	26	8 (不包括 8.1)	4.4
Page Visibility	10	31	全部	7	26	7.1	4.4
Resource Timing	10	34	全部	-	26	-	4.4
Battery Status*	-	31 （部分支持）	38	-	26	-	-
User Timing	10	-	全部	-	26	-	4.4
Beacon	-	31	39	-	26	-	-
Animation Timing	10	31	全部	6.1	26	7.1	4.4
Resource Hints	-	-	仅限 Canary 版	-	-	-	-
Frame Timing	-	-	-	-	-	-	-
Navigation Error Logging	-	-	-	-	-	-	-
WebP*	-	-	全部	-	26	-	4.1
Picture element and srcset attribute *	-	-	38	-	26	-	-

其他更详细的有关 Web 性能 API 的内容可参考 https://www.w3.org/wiki/Web_Performance/Publications。

9.1.2　网络性能

为用户节省流量是移动开发中需要考虑的问题。在前端技术中，需要一些既能有效节省带宽又能让页面体验良好的策略。

常见的网络性能问题有如下几种：

（1）DNS 问题

DNS 问题主要有两种，一是 DNS 被劫持或者失效，例如 2015 年初业内比较知名的就有 Apple 内部 DNS 问题导致 App Store、iTunes Connect 账户无法登录。二是 DNS 解析慢或者失败，例如国内中国运营商网络的 DNS 就很慢，一次 DNS 查询的耗时甚至都能赶上一次连接的耗时，尤其是在 2G 网络情况下，DNS 解析失败是很常见的。因此如果直接使用 DNS，对于首次网络服务请求耗时和整体服务成功率都有非常大的影响。

（2）TCP 连接问题

DNS 成功后获得目标 IP 地址，便可以发起 TCP 连接。HTTP 协议的网络层也是 TCP 连接，因此 TCP 连接的成功和耗时也成为网络性能的一个因素。TCP 连接中常见的问题有 TCP 端口被封（例如对非 HTTP 常见端口 80、8080、443 的封锁），以及 TCP 连接超时时长问题。端口被封，直接导致无法连接；连接超时时长过短，在低速网络上可能总是无法连接成功；连接超时过长，又有可能导致用户长时间等待，用户体验差。很多时候尽快重新发起一次连接会更快，这也是移动网络带宽不稳定情况下的一个常见情况。

（3）传输负载过大

传得多就传得慢，如果没做过特别优化，传输负载可能会比实际所需要的大很多，对于整体网络服务耗时影响非常大。因此，尤其在移动端，特别需要注意控制页面体积，避免负载过大。

（4）复杂的国内外网络情况

国内运营商互联和海外访问国内带宽低、传输慢的问题也是非常棘手的。

针对上面这些问题，在复杂的网络环境情况下，需要针对性地逐一优化，以期达到目标：连得上、连得快、传输时间短。常见的优化策略包括优化 DNS 解析和缓存、网络质量检测（根据网络质量来改变策略）、减少数据传输量等。在本书中，我们将会介绍一些关于网络性能优化的实例，例如图片延迟策略、优化加载等方面的实例，请感兴趣的读者继续向下阅读。

9.1.3 开发效率

图 9.1 是开发人员都能看懂的图，这个图意味着更简洁的 APP 页面、更好的代码复用，还有模块化。本小节正是从整体结构上来说明如何提高开发效率。

图 9.1 开发效率提升的必要性

● 库和框架的选型（见图 9.2）

现如今前端可谓包罗万象，产品形态丰富多彩，尽管 Web 应用的复杂程度与日俱增，用户对前端界面也提出了更高的要求，但时至今日仍然没有多少前端开发者会从软件工程的角度去思考前端开发，来助力团队的开发效率。前端工程建设的第一项任务就是根据项目特征进行技术选型。

图 9.2　库和框架的选型

● 构建优化（见图 9.3）

图 9.3　构建优化

● JavaScript/CSS 模块化开发（见图 9.4）

分而治之是软件工程中的重要思想，是复杂系统开发和维护的基石，这一点放在前端开发中同样适用。在解决了基本开发效率、运行效率问题之后，需要使用模块化开发来解决维护效率的问题。例如，CSS 在 less、sass、stylus 等预处理器的 import/mixin 特性支持下实现的模块化。

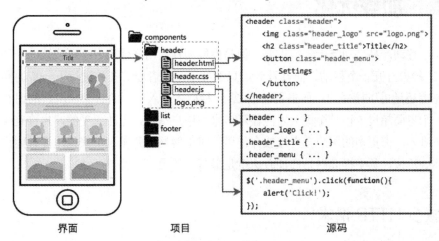

图 9.4　模块化开发

● 组件化开发（见图 9.5）

页面上每个独立的可视/可交互区域均视为一个组件。组件化开发具有较高的通用性，无论是前端渲染的单页面应用还是后端模板渲染的多页面应用，组件化开发的概念都能适用。由于系统功能被分治到独立的模块或组件中，粒度比较精细，组织形式松散，因此开发者之间不会产生开发时序的依赖，大幅提升并行的开发效率，理论上允许随时加入新成员认领组件开发或维护工作，也更容易支持多个团队共同维护一个大型站点的开发。

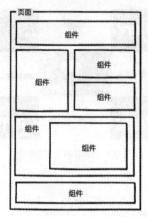

图 9.5　组件化开发

要时刻想着怎样来提高开发效率，开发效率的提高是工作中一个良性循环的开始。除此之外，注重业务知识的学习，做任何系统都避免不了有业务背景，熟练地了解业务知识可以更清楚地知道系统在做什么。人是团队最宝贵的财富，每个人的思维方式决定了团队合作的效率和结果，团队合作依靠高素质的团队成员，而每个人的协作理念合在一起就是开发模式稳固的基石。

9.2　加载优化

对于一个移动产品，功能无疑很重要，但是性能同样是用户体验中不可或缺的一环。当用户能够在 1~2 秒内打开一个移动页面并看到信息的展示，或者能够开始进行下一步的操作时，用户会觉得速度还是可以接受的；如果页面在 2~5 秒后才进入可用的状态，用户的耐心会逐渐丧失；如果一个界面超过 5 秒甚至更久才能显示出来，用户基本是无法忍受的，也许有一部分用户会退出重新进入，但更多的用户会直接放弃使用。对于网站的开发人员来说，提升用户体验是一个网站的核心价值，其中提高网站的加载速度是最基本的用户体验。

9.2.1　减少 HTTP 请求

HTTP（HyperText Transfer Protocol）是一套计算机通过网络进行通信的规则，使 HTTP 客户端（如浏览器）能够从 HTTP 服务器请求信息和服务。一个完整的 HTTP 请求所需经历的流程大致如图 9.6 所示。

通过图 9.6 可以看出，一个 HTTP 请求所经历的流程可以有 3 种类型，在本地存在 HOST 或存在 DNS 缓存的情况下，流程会比较简单。

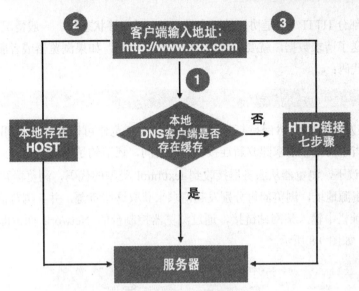

图 9.6　HTTP 流程图

流程③所示的在一次完整的 HTTP 通信过程中，客户端与服务器之间将通过 7 个步骤建立 HTTP 链接，每个步骤所需经历的行为如图 9.7 所示。

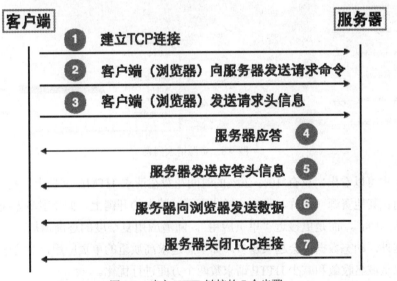

图 9.7　建立 HTTP 链接的 7 个步骤

图 9.7 中展示了完成建立 HTTP 链接的 7 个步骤。其中，在步骤②中，一旦建立了 TCP 连接，客户端（浏览器）就向服务器发送请求命令，命令形式如下：

```
01   GET/example/hello.html HTTP/1.1
```

在步骤④中，客户端向服务器发出请求后，服务器会给客户机回送应答，例如：

```
01   HTTP/1.1 200 OK
```

应答的第一部分 HTTP/1.1 是协议的版本号，200 是应答状态码。一般情况下，一旦 Web 服务器向浏览器发送了请求数据，就要关闭 TCP 连接。但是，如果浏览器或者服务器在其头信息加入了下面这行代码：

```
01    Connection:keep-alive
```

TCP 连接在发送后将仍然保持打开状态。因此，浏览器可以继续通过相同的连接发送请求。保持连接节省了为每个请求建立新连接所需的时间，还节约了网络带宽。

在 HTTP 协议下，浏览器从服务器接收到 text/html 类型的代码，浏览器开始渲染 HTML，并获取其中内嵌资源地址，浏览器再分别发起请求来获取这些资源，并在浏览器中渲染显示。例如，在浏览器地址栏中输入某网站链接，通过浏览器控制台的 Network 面板即可查看所发生的 HTTP 请求列表，如图 9.8 所示。

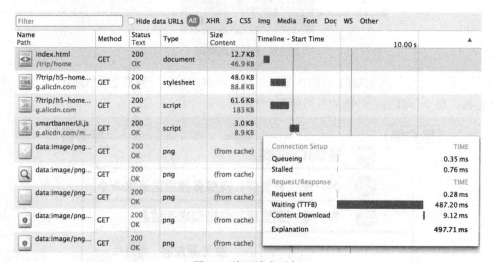

图 9.8　资源请求列表

从图 9.8 中可以看出，只有 10%~20% 的时间花费在请求 HTML 文档上，剩下的 80%~90% 的时间主要用在其他资源（图片、脚本、样式表等）请求的开销上。如今很多无线页面已不再是传统的"Web 页面"，而是更接近"单页应用"。随着应用复杂度的逐渐增加，所需加载的除图片等静态数据外，动态数据也会越来越多。如果想追求高质量的单页应用，对这些请求的优化势在必行，可以从域名收敛和减少 HTTP 请求数两个方面进行优化。

（1）域名收敛

如果在页面中引入了各种来自不同域名的资源，注意每增加一个域名都会增加一次 DNS 域名解析开销。在复杂的移动互联网网络环境下，不同域名的解析速度可能会相差数十倍。所以需要有意识地收敛页面资源所需解析的域名数，特别是会阻塞页面渲染的 CSS、JavaScript、Font 等资源。有一些性能体验糟糕的页面，究其原因是引入的资源域名解析速度很慢或完全不能正确解析。

一个页面所产生的域名解析数不能超过 5 个。

在移动网络环境下，减少非必要 DNS 请求，将相关域名收敛成一个，可以充分利用 DNS 缓存，进而可以减少打开页面时间。

（2）减少请求数

在优化了需要解析的域名数后，需要关注页面资源请求数目。如果是长期维护的产品型页面，在页面中引入的静态资源除最通用的基础库外，需要按依赖顺序将静态资源进行合并压缩。一般是 CSS 和 JavaScript 请求各合并成一个。针对营销活动页面，甚至可以把依赖的 CSS 和 JavaScript 资源内联入页面，从而实现除图片外的其余资源在第一次 HTTP 请求时就能获得。

减少 Web 响应时间的第一条规则就是减少页面资源的数量，进而较少 HTTP 请求的次数。常见的减少 HTTP 请求数量的策略有如下方法：

① 将脚本、样式表合并。

在开发时，常常按照模块拆分编写逻辑代码，以便于复用和维护；而在发布时，需将多个模块 JavaScript、CSS 分别合并成单一文件。在工程化开发过程中，通常可以使用工具完成对所依赖的模块资源的脚本、样式表的合并功能。

② CSS Sprites。

CSS Sprites，CSS 精灵，也称为 CSS 图片拼合技术，即将多个小图片拼凑在一起形成一张新的合集图片，然后通过 CSS 的 background-image、background- repeat、background-position 的组合进行背景定位，background-position 可以用数字精确地定位到所需要的图片区域。

利用 CSS Sprites 能很好地减少网页的 HTTP 请求，从而大大地提高页面性能，这是 CSS Sprites 最大的优点，也是其被广泛传播和应用的主要原因。CSS Sprites 能减少图片的字节，同时使用了 CSS Sprites 技术后，如需更换页面风格将更加方便，只需要在一张或少张图片上修改图片的颜色或样式，整个网页的风格就可以改变。修改起来简单有效。

那么，是不是将页面上所有的图片都拼接起来，仅保留一张合集图片才是最好的呢？显然不是。在进行图片拼接时，也有一些拼接技巧。CSS Sprites 在维护的时候，如果仅仅是替换颜色风格，还是比较容易的；如果要修改、替换图片，就比较麻烦。如果页面背景有少许改动，一般就改这张合并的图片，无须改的地方最好不动，这样避免改动更多的 CSS。如果在原来的地方放不下，最好是往合集中改，不用担心下方增加图片，但是这样一来，合集图片的字节就增加了，并且还要修改对应的 CSS 样式代码，维护成本较高。

因此，合理利用 CSS Sprites，切勿滥用。拼合的图片不能太多，并且不能太大，拼凑在一块的图片就类似于同步请求，抑制了浏览器并行请求资源的能力，往往一张比较大的背景图片需要切割成几张小一点的图片，就是因为可以并行请求且不容易请求失败。

③ 图片地图。

图片地图技术是将一张图片分区域，不同的区域指向不同的 URL 地址。假设 5 个导航栏菜

159

单都有不同的图片，如果不通过图片地图来实现，就需要 5 张图片分别指向 5 个 URL，需要请求 5 次才能完成导航栏的渲染。

一般来说，减少 HTTP 请求可以充分利用 DNS 请求结果的缓存，从而减少 DNS 的查找时间、减少服务器的压力、减少 HTTP 请求头（减少服务器响应的应答头部信息）。据统计，40%以上的浏览是第一次访问，不带资源缓存，因此对于初次访问的浏览者来说将会减少 HTTP 请求，提高体验效果。

9.2.2　充分利用缓存

使用缓存可以减少向服务器的请求数，节省加载时间，所以所有静态资源都要在服务器端设置缓存，并且尽量使用长 Cache。长 Cache 资源的更新可使用不同时间戳来更新。合理设置资源的过期时间，尤其对一些静态的不需要改变的资源，将其缓存过期时间设置得长一些。

1. 使用 CDN

CDN 是一组分布在多个不同地理位置上的 Web 服务器，当服务器离用户更近一点时，请求的响应时间就能够缩短一点，CDN 根据用户到服务器的远近程度或者响应速度来决定响应服务器。在实施地理上分散内容，分布式架构和 CDN 都是一个方向，但是分布式架构带来的工作量和复杂程度都要比 CDN 大。

CDN 一般具有海量的带宽吞吐能力和安全解决方案，能够抵御蛮力的分布式攻击和渗透攻击；我们知道 Cookie 是跟域名挂钩了，因为 CDN 域名与网站域名不一样，所以在向 CDN 请求静态资源的时候就不会带着网站的 Cookie 等头部信息往返，大大减少了这部分开销。使用 CDN 的好处不仅如此，在文件缓存上，CDN 也带来了不少好处。例如，当多个项目都使用了同一个资源库时，浏览过其中一个应用之后，该资源库的脚本和样式文件就被缓存下来了，再浏览其他应用的时候，使用本地缓存文件即可，因为不同项目使用的库是同一个地址。

2. 添加缓存头

浏览器使用缓存来减少 HTTP 的请求数量，使得 Web 页面加载更快。对于实时性不高的资源，服务器通过向其添加缓存头部信息，告诉客户端的浏览器可以使用缓存在浏览器本地的组件。缓存头部信息根据 HTTP 1.0 和 HTTP 1.1 分为以下两种。

（1）Expires

Expires 存储的是一个用来控制缓存失效的日期。当浏览器看到响应中有一个 Expires 头时，就会和相应的组件一起保存到缓存中，只要组件没有过期，浏览器就会使用缓存版本而不会进行任何的 HTTP 请求。Expires 设置的日期格式必须为 GMT（格林尼治标准时间），例如 Expires: Fri Jan 23 2016 15:48:31 GMT+0800。这种方式只能使用一个特定时间，即截止时间。

（2）Cache-Control

例如：Cache-Control：max-age=36000000。max-age 是以秒为单位的，表示可以缓存多久。

在 HTTP 1.0 的时候，如果要取消缓存可以通过 Pragma: no-cache 头来告诉浏览器；在 HTTP 1.1 的时候，通过 Cache-Control：no-cache。例如，PHP 可以在任何 Web 服务器（UNIX 或 Windows）或 Apache 模块上作为 CGI 使用，可以通过 Header()函数设置 HTTP 头信息。例如，通过以下 PHP 代码创建 Cache-Control 头，并将其过期时间设置为 3 天：

```php
01    <?php
02    Header("Cache-Control: must-revalidate");
03
04    $offset = 60 * 60 * 24 * 3;
05    $ExpStr = "Expires:".gmdate("D, d M Y H:i:s", time() + $offset)."GMT";
06    Header($ExpStr);
07    ?>
```

充分利用缓存，可以总结为如下几个方面：

● 缓存一切可缓存的资源。
● 使用长 Cache。
● 使用外联式引用 CSS、JavaScript。

9.2.3 压缩

减少资源大小不仅可以减少存储空间，还可以在网络传输文件时减少传输时间、加快网页显示速度。因此要对 HTML、CSS、JavaScript 等资源进行代码压缩。

1. 文本数据压缩

文本数据（HTML、CSS、JavaScript）的优化与压缩分为 3 个阶段，即发布准备（去除注释，合并 CSS，去除不会被执行的 JavaScript 代码块）、编译期压缩（合并文件，去除空格，混淆）和传输阶段压缩（gzip）。

gzip 是 GNUzip 的缩写，是使用无损压缩算法的一种，最早用于 UNIX 系统的文件压缩，现在已经成为 Web 上使用最为普遍的数据压缩格式之一。gzip 开启以后会将输出到用户浏览器的数据进行压缩处理，减小通过网络传输的数据量、提高浏览的速度。在服务器上开启 gzip 压缩，一般纯文本内容可压缩到原大小的40%。

在移动端分秒必争的网络环境中，任何体积的减少都能够带来令人意想不到的效果。如图9.9 所示的阿里旅行首页，HTML 文件在 gzip 前为 46.9KB，开启 gzip 之后仅为 12.7KB，压缩后的大小仅为压缩前文件的27%，压缩效果非常显著。

图 9.9　开启 gizp 压缩后文件大小对比

2. 图片压缩

在不同的场景下会接触不同的图像文件类型，例如大多数相机和智能手机都采用 JPEG 格式，OS X 系统截屏输出 PNG 格式文件，多种图片处理软件，例如 Adobe Photoshop、Pixelmator、Acorn 和 GIMP 等，可以将图片保存为多种格式。

- JPEG/JPG

JPEG/JPG 图片格式是通用的有损压缩格式，主要用于数码图片。它将图片的每个像素分解成 8×8 的栅格，然后对每个栅格的数据进行压缩处理，通过特殊的算法用附近的颜色填充栅格，隐藏细节。用户可以设置质量级别，从 0 到 100，数字越少图片质量就越差。例如，平板电脑、智能手机或单反相机拍照时，图片将保存为 JPEG 格式。

JPEG 可以保存不同质量级别的图片，可以改变图像包含的信息和文件的整体大小。JPEG 文件使用的压缩是有利的，因为在 Photoshop 中以 60%的品质即可保存一幅高质量的图片。

- GIF

GIF（Graphics Interchange Format）从 1987 年 CompuServe 开始使用，并迅速占领了几乎所有好看的网站。在那个时代，在初级网页上仅仅能通过 GIF 添加简单循环的动画。

除了为用户展示简单的动画之外，GIF 文件提供了更多功能。GIF 文件在使用简单、颜色很少的内容上是支持得非常完美的，通常可以使用到 Logo 图片中。

- PNG

多亏了 GIF 文件格式的不足，PNG（Portable Network Graphics）格式诞生了。PNG 是一种使用无损压缩的图片格式，将图片上出现的颜色进行索引，保留在"调色板"上，PNG 在显示图像的时候就会调用调色板的颜色去填充相应的位置。PNG 格式的目标是不仅要取代 GIF 图片格式，还要成为互联网上使用的最主要图片格式。

JPEG 文件通常可以正常保存，也可以保存为一种交错格式。交错格式会稍微复杂一点，但是在 Web 页面上渲染时，图片加载反而会更快，因为图片绘制是连续的。因为页面下载完成时，图片已经展示了，该技巧令人相信页面加载更快，有助于减少页面重绘。

使用 PNG 格式，几乎所有想要的图片效果都可以达到。PNG 比 GIF 更适合做透明图片，并且色彩空间更宽，可以允许保存与 JPEG 图片相同数量的颜色。一旦将 JPEG 格式创作的图案或梯度图像转为 PNG 格式，就会发现明显差异。这是因为 PNG 格式有精确的色彩演绎并采用无损压缩算法，JPEG 文件使用适当颜色的填充。

选择 JPG 还是 PNG？

对比 JPG 和 PNG 的特点，不同的图像使用不同的格式能得到最佳压缩效果。对于层次丰富、颜色较多的图像，使用 JPG 更好。因为为了很好地显示这种图像，PNG 将使用调色板颜色更为丰富的 PNG24，这样图片大小会比 JPG 大。而对于颜色简单对比强烈的图像，则使用 PNG 更好，因为 PNG 使用较少的调色板颜色就可以满足显示效果，而且得到的图片相对也较小，而 JPG 是有损的，在清晰的颜色过渡周围会有大色块，影响显示效果。

- WebP

WebP 是一种最新的图像格式。这种格式从 VP8 视频压缩编解码器开始就有着深刻的历史，WebP 技术最早是由 On2 开发，现在由 Google 支持，是一种旨在加快图片加载速度的图片格式。图片压缩体积大约只有 JPEG 的三分之二，并能节省大量的服务器带宽资源和数据空间。转换和压缩图片为 WebP 格式的工具请参考 https://developers.google.com/speed/webp/。

一些图片处理软件也支持 WebP 格式，例如 Pixelmator（www.pixelmator.com/）。WebP 格式与 PNG 格式类似，支持高数量级的颜色，支持透明度。这也使得 WebP 适用于代替 JPEG、GIF 和 PNG 格式。

了解图像格式的类型使用是成功的一半，另一半便是使用各种实用压缩程序。下面介绍几种常用的图像压缩工具。

- JPEGmini

JPEGmini（http://www.jpegmini.com）是 Web 服务和应用程序，可以优化部分不易被人眼识别的 JPEG 图像的占用空间。注意，使用单反相机或数码相机拍摄的图像效果最好。如果使用已经压缩的图像，减小的空间将会小得多。这听起来有点牵强附会，是使用 JPEGmini，就会发现令人满意的惊喜。

通过访问网站 www.jpegmini.com/main/从电脑里拖曳一幅照片到浏览器（或者通过图片上传功能），随即将进行图片处理，并出现一幅新图片，并且展示了节省多少空间。

- PNGGauntlet

PNGGauntlet（http://pnggauntlet.com/）是一个 Windows 压缩 PNG 文件的应用程序。

如果压缩 PNG 文件，我们可能听说过 PNGOUT、OptiPng、DeflOpt。这些为 PNG 文件优化的应用程序有助于减少文件大小，同时保证质量。PNGGauntlet 处理文件时会将这 3 个应用程序合为一体。在这款易用的应用程序中，选择一个输出文件夹，然后拖曳图片到应用程序中（或者通过添加图片按钮），会立即执行图片处理。

有时会发现该程序被"卡死"，这是程序在处理图片时执行的高密度算数操作导致的。

- 图像优化工具 RIOT

另一个在 Windows 系统中可以使用的应用程序是 RIOT（Radical Image Optimization Tool）。

RIOT（http://luci.criosweb.ro/riot/）既可作为一个独立的 Windows 应用程序，也可作为其他图像处理程序的插件，例如 GIMP（www.gimp.org/）。这个应用程序支持 JPEG、GIF 和 PNG 文件格式，并且支持双窗口，便于比较源文件，而不需要使用命令行或类似的工具常常提供的"猜测、优化、重复"等方法。

RIOT 不仅包含压缩选项，还可以改变遮光、色阶、色彩以及一系列基于图片格式的大量选项。

- ImageAlpha

ImageAlpha（http://pngmini.com/）是最常用的 PNG 压缩工具之一。这个应用可运行在 OS X

系统中，并且是免费的。ImageAlpha 采用无损的 24 位 PNG 图像（或任何 PNG 文件），改变压缩损耗和 8 位真彩色。

例如，在 Adobe Photoshop 保存时勾选存储为 Web 所用格式，并选择 PNG-24 预设格式，如图 9.10 所示。

图 9.10　选择 PNG-24

打开 ImageAlpha，调整后在预览窗口中显示的效果如图 9.11 所示。

图 9.11　使用 ImageAlpha 预览

保存图像并选中通过 ImageOptim 进一步处理图像的复选框。图 9.12 并排显示了压缩前后图像的比较。

原图 264 KB　　　　　　　　　　　压缩文件 62 KB

图 9.12　压缩前后图像效果对比

● ImageOptim

ImageOptim（http://imageoptim.com/）是图像压缩实用程序第二选择。仅支持 OS X，可处理 PNG、GIF、JPEG 文件。

使用 ImageOptim 处理图片就像打开程序和拖动想优化的图像一样容易。注意，这会覆盖图片原件，所以需要创建一个新的包含想压缩图片的文件夹，然后使用这些文件。正如前面所提到的，ImageOptim 与 ImageAlpha 配合使用时性能很好，甚至对于已经通过 JPEGmini 压缩过的图像仍然非常有用。如果使用的是 OS X 操作系统，那么 ImageOptim 基本上是必选的工具包。

● TinyPNG

TinyPNG（https://tinypng.com/）开始是一个神奇的网站，工作方式和 JPEG-mini 非常类似。它允许用户上传 PNG 文件，并返回提炼和优化后的文件。同时，它会计算上传的文件，改变颜色的位深，清理透明度。但结果是惊人的，可以节省 50%到 80%的文件大小。

另一个新特性是它提供 Adobe Photoshop 可用插件。这个插件为 PNG 添加更广泛的光谱支持，允许批量导出所需文件，这些功能也可以通过使用在线压缩服务实现。

9.2.4　优化 JavaScript 加载性能

随着越来越多的应用使用 JavaScript 技术在客户端进行处理，从而使 JavaScript 在浏览器中的性能成为开发者所面临的最重要的问题。

一个页面从开始到呈现完毕主要需要经历 4 个阶段，如图 9.13 所示。

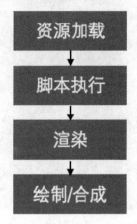

图 9.13　页面从开始到呈现

每个阶段的主要工作如图 9.13 所示，而我们的优化目标如图 9.14 所示。

图 9.14　优化目标

JavaScript 性能优化又因 JavaScript 的阻塞特性变得复杂，也就是说当浏览器在执行 JavaScript 代码时，不能同时做其他事情，即其他事情都会被阻塞。无论当前 JavaScript 代码是内嵌还是在外链文件中，页面的下载和渲染都必须停下来等待脚本执行完成。JavaScript 执行过程耗时越久，浏览器等待响应用户输入的时间就越长。本节将介绍如何优化 JavaScript 的加载性能，从而提高其在浏览器中的性能。

1. 无阻塞加载

减少 JavaScript 文件大小并限制 HTTP 请求数在功能丰富的 Web 应用或大型网站上并不总是可行。Web 应用的功能越丰富，所需要的 JavaScript 代码就越多，尽管下载单个较大的 JavaScript 文件只产生一次 HTTP 请求，却会锁死浏览器的一大段时间。为避免这种情况，需要通过一些特定的技术向页面中逐步加载 JavaScript 文件，这样做在某种程度上来说不会阻塞浏览器。

无阻塞脚本的秘诀在于，在页面加载完成后才加载 JavaScript 代码。这就意味着在 window 对象的 onload 事件触发后再下载脚本。有多种方式可以实现这一效果。

首先，将所有的<script>标签放到页面底部，也就是</body>闭合标签之前，这能确保在脚本执行前页面已经完成渲染。

【代码 9-1】

```
01    <!DOCTYPE html>
```

```
02    <html>
03    <head>
04        <title>将所有的 script 标签放到页面底部</title>
05        <link rel="dns-prefetch" href="//xxx.test.com">
06        <meta content="width=device-width, initial-scale=1.0, maximum-
          scale=1.0, user-scalable=no" name="viewport">
07        <meta content="yes" name="apple-mobile-web-app-capable">
08        <meta content="black" name="apple-mobile-web-app-status-bar-style">
09        <meta name="format-detection" content="telephone=no">
10        <link rel="stylesheet" type="text/css" href="css/bootstrap.min.css">
11        <link rel="stylesheet" type="text/css" href="css/main.css">
12    </head>
13    <body>
14        <!-- 页头 -->
15        <header class="header">
16            <!-- 这里是页头的结构代码 -->
17        </header>
18        <!-- 主体内容 -->
19        <section class="category">
20            <!-- 这里是主体内容的结构代码 -->
21        </section>
22        <!-- 底部 -->
23        <footer>
24            <!-- 这里是底部的结构代码 -->
25        </footer>
26        <script type="text/javascript" src="js/bootstrap.min.js"></script>
27        <script type="text/javascript">
28        (function(){
29            var s = window.localStorage || window.sessionStorage;
30            //这里插入 script 代码
31        })();
32        </script>
33    </body>
34    </html>
```

其次，<script>标签有一个扩展属性 defer。defer 属性指明本元素所含的脚本不会修改 DOM，因此代码能安全地延迟执行。目前，defer 属性的浏览器支持情况如图 9.15 所示，可以参考 http://caniuse.com/#search=defer。在其他不支持 defer 属性的浏览器中，defer 属性会被直接忽略，因此<script>标签会以默认的方式处理，也就是说会造成阻塞。

167

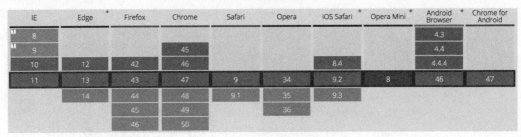

图 9.15　defer 浏览器支持情况

如果目标浏览器支持，那么这仍然是一个有用的解决方案，例如：

```
01    <script type="text/javascript" src="script1.js" defer></script>
```

带有 defer 属性的<script>标签可以放置在文档的任何位置。对应的 JavaScript 文件将在页面解析到<script>标签时开始下载，但不会执行，直到 DOM 加载完成，即 onload 事件触发前才会被执行。当一个带有 defer 属性的 JavaScript 文件下载时，它不会阻塞浏览器的其他进程，因此这类文件可以与其他资源文件一起并行下载。

此外，HTML 5 为<script>标签定义了一个新的扩展属性：async。它的作用和 defer 一样，能够异步加载和执行脚本，不会因为加载脚本而阻塞页面的加载。例如：

```
01    <script type="text/javascript" src="async.js" async="async"></script>
```

async 属性规定该脚本相对于页面的其余部分异步执行，一旦脚本可用，就会异步执行。但是有一点需要注意，在有 async 的情况下，JavaScript 脚本一旦下载好了就会执行，所以很有可能不是按照原来的顺序执行的。如果 JavaScript 脚本前后有依赖性，那么使用 async 就很有可能出现错误。因此，在使用过程中，需要额外小心。

async 是 HTML 5 中的新属性，其浏览器支持情况如图 9.16 所示，可以参考 http://caniuse.com/#search=async。

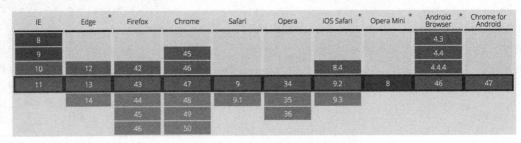

图 9.16　async 浏览器支持情况

2. 首屏加载优化、按需加载

我们所说的首屏加载时间，就是指用户在没有滚动时看到的内容渲染完成并且可以交互的时间。至于加载时间，则是整个页面滚动到底部，所有内容加载完毕并可交互的时间。用户从点击按钮开始载入网页，在他的感知中，什么状态是加载完成？首屏加载，即在可见的屏幕范围内，内容展现完全，loading 进度条消失。因此在性能优化中，一个很重要的目的就是尽可能提升这个"首屏加载"的时间，让它满足"秒出法则"。

按需加载是不可或缺的优化手段，主要有以下两种方式：一是懒加载，二是响应式加载。

懒加载能够在用户滚动页面时自动获取更多的数据，而新得到的数据不会影响原有数据的显示，同时最大程度上减少服务器端的资源耗用。例如，页面结构如图 9.17 所示，就完全可以采取懒加载的方式。初次加载时仅显示首屏页面内容，其他内容需要时再加载。在首屏加载的时候把首屏的内容加载，而位于首屏之外的元素都只在出现在首屏时才加载，很大程度地节省了流量，减小了首屏加载时间。

图 9.17　首屏加载优化示意

例如，通过 jQuery LazyLoad 插件来实现图片懒加载。首先，需要引用 JavaScript 文件：

```
01    <script src="jquery.js"></script>
02    <script src="jquery.lazyload.js"></script>
```

修改 HTML 代码中需要延迟加载的图片 img 标签：

```
01    <img class="J_Lazyload" src="lazyload.png" data-lazyload="example.jpg"
width="640" heigh="480">
```

将真实图片地址写在 data-lazyload 属性中，而将其 src 属性中的图片换成一个默认图片地址，可以设计为一个通用占位图。添加 class="J_Lazyload"用于区别哪些图片需要延时加载，当然也可以换成别的关键词，修改的同时记得修改调用时的 jQuery 选择器。为 img 元素添加 width 和 height 属性有助于在图片未加载时占据所需要的空间，防止图片加载完成时页面发生抖动。

最后，调用 LazyLoad：

```
01    $('img.J_Lazyload).lazyload();
```

关于 jQuery LazyLoad 插件的具体实现代码可参考 https://github.com/tuupola/jquery_lazyload。

第二种响应式加载方式（见图 9.18）通过使用 JavaScript 或者媒体查询来判断分辨率，从而选择不同尺寸的图片等对应资源进行加载引入。好处显而易见，同样可以加快加载速度和节省流量。响应式设计是现在网站设计的一个流行趋势，随着移动互联网的发展，这项技术也越来越受重视。通过这项技术，我们能够方便地控制资源的加载与显示，例如在分辨率不同的手机上分别使用不同的 CSS，加载不同大小的图片资源。

图 9.18　响应式加载

例如，img 的 srcset 属性为使用不同分辨率的不同浏览器用户提供适合其浏览环境图片大小的解决方案。例如：

```
01    <img src="standard.jpg"
02       alt="an image"
03       srcset="small_480.jpg 480w,
04       standard_768.jpg 768w,
05       large_1024.jpg 1024w,
06       large@2x.jpg 2x" />
```

从上面的代码片段可以看出 srcset 属性使用一系列逗号分隔的属性值。起初觉得有一点冗长，但是仔细看就会发现几乎每个图片文件名都以字母 w 结尾。这个属性值告诉浏览器图片的大小或限制。可 srcset 该属性值分解如下：

● 屏幕尺寸为 0~480px 之间的显示图片 small_480.jpg。

- 屏幕尺寸为 481~768px 之间的显示图片 standard_768.jpg。
- 屏幕尺寸为 769~1024px 之间的显示图片 large_1024.jpg。
- 高像素密度屏幕显示图片 large@2x.jpg。
- 其他屏幕使用图片 standard.jpg。

目前，srcset 属性的兼容性如图 9.19 所示，可以参考 http://caniuse.com/#search=srcset。

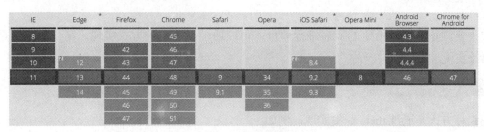

图 9.19　srcset 属性兼容性

可以通过 polyfill（https://github.com/borismus/srcset-polyfill）来使用 srcset 属性，并完成兼容问题。需要注意的是，按需加载虽然能提升首屏加载的速度，但是也有可能带来更多的界面重绘，影响渲染性能，因此要评估具体的业务场景再做决定。

3. 预加载

有时我们能够通过用户的行为统计预判出用户下一步可能进行的操作。假设我们统计出来针对某个微应用，大部分用户在首页渲染完成之后会点击列表中的第一个项目查看详情。那么在首页渲染完成之后，我们就可以预先加载第一个项目的部分内容，这样大部分用户就能立即看到新页面中的内容了。

页面资源预加载（Link prefetch）是浏览器提供的一个技巧，目的是让浏览器在空闲时间下载或预读取一些用户在将来将会访问的文档资源。一个 Web 页面可以对浏览器设置一系列的预加载指示，当浏览器加载完当前页面后，就会在后台静悄悄地加载指定的文档，并把它们存储在缓存里。当用户访问到这些预加载的文档后，浏览器能快速地从缓存里提取给用户。例如：

```
01  <script type="text/javascript" src="script1.js" defer></script>
02  <!-- 预加载整个页面 -->
03  <link rel="prefetch" href="http://www.webhek.com/misc/3d-album/" />
04  <!-- 预加载一个图片 -->
05  <link rel="prefetch" href=" http://www.webhek.com/wordpress/
06  wp-content/uploads/2014/04/b-334x193.jpg " />
```

HTML 5 页面资源预加载/预读取（Link prefetch）功能是通过 Link 标记实现的，将 rel 属性指定为 "prefetch"，在 href 属性里指定要加载资源的地址。

在页面中需要加载哪些资源、何时加载，通常要根据具体页面的需求情况进行具体考虑。下面是一些建议：

- 当页面有幻灯片类似的服务时，预加载/预读取接下来的 1~3 页和之前的 1~3 页。

- 预加载那些整个网站通用的图片。
- 预加载网站上搜索结果的下一页。

与 Link prefetch 对应的另一种是 DNS 与解析技术（DNS Prefetch）。当用户浏览网页时，浏览器会在加载网页时对网页中的域名进行解析缓存，这样在用户点击当前网页中的连接时就无须再次进行 DNS 的解析，减少用户等待时间，提高用户体验。通过 DNS Prefetch 可以提高访问的流畅性。

如果要浏览器端对特定的域名进行解析，可以通过以下两种方式实现。第一种方式是通过 link 标签实现，例如：

```
01   <link rel="dns-prefetch" href=" //api.twitter.com" />
```

第二种方式是通过 meta 标签实现，例如：

```
01   <meta http-equiv="x-dns-prefetch-control" content="on" />
```

设置 DNS 与解析的代码应当尽量写在网页的前部，起到减少 DNS 请求的功能。目前，DNS Prefetch 的浏览器支持情况如图 9.20 所示。

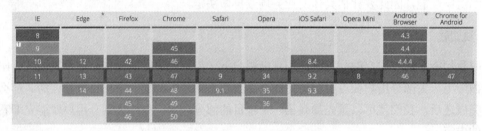

图 9.20　DNS Prefetch 的浏览器支持情况

当然，预加载方式也并不是在所有场景下都使用。一方面，需要做好充分的用户调研，掌握用户的使用习惯；另一方面，对于小部分用户而言，预加载所带来的就是不必要的流量消耗。

4. 异步加载第三方资源

第三方资源有的时候不可控，比如说页面统计、地图显示、分享组件等，这些第三方资源使用的时候要慎重选择，充分考察它们对于性能的影响。为了避免第三方资源在页面加载时成为问题，甚至有可能更严重地阻塞全部页面的加载，应该使用异步的方式加载第三方资源，防止第三方资源的使用影响到页面本身的功能。例如，异步加载第三方 JavaScript 资源：

```
01   var url = 'thirdpart.js',                // 第三方 JavaScript 资源地址
02       script = document.createElement('script'),
03       scripts = document.getElementsByTagName('script')[0];
04   script.async = true;
05   script.src = url;
06   scripts.parentNode.insertBefore(script, scripts);
```

在加载时间较长的时候，务必要让用户明确感知到加载完成的提示，通常是在加载过程中显

示 Loading 的进度条，加载完成的时候隐藏它。从心理上，这会让用户有一种"期盼感"，而不至于太过枯燥。对于一些重量级的移动应用，例如游戏，开始前需要加载很多资源才能让后面的游戏过程更为流畅，一个带百分比进度显示的进度条就更加重要了。

9.2.5　其他加载优化

除了前几小节介绍的加载优化之外，还有 Cookie 和重定向优化。

1. 优化 Cookie

众所周知，HTTP 是一个无状态协议，所以客户端每次发出请求时，下一次请求无法得知上一次请求所包含的状态数据，如何能把一个用户的状态数据关联起来呢？Cookie 是解决这个问题的方法之一。在服务器与浏览器之间 Cookie 的处理与传递如图 9.21 所示。

图 9.21　Cookie 处理过程示意图

Cookie 核心对象是 key-value，除此之外还有 max-age、path、domain 和 httponly 属性。httponly 属性标识一个客户端 JavaScript 能否直接操作该 Cookie；max-age 表示缓存时间，单位为秒；domain 代表域名，例如设置为.myblog.com，则 i.myblogs.com 也可以访问该 Cookie，如果设置为 i.cnblogs.com，则 image.cnblogs.com 这个域名下的资源将不能访问这个 Cookie；path 代表文件路径，默认为/，表示该 domain 下的所有资源都可以访问这个 Cookie。浏览器对单个 Cookie 大小限制不超过 4KB；对于同一域名下 Cookie 的数量也有限制，一般不允许超过 50 个。

假如 Http 请求响应头部 Set-Cookie 的时候没有给 Cookie 添加一个过期时间，则它的默认过期时间为当前浏览会话结束，即退出浏览器这个 Cookie 就无效了，这个 Cookie 就叫作非持久 Cookie，因为是存储在浏览器进程的内存中的。如果给 Cookie 添加了一个过期时间，则 Cookie 信息将存储到硬盘上，即使浏览器退出这个 Cookie 还是存在的。只要 Cookie 未被清除且还在过期时间以内，这个 Cookie 就会在访问对应域名的时候发送给服务器。

从图 9.21 中可以看出，Cookie 在访问对应域名下的资源的时候都会通过 HTTP 请求发送到服务器，所以通过合理地设计 Cookie、减少 Cookie 的体积，能够减少 HTTP 请求报文的大小、提高响应速度。例如，静态资源域名不使用 Cookie。

Cookie 在访问对应域名下的资源时都会通过 HTTP 请求发送到服务器，但是在访问一些资源（例如 JavaScript 脚本、CSS 和图片）的时候，大多数情况下这些 Cookie 是多余的，所以我们可以通过使用不同的主机来存储一些静态资源，例如用专门的主机来存储图片，这样访问这些资源的时候就不会发送多余的 Cookie，从而提高响应速度。

例如，访问阿里旅行无线首页 https://h5.m.taobao.com/trip/home/index.html，通过图 9.22 的 network 资源列表可以看出，图片均使用 gw.alicdn.com 域名，而 JavaScript 资源使用 g.alicdn.com 域名，ajax 请求使用 api.m.taobao.com 域名。如此，针对不同静态资源的类型，分别使用不同的域名，这样访问这些资源的时候就不会发送多余的 Cookie。

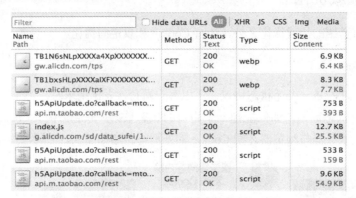

图 9.22　静态资源单独使用域名

2. 避免重定向

重定向是用于将用户从一个 URL 重新路由到另一个 URL。常用重定向的类型有：

- 301：永久重定向，这个状态码标识用户所请求的资源被移动到了另外的位置，客户端收到此响应后，需要发起另外一个请求去下载所需的资源。
- 302：临时重定向，这个状态码标识用户所请求的资源被找到了，但不在原始位置，服务器会回复其他的一个地址，客户端收到此响应后，也需要发起另外一个请求去下载所需的资源。
- 304：Not Modified，主要用于当浏览器在其缓存中保留了组件的一个副本，同时组件已经过期了，这时浏览器就会生成一个条件 GET 请求，如果服务器的组件并没有修改过，则会返回 304 状态码，同时不携带主体，告知浏览器可以重用这个副本，减少响应大小。

例如，在浏览器中访问 cnblogs.com，同时打开控制台，查看 network 情况，如图 9.23 所示。

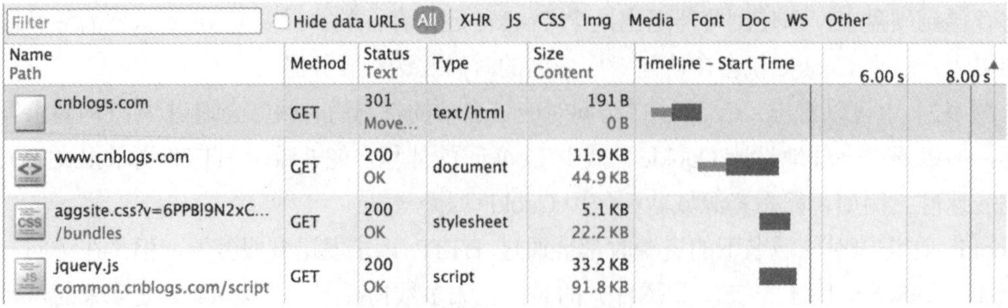

Name Path	Method	Status Text	Type	Size Content	Timeline – Start Time	6.00 s	8.00 s
cnblogs.com	GET	301 Move...	text/html	191 B 0 B			
www.cnblogs.com	GET	200 OK	document	11.9 KB 44.9 KB			
aggsite.css?v=6PPBl9N2xC... /bundles	GET	200 OK	stylesheet	5.1 KB 22.2 KB			
jquery.js common.cnblogs.com/script	GET	200 OK	script	33.2 KB 91.8 KB			

图 9.23　重定向网络示意图

从图 9.23 中可以看出，第一条 cnblogs.com 的请求状态是 301，而后第二条请求 www.cnblogs.com 的请求状态才是 200。这里发生了 301 重定向。

那么，重定向是如何损伤页面性能的呢？图 9.24 展示了正常的请求与域名重定向请求所经历步骤的区别。

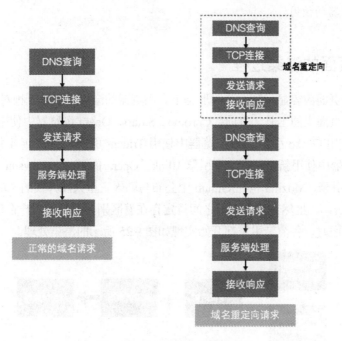

图 9.24　重定向对性能的损耗

当页面发生了重定向，就会延迟整个 HTML 文档的传输。在 HTML 文档到达之前，页面中不会呈现任何东西，也没有任何组件会被下载。为了实现更好的效率，资源请求重定向也应该尽量避免，减少一次重定向，减少一个请求数。例如，在定义链接地址的 href 属性的时候，尽量使用最完整、直接的地址，例如：

```
01    <a href="//www.taobao.com" alt="淘宝">返回首页</a>
```

9.3　CSS 优化

CSS 代码优化的目的并不仅仅是减少 CSS 文件的大小，还能让 CSS 代码更有条理、更高效。编写好的 CSS 代码，有助于提升页面的渲染速度。实际上，浏览器渲染引擎需要解析的 CSS 规则越少，性能越好。本节主要从以下几方面介绍 CSS 优化：

● 了解页面的渲染过程。
● 避免在 HTML 标签中写 Style 属性。
● 正确使用 display 的属性。

- 避免使用 CSS 表达式。
- 请勿滥用 float 属性。
- 不滥用 Web 字体。
- 不声明过多的 Font-size。
- 优化选择器的使用。

9.3.1 了解页面的渲染过程

渲染也就是将页面内容显示到浏览器屏幕上。浏览器的渲染引擎是一种对 HTML 文档进行解析并将其显示在页面上的工具。目前，Chrome、Safari、Opera 浏览器中使用 WebKit 引擎，而 Firefox 浏览器中使用 Gecko 引擎，IE 浏览器中使用 Trident 引擎。2013 年 4 月 3 日，Google 宣布在 Chrome 浏览器中使用新型开源渲染引擎 Blink。Opera 的 Bruce Lawson 也在官方博客中表示计划改用 Blink 引擎。Mozilla 也在 Github 中公布与韩国三星共同开发的 Android 系统与 ARM 系统用渲染引擎 Servo。虽然各渲染引擎之间肯定存在着区别，但是当用户在地址栏中输入 URL 地址、开始加载页面时，各渲染引擎都开始实现如图 9.25 所示的渲染处理。

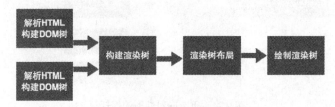

图 9.25　渲染引擎的基本工作流程

首先，渲染引擎会解析 HTML 文档，并将标签转换成内容树中的 DOM 节点，构建 DOM 树。同时，它会解析页面中的 style 元素和外部 CSS 文件中的样式数据，根据所构建的 DOM 树和解析的样式数据共同创建渲染树。

当渲染树被构建完成后，开始布局处理过程。布局的过程就是根据渲染树种的位置信息确定每个节点在屏幕中的显示位置。当窗口尺寸被修改（resize）、发生滚动操作，或 position、display、width、height 等与元素位置相关的样式属性值被更新时触发布局过程。在布局过程中由于要计算所有元素的位置信息，更加会降低页面加载性能。在 WebKit 引擎中把布局过程称为 Layout 过程，在 Gecko 引擎中把绘制过程称为 Reflow 过程。浏览器将在页面信息发生改变时把对页面性能的影响度降为最低。布局这一过程是一个逐步完成的过程，为了获得更好的用户体验，渲染引擎会尝试尽快把内容显示出来，而不会等到所有 HTML 文档都被解析完成后才创建并布局渲染树。

最后开始绘制的过程，即将渲染树中的可视化信息在屏幕中绘制显示出来。当 color、background-color、visibility、outline 等与视觉相关的样式属性值被更新时触发绘制过程。在绘制过程中由于要重计算元素的视觉信息，因此会降低页面加载性能。在 WebKit 引擎中把绘制过程称为 Painting 过程，在 Gecko 引擎中把绘制过程称为 Repaint 过程。

HTML 元素是首先被解析到 DOM 树和渲染树中的，通过减少 HTML 元素的数量，可以让浏览器更快地显示完节点。因此，尽可能低地减少 HTML 中元素的数量，使用最少量必需的 HTML 对布局进行语义化。

浏览器会在所有 HTML 文档被解析完毕之前先开始执行布局处理与绘制处理，在读入新的页面信息时，再次构建渲染树并开始渲染处理与绘制处理。因此，在加载过程中，在页面还未加载完毕就已经开始实现布局处理、渲染处理，即一系列样式信息的更新，由 JavaScript 脚本代码所触发的动态处理以及由用户操作所触发的处理等。这些处理都对页面加载速度产生较大影响。

例如，通过设置元素的 visibility 样式属性值为 hidden 来隐藏元素时将触发绘制过程，但是通过把元素的 display 样式属性值设置为 none 来隐藏元素时，将同时触发布局过程与绘制过程。也就是说由于 display 样式属性值与元素位置信息相关，所以对页面性能产生较大影响。

使得布局过程或绘制过程消耗较多资源成本的样式属性有：

- @font-face
- animation
- transition
- box-shadow
- border-radius
- gradient
- opacity
- background-size
- text-align

引起布局过程与绘制过程的原因有：

- 元素的追加、修改与删除。
- 使用动画。
- 修改样式。
- 修改元素的 class 属性值。
- hover 伪类选择器所触发的元素状态改变。
- 由用户在 input 元素中的输入而引起的文字节点改变。
- 使用 offsetWidth、offsetHeight 或 getComputedStyle 取得样式属性值。
- 文字字体的改变。
- 窗口尺寸的改变（resize）。
- 元素透明度的改变。
- 页面或元素内的滚动。

根据渲染引擎的不同，页面信息发生改变时所触发的过程也会有所区别。在部分 WebKit 引擎中不触发布局过程，只触发绘制过程。在部分渲染引擎中更容易触发布局过程，页面上发生任何信息改变都会对页面性能产生较大影响。页面加载时需要耗费一些时间，在这个过程中所触发的动画操作或页面缩放操作都会引起布局过程或绘制过程，从而影响页面加载性能。

在移动端中，用户对页面上的操作更加频繁，所以减少布局过程或绘制过程的触发次数尤为重要。由于窗口尺寸的改变，页面滚动或缩放都会引起布局过程或绘制过程，因此虽然不可能完全避免这些操作，但是可以通过减少布局过程或绘制过程的触发次数来降低其对页面性能产生的影响，从而提高页面性能。

9.3.2　避免在 HTML 标签中写 Style 属性

CSS（Cascading Style Sheets）即级联样式表。在实际应用中可以通过以下 3 种方式在 HTML 页面中引入 CSS 代码。

（1）内联式

内联式是在 HTML 标签的 style 属性中定义样式代码，即把代码直接添加于所修饰的标记元素。示例代码如下：

```
01    <div style="font-family:Arial,Helvetica,sans-serif;">这是内联式样式代码
</div>
```

这样做虽然更为直观，但很大程度上加大了 HTML 页面体积，不符合结构与表现分离的设计思想。

（2）嵌入式

在页面中使用<style>标签将样式定义为内部块对象。示例代码如下：

```
02    <style type="text/css">
03    body{
04        font-family:Arial,Helvetica,sans-serif;
05    }
06    </style>
```

内联 CSS 可以有效减少 HTTP 请求，提升页面性能，缓解服务器压力。由于浏览器加载完 CSS 才能渲染页面，因此能防止 CSS 文件无法读取而造成页面毫无样式的现象。

（3）引用外部文件

外联式样式表中，CSS 代码作为文件单独存放，例如使用 style.css 文件存放所有样式。在 HTML 中的使用<link>标签，定义<link>标签的 href 属性来引用 CSS 文件。示例代码如下：

```
01    <link rel="stylesheet" href="style.css" type="text/css"/>
```

虽然内联式和嵌入式减少了 HTTP 请求数，但是实际上却增加了 HTML 文档的体积。不过，当页面中的 CSS 或者 JavaScript 代码足够少，反而是开启一个 HTTP 请求的花费要更大时，采用这两种方式却是有用的。因此，需要在实际的项目中测试评估这种方式是否真的提升了速度。同时也要考虑到该页面的目标和它的受众：如果所期望用户只会访问该页面一次，例如对一些临时活动来说决不会期望有回访客出现，那么使用内联式/嵌入式代码能够帮助减少 HTTP 请

求数。但是通常情况下，由于在 HTML 标签中直接使用 style 属性将增大 HTML 文档的体积，并且 HTML 文档下载完成后，行内样式会触发一次额外的回流事件，影响页面性能，而且不利于后期维护，因此不建议采用该方法来实现样式。

9.3.3　正确使用 display 属性

通过使用 display 属性可定义建立布局时元素生成的显示框类型。例如，把元素显示为内联元素：

```
01  p {
02      display: inline;
03  }
```

又例如把元素显示为块级元素：

```
01  p {
02      display: block;
03  }
```

在 9.3.1 小节中介绍了渲染引擎工作的基本流程，并介绍了 display 样式属性值与元素位置信息相关，会同时触发布局过程与绘制过程而影响页面的渲染，所以对页面性能产生较大影响，需合理使用。下面列出了几个关于 display 属性设置的约束：

● 设置 display:inline 后，不再使用 width、height、margin、padding 以及 float 等属性。
● 设置 display:inline-block 后，不再使用 float 属性。
● 使用 display:block 后，不再使用 vertical-align 属性。
● 使用 display:table-*后，不再使用 margin 或 float 属性。

9.3.4　避免使用 CSS 表达式

CSS 表达式是动态设置 CSS 属性的强大方法，但该方法也非常危险。Internet Explorer 从第 5 个版本开始支持 CSS 表达式。在下面的例子中，使用 CSS 表达式可以实现隔一个小时切换一次背景颜色：

```
01  background-color: expression((new Date()).getHours()%2?"#FFFFFF":
"#000000" );
```

如上面的代码所示，expression 中使用了 JavaScript 表达式。CSS 属性根据 JavaScript 表达式的计算结果来设置。expression 方法在其他浏览器中不起作用，因此在跨浏览器的设计中单独针对 Internet Explorer 设置时会比较有用。

表达式的问题就在于它的计算频率要比我们想象得多。不仅仅是在页面显示和缩放时，就是在页面滚动乃至移动鼠标时都会要重新计算一次。给 CSS 表达式增加一个计数器可以跟踪表达式的计算频率。在页面中随便移动鼠标都可以轻松达到 10000 次以上的计算量。一个减少 CSS 表达式计算次数的方法就是使用一次性的表达式，它在第一次运行时将结果赋给指定的样式属性，并用这个属性来代替 CSS 表达式。如果样式属性必须在页面周期内动态改变，使用事件句柄来代替 CSS 表达式是一个可行办法。如果必须使用 CSS 表达式，一定要记住它们要计算成千上万次并且可能会对页面的性能产生影响。

此外，CSS 表达式的执行需跳出 CSS 树的渲染，因此请避免 CSS 表达式。

9.3.5　请勿滥用 float 属性

通过定义元素的 float 属性，可以定义元素在哪个方向上浮动。例如，实现文字环绕在图像周围的效果，常常对图像使用浮动，使文本围绕在图像周围。

【代码 9-2】

```
01  <!DOCTYPE html>
02  <html>
03  <head>
04      <title>float</title>
05      <meta charset="utf-8">
06      <meta content="width=device-width, initial-scale=1.0, maximum-
        scale=1.0, user-scalable=no" name="viewport">
07      <meta content="yes" name="apple-mobile-web-app-capable">
08      <meta content="black" name="apple-mobile-web-app-status-bar-style">
09      <meta name="format-detection" content="telephone=no">
10      <style type="text/css">
11      img {
12          float:left;
13          margin: 10px;
14      }
15      </style>
16  </head>
17  <body>
18      <p>
19          <img src="./images/man.jpg" width="100" />
20          通过定义元素的 float 属性，可以定义元素在哪个方向上浮动。
21          通过定义元素的 float 属性，可以定义元素在哪个方向上浮动。
22          通过定义元素的 float 属性，可以定义元素在哪个方向上浮动。
23          通过定义元素的 float 属性，可以定义元素在哪个方向上浮动。
24          通过定义元素的 float 属性，可以定义元素在哪个方向上浮动。
25          通过定义元素的 float 属性，可以定义元素在哪个方向上浮动。
26          通过定义元素的 float 属性，可以定义元素在哪个方向上浮动。
```

```
27              通过定义元素的 float 属性，可以定义元素在哪个方向上浮动。
28              通过定义元素的 float 属性，可以定义元素在哪个方向上浮动。
29              通过定义元素的 float 属性，可以定义元素在哪个方向上浮动。
30      </p>
31  </body>
32  </html>
```

通过对 img 元素设置浮动，实现文字环绕的效果，如图 9.26 所示。

通过定义元素的float属性，可以定义元素在哪个方向上浮动。通过定义元素的float属性，可以定义元素在哪个方向上浮动。通过定义元素的float属性，可以定义元素在哪个方向上浮动。通过定义元素的float属性，可以定义元素在哪个方向上浮动。通过定义元素的float属性，可以定义元素在哪个方向上浮动。通过定义元素的float属性，可以定义元素在哪个方向上浮动。通过定义元素的float属性，可以定义元素在哪个方向上浮动。通过定义元素的float属性，可以定义元素在哪个方向上浮动。通过定义元素的float属性，可以定义元素在哪个方向上浮动。通过定义元素的float属性，可以定义元素在哪个方向上浮动。

图 9.26　文字环绕

不过在 CSS 中，任何元素都可以浮动。浮动元素会生成一个块级框，而不论它本身是何种元素。所以，我们发现越来越多场景里的元素使用了 float 属性，例如分栏布局、列表排列等。而 float 属性在渲染时会造成“高度塌陷”，例如：

```
01  <p>
02      <img src="./images/man.jpg" width="100" />
03  </p>
```

同时，仍然设置 img 元素为浮动：

```
01  img {
02      float:left;
03  }
```

通过控制台审查元素，我们发现，img 的父元素 p 的高度为 0，如图 9.27 所示。

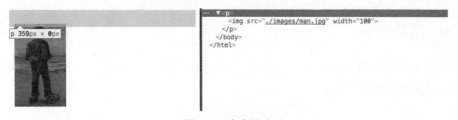

图 9.27　高度塌陷

解决高度塌陷问题的常用方法就是清除浮动。常用的清除浮动方法如下：

```
01   .clearfix {
02      zoom: 1;
03   }
04   .clearfix:after {
05      display: block;
06      content: 'clear';
07      clear: both;
08      line-height: 0;
09      visibility: hidden;
10   }
```

清除浮动均会造成渲染时的重绘过程，影响性能。因此，慎用元素的 float 属性。

9.3.6   不滥用 Web 字体

通过@font-face，可以在页面上使用所希望显示的任意字体。在@font-face 的规则定义中，首先定义字体的名称（例如 colourFont），然后指定该字体的文件路径。在需要使用该字体的 HTML 元素的样式表中，通过 font-family 属性来引用字体的名称（即如前定义的 colourFont）。

【代码 9-3】

```
01   @font-face {
02      font-family:global-iconfont;
03      src:url(iconfont.eot);
04      src:url(iconfont.eot?#iefix) format("embedded-opentype"),
         url(iconfont.woff) format("woff"),url(iconfont.ttf) format("truetype"),
         url(iconfont.svg#uxiconfont) format("svg")
05   }
06   .nav .iconfont {
07      font-family: global-iconfont;
08      font-size: 12px;
09      font-style: normal;
10      -webkit-font-smoothing: antialiased;
11      -moz-osx-font-smoothing: grayscaleFont type
12   }
```

从代码第 3~4 行可以看出，src 属性分别引用了不同类型的字体文件。不同字体文件类型的浏览器支持情况如图 9.28 所示。

字体格式	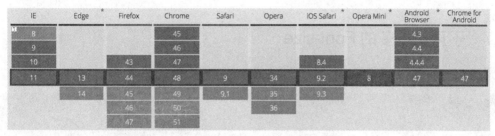				
TTF/OTF	4.0	9.0*	3.5	3.1	10.0
WOFF	5.0	9.0	3.6	5.1	11.1
WOFF2	36.0	不支持	35.0*	不支持	26.0
SVG	4.0	不支持	不支持	3.2	9.0
EOT	不支持	6.0	不支持	不支持	不支持

图 9.28　不同字体文件类型的浏览器支持情况

@font-face 的浏览器支持情况如图 9.29 所示，可以参考 http://caniuse.com/#search=font-face。

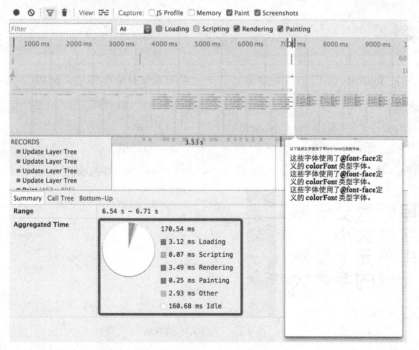

图 9.29　@font-face 各浏览器支持情况

那么@font-face 对页面的性能有什么影响呢？首先，Web 字体文件需要下载，下载完成后需要经历解析的过程，并重绘当前页面。

图 9.30　@font-face 引起重绘

建议除非该字体对页面是非常重要、必不可少的，否则不要使用@font-face。同时，在移动端还建议将字体文件转换成 base64 格式，可以有效地减少 http 请求，例如：

```
01   @font-face {
02      font-family: 'bottom-iconfont';
03      src: url(data:application/x-font-ttf;base64,AAEAAAAPAIAUARAAAAA==)
        format('truetype');
04   }
05   .iconfont{
06      font-family: "bottom-iconfont";
07   }
```

9.3.7 不声明过多的 Font-size

通过 font-size 属性可设置字体的尺寸，例如：

```
01   h1 {
02        font-size: 300%
03   }
04   h2 {
05        font-size: 200%
06   }
07   p {
08        font-size: 100%
09   }
```

一个元素的 font-size 属性会自动继承父节点元素的 font-size 属性值，例如：

```
01   <h1>
02      这里设置父元素的字体大小 <br/>
03      <span>这里子元素继承父元素的字体大小</span>
04   </h1>
```

图 9.31　字体大小的继承

不希望子元素继承父元素的字体大小时，可以重新设置子元素的字体大小，但 font-size 属性会引起浏览器重新计算布局位置与大小。为了避免浏览器过分重排（reflow），要避免声明过多的 font-size 属性。

9.3.8 优化选择器的使用

选择器是 CSS 的核心，从最初的元素选择器、类/ID 选择器，逐步演进到伪元素、伪类。三种基本的选择器类型有：

- 标签名选择器，如 p{}，即直接使用 HTML 标签作为选择器。
- 类选择器，如.content{}。
- ID 选择器，如#header{}。

其中 ID 选择器与类选择器有很大的不同。同一个页面内不能出现相同的 ID，应该尽量少地使用 ID 选择器，避免 ID 名冲突，同时使用时，需要注意命名空间的规范。

扩展的选择器类型有：

- 后代选择器，例如.polaris span img{}。后代选择器实际上是使用多个选择器加上中间的空格来定位到具体的、需要控制的标签。
- 群组选择器，如 div,span,img{}。群组选择器实际上是对 CSS 的一种简化写法，通过逗号分隔，将需要定义相同样式的不同选择器放在一起，可以节省非常多的代码量。

那么选择器的优先级是如何确定的呢？一般而言，选择器越特殊，优先级就越高。也就是说一个选择器的指向性越准确，优先级也就会越高。通常使用 1 表示标签名选择器的优先级，用 10 表示类选择器的优先级，用 100 表示 ID 选择器的优先级。从表 9-2 中可以看出各选择器优先级的计算方法。

表 9-2 举例说明选择器优先级

选择器	ID 选择器（100）	类选择器（10）	标签选择器（1）	优先级计算
.polaris span {color:red;}	0	10	1	10+1
#header li	100	0	1	100+1
Span#header .title li	100	10	1+1	1+100+10+1

了解了选择器的优先级计算方法能够在设计页面的过程中使用最合理的优先级选择器，精准地定位到元素，便于对元素的样式进行定义。

那么，CSS 选择器是如何影响浏览器性能的呢？CSS 选择器对性能的影响源于浏览器匹配选择器和文档元素时所消耗的时间，所以优化选择器的原则是应尽量避免需要消耗更多匹配时间的选择器。因此，需要了解 CSS 选择器匹配的机制。例如：

```
05   #header > a {
06       font-family: Microsoft Yahei;
07   }
```

通常情况下，我们保持了从左到右的阅读习惯，可能会习惯性地设定浏览器也是按照从左到右的方式进行匹配的规则，因而推测如上代码会先查找唯一的 id 为 header 的元素，再将样式应用到直系子元素的 a 标签上，由于文档中只有一个 id 为 header 的元素，如此推断这条选择器规则的匹配性能开销并不高。假如浏览器会以这样的方式工作：找到唯一的 id 为 header 的元素，然后把这个样式规则应用到直系子元素中的 a 元素上。

事实上，恰好相反，CSS 选择器是按照从右到左进行匹配的规则进行的。正因如此，上例中看似高效的选择器在实际中的匹配开销是很高的。#header > a 浏览器必须遍历页面中所有的 a 元素并且确定其父元素的 id 是否为 header，如此广泛的遍历，匹配性能开销非常高。

同理，把子选择器修改为后代选择器，由于在遍历页面中所有 a 元素后还需向其上级遍历直到根节点，因此开销会更高：

```
01   #header a {
02       font-family: Microsoft Yahei;
03   }
```

通配选择器使用 * 符号表示，可匹配文档中的每一个元素。例如，将所有元素的字体设置为 Microsoft Yahei：

```
01   * {
02       font-family: Microsoft Yahei;
03   }
```

通配选择器作用于所有的元素，例如最右边为通配符：

```
01   .content * {
02       font-family: Microsoft Yahei;
03   }
```

浏览器匹配文档中所有的元素后分别向上逐级匹配 class 为 content 的元素，直到文档的根节点，因此其匹配开销是非常大的，通常比开销最小的 ID 选择器高出 1~3 个数量级，所以应避免使用关键选择器是通配选择器的规则。

又例如单规则的属性选择器：

```
01   .linked [href="#index"] {
02       color: #ff0033;
03   }
```

浏览器先匹配所有的元素，检查其是否有 href 属性并且 herf 属性值等于#index，然后分别向上逐级匹配 class 为 selected 的元素，直到文档的根节点。所以应避免使用关键选择器是单规则属性选择器的规则。CSS 3 添加了复杂的属性选择器，可以通过类正则表达式的方式对元素的属性值进行匹配。然而，这些类型的选择器定是会影响性能的，正则表达式匹配会比基于类别的匹配慢很多。大部分情况下我们应尽量避免使用 *=、|=、^=、$=和~=语法的属性选择器。

有时候项目的模块越来越多，功能越来越复杂，我们写的 CSS 选择器会内套多层，越来越复杂。建议选择器的嵌套最好不要超过三层，例如：

```
01    #header .logo .text {
02        text-indent: -9999px;
03    }
```

简洁的选择器不仅可以减少 CSS 文件大小、提高页面的加载性能，浏览器解析时也会更加高效，也会提高开发人员的开发效率，降低了维护成本。

此外，应当移除空的 CSS 规则，一方面，删除无用的样式后可以缩减样式文件的体积、加快资源下载速度，另一方面，对于浏览器而言，所有的样式规则都会被解析后索引起来，即使是当前页面无匹配的规则。移除无匹配的规则、减少索引项，可以有效地加快浏览器查找速度。

9.4　图片优化

据 HTTP Archive（http://httparchive.org/interesting.php#bytesperpag）2016 年 2 月 1 日的统计（见图 9.32）显示，图片占页面总内容的比例达到 64%，如此导致用户在浏览页面时会有多一半的流量和时间都在下载图片。因此，图片优化是性能优化的重点。

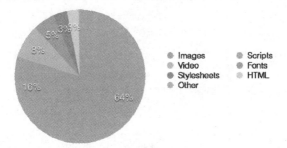

图 9.32　图片占页面总内容的比例

9.4.1　使用 CSS 3 代替图片

在使用图片之前，不妨多问一句，此处真的需要图片才能实现需要的效果吗？随着浏览器和 Web 标准的极快速发展，大部分效果（圆角、阴影、渐变填充等）都可以用纯粹的 HTML、CSS、SVG、IconFont 等加以实现，实现这些效果有时数行代码就能完成，复杂情况下可以使用额外的效果库，适当的效果库有时也比图片体积小得多。这些效果不但需要的空间很小，而且在多设备、多分辨率下都能很好地工作，在低级浏览器上也可以实现较好的功能降级。因此在存在备选技术的情况下，应该首先选择这些技术，只有在不得不使用图片的时候才使用图片来表现效果。

减少图片能减少 HTTP 请求，同时减少页面大小，更容易维护。例如圆角、阴影、渐变填充等效果，这些样式不需要使用图片，通过 CSS 3 实现（见图 9.33），加快加载时间。

187

图 9.33　使用 CSS 3 代替图片

　　在图 9.33 所示的按钮中包含圆角、阴影等效果。这种按钮的使用范围非常广泛，实现代码如下。

【代码 9-4】

```
07   <!DOCTYPE html>
08   <html>
09   <head>
10     <title>CSS 3</title>
11     <meta charset="utf-8">
12     <meta content="width=device-width, initial-scale=1.0, maximum-
         scale=1.0, user-scalable=no" name="viewport">
13     <meta content="yes" name="apple-mobile-web-app-capable">
14     <meta content="black" name="apple-mobile-web-app-status-bar-style">
15     <meta name="format-detection" content="telephone=no">
16     <style type="text/css">
17     .btn {
18        font-size: 16px;
19        color: #fff;
20        text-align: center;
21        vertical-align: middle;
22        cursor: pointer;
23        width: 160px;
24        padding: 8px 0;
25        border: 0;
26        border-radius: 3px;
27        font-family: "Microsoft YaHei";
28        display: inline-block;
29        *zoom: 1;
30        *display: inline;
31        overflow: visible!ie;
32        font-weight: 700;
```

```
33          white-space: nowrap;
34          text-decoration: none;
35          -webkit-user-select: none;
36          -moz-user-select: none;
37          -ms-user-select: none;
38          -o-user-select: none;
39          user-select: none;
40      }
41      .btn-red {
42          background-color: #ff472f;
43          border-color: #ff2555;
44          box-shadow: 0 2px 0 #ff2555;
45      }
46      .btn-blue {
47          background-color: #63b8f0;
48          border-color: #34a3ec;
49          box-shadow: 0 2px 0 #34a3ec;
50      }
51      </style>
52  </head>
53  <body>
54      <div class="submitarea">
55          <button type="submit" class="btn btn-red">立即购买</button>
56          <button type="submit" class="btn btn-blue">加入购物车</button>
57      </div>
58  </body>
59  </html>
```

从第 20 行和第 38 行代码可以看出，使用简单的样式（如 border-radius、box-shadow）即可实现圆角和阴影效果，而不需要生硬地使用图片。除此之外，常用的属性还有：

- linear and radial gradients
- rgba
- transform
- css mask

虽然 CSS 3 可以减少 HTTP 请求，但是增加了浏览器处理负荷。图 9.34 中列出了几个常用 CSS 3 属性的处理时间。需要特别注意的是，box-shadow 对处理时间的影响最大。在扁平化设计中常常不使用阴影设计。

189

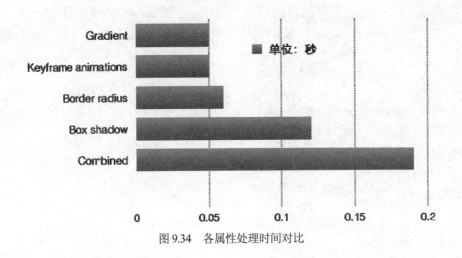

图 9.34　各属性处理时间对比

9.4.2　使用 Data URI 代替图片

　　Data URI 是一种提供让外置资源直接内嵌在页面中的方案。这种技术允许我们只需单次 HTTP 请求即可获取所有需要引用的图片与样式资源。例如，需要实现如图 9.35 所示的手绘圆角箭头，通过 CSS 代码实现较为复杂，那么如何通过 Data URI 实现呢？

图 9.35　使用 Data URI 实现

实现代码如下：

【代码 9-5】

```
01    <!DOCTYPE html>
02    <html>
03    <head>
04      <title>CSS 3</title>
05      <meta charset="utf-8">
06      <meta content="width=device-width, initial-scale=1.0, maximum-
         scale=1.0, user-scalable=no" name="viewport">
07      <meta content="yes" name="apple-mobile-web-app-capable">
08      <meta content="black" name="apple-mobile-web-app-status-bar-style">
09      <meta name="format-detection" content="telephone=no">
10      <style type="text/css">
11      .header {
12          position: relative;
13      }
```

```
14      .header h2 {
15          color:#f5a623;
16          font-weight: 400;
17          font-size: .9375rem;
18          padding: 0 .625rem;
19          height: 2.1875rem;
20          text-align: center;
21          background-color: #f2f3f4;
22          display: -webkit-box;
23          -webkit-box-align: center;
24          -webkit-box-pack: center;
25      }
26
27      .header .more {
28          font-size: .75rem;
29          height: 2.1875rem;
30          line-height: 2.1875rem;
31          position: absolute;
32          right: 0;
33          left: 0;
34          top: 0;
35          padding-right: .75rem;
36          display: -webkit-box;
37          -webkit-box-align: center;
38          -webkit-box-pack: end;
39          color: #333;
40          text-decoration: none;
41      }
42      .header .more b {
43          display: block;
44          margin-left: .1875rem;
45          height: .625rem;
46          width: .625rem;
47          -webkit-background-size: contain;
48          background-size: contain;
49          background-repeat: no-repeat;
50          background-position: center center;
51          background-image:
```
                    url(data:image/jpg;base64,iVBORw0KGgoAAAANSUhEUgAA
                    ACgAAAAoCAYAAACM/rhtAAAAh01EQVR42u3ZwQmAMAyF4Y6g4B
                    qFNp3LaRzAGVzFAXQCZ9AGPAki9OI7/IEHOX7k+BJaJsbYe4La
                    pJQ6M1tKKafn3gcZYAXNDntk1UFWyOEoVaQDNwfJInPOo2OkkW

```
                        Y2gQQJEiRIkCBB/oIECA4cOHDgwIHTwVEevVxv/8JRYLZWwJTo
                        qm+IC+lGBVMKUQ0VAAAAAElFTkSuQmCC);
```

```
52       }
53     </style>
54   </head>
55   <body ="1">
56     <header class="header">
57         <h2 class="title">休斯顿华人歌友会</h2>
58         <a href="#" class="more">
59             <span>更多</span>
60             <b class="arrow"></b>
61         </a>
62     </header>
63   </body>
64   </html>
```

在第 51 行代码中，background-image 属性的 url 值就是使用 Data URI 来实现的。

在移动显示屏上，空间常常受限，因此经常会使用图标来引导用户执行关键操作，例如图 9.36 和图 9.37 所示的 Facebook 首页及 Twitter 首页就依赖于使用图标来导航、切换重要的菜单、关闭提示或执行重要的操作日志等。

图 9.36　Facebook 首页示例

图 9.37　Twitter 首页示例

要实现这些图标有多种方法。一种方法是使用 CSS Sprites。例如，Twitter 首页的图标（见图 9.38）就是使用 CSS Sprites 实现的。

图 9.38　使用 CSS Sprites 实现的 Twitter 首页图标

使用 CSS Sprites 最大的好处是节省 HTTP 请求数，但是合并大量的小图标对图像体积的减小仍然有限，且不易于维护。

另一种方法是使用 IconFont，修改图标自身的属性（如颜色、大小、透明度等）时非常方便，主要是使用自定义字体（@font-face）。例如：

```
01  @font-face {
02     font-family: 'colorful';
03     src:url('fonts/colorful.eot');
04     src:url('fonts/colorful.eot?#iefix') format('embedded-opentype'),
05        url('fonts/colorful.woff') format('woff'),
06        url('fonts/colorful.ttf') format('truetype'),
07        url('fonts/colorful.svg#colorful') format('svg');
08     font-weight: normal;
09     font-style: normal;
10  }
11  /* 定义需要使用图标的元素样式 */
12  .icon-newspaper, .icon-office, .icon-pencil {
13     font-family: 'colorful';
14     speak: none;
15     font-style: normal;
16     font-weight: normal;
17     font-variant: normal;
18     text-transform: none;
19     line-height: 1;
20     -webkit-font-smoothing: antialiased;
21  }
22  .icon-newspaper:before {
23     content: "\e000";
24  }
```

```
25    .icon-office:before {
26        content: "\e001";
27    }
28    .icon-pencil:before {
29        content: "\e002";
30    }
```

当然，在移动端，不考虑 Android 2.3 兼容的情况下，目前可以只引用 ttf 一个文件：

```
@font-face {
    font-family: 'nav-iconfont';
    src: url('colorful.ttf') format('truetype');
}
```

在字体文件相对较小的情况下，例如小于 10KB 的 ttf 文件建议在此处使用 Data URI 在 CSS 文件中定义，例如：

```
01    @font-face {
02        font-family: 'nav-iconfont';
03        src: url(data:application/x-font-ttf;base64,AAEAAAAPAIAAAwBwRkZUTXFDx
          WgAAAD8AAAAHE9TLzJXzFyxAAABGAAAAGBjbWFwy6khrwAAAXgAAAFKY3Z0IA1Z/joAACQ
          8AAAAJGZwZ20w956VAAAkYAAACZZnYXNwAAAAEAAAJDQAAAAIZ2x5Zj1kX8oAAALEAAAdt
          GhlYWQIJWYyAAAAgeAAAADZoaGVhB9gDKQAAILAAAAAkaG10eAtvAcEAACDUAAAALmxvY2F
          CwjogAAAhBAAAACZtYXhwAVIKdgAAISwAAA) format('truetype');
04    }
```

IconFont 使用起来虽然方便，又有诸多优点，例如可以自由变化大小、矢量不失真、自由修改颜色、可以添加一些视觉效果（如阴影、旋转、透明度），并且兼容 IE 6 等，但是制作 IconFont 图标也增加了重构成本。同时，从以上代码可以看出，使用 IconFont 也仍然需要加载一个图标库，该图标库的体积会随着需要使用的图标的增多而增大，在移动端上下载这样的图标库仍显吃力。

9.4.3 使用 SVG 代替图片

还要一种方案是使用 SVG 来代替 Icon Font。SVG（Scalable Vector Graphics）是一种矢量图格式。其主要的优势有：

- 文件体积小，能够被大量压缩。
- 图片可无限放大而不失真（矢量图的基本特征）。
- 在视网膜显示屏上效果极佳。
- 能够实现互动和滤镜效果。

目前 SVG 的浏览器支持情况如图 9.39 所示，可以参考 http://caniuse.com/#feat=svg。

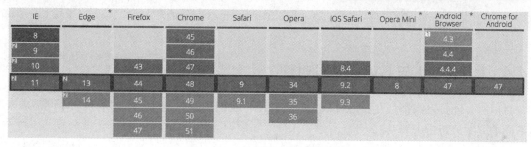

图 9.39　SVG 的浏览器支持情况

使用 img 和 object 标签直接引用 SVG 是早期常见的使用方法，例如使用 img 标签：

```
01    <img src="bird.svg" alt="休斯敦布谷鸟">
```

在背景图中使用 SVG：

```
01    <a href="/" class="logo">
02        休斯敦布谷鸟
03    </a>
```

添加样式：

```
01    .logo {
02        display: block;
03        text-indent: -9999px;
04        width: 100px;
05        height: 82px;
06        background: url(bird.svg);
07        background-size: 100px 82px;
08    }
```

使用 object 引入 SVG：

```
01    <object type="image/svg+xml" data="bird.svg" class="logo">
02        休斯敦布谷鸟
03    </object>
```

但是这种方法的缺点主要在于要求每个图标都单独保存成一个 SVG 文件，使用时也是单独请求的。如果在页面中使用多个图标，每个都是单独请求的话会产生很多请求数，增加服务端的负载并拖慢页面加载速度，因此现在也不推荐在页面广泛使用这种方法。

使用 Data URIs 引入 SVG 文件，例如：

```
01    .icon{
02        background: url(data:text/svg+xml;base64,<base64 encoded data>);
03    }
```

又如：

```
01    <img src="data:image/svg+xml;base64,[data]">
```

9.4.4　IconFont 与 SVG 优劣对比

目前所有图标方案都会存在这样或那样的缺陷，我们需要的是针对不同场景、不同需求来选用不同的方案，可参考表 9-3。

表 9-3　IconFont 与 SVG 对比

	优点	缺点
IconFont	向下兼容所有浏览器(IE 6+)；引用方便，对单个图标的控制也方便	欠缺语义性；不同浏览器渲染方式不同，存在锯齿现象
SVG	无损还原，显示清晰；语义性良好	原生只支持到 IE 9+；方案众多，不同方案都存在一定缺陷

IconFont 从很大程度上解决了在页面设计过程中切图带来的不便，以及对高清设备显示模糊现象的问题。但是对于复杂的图标显示并不是非常完美，原因是因为不同浏览器对字体的渲染方式不同，抗锯齿的效果欠佳。并且由于缺乏语义性，对搜索引擎或是其他阅读设备的支持并不友好，类似于<img>标签不添加 alt 属性的问题。

如果采用 SVG 方案，也会自带有 title 功能，即仍可把图标用语音描述出来。SVG 的不同实现方案优劣也不尽相同，可参见表 9-4。

表 9-4　SVG 不同实现方案对比

	优点	缺点
CSS sprite	单一的 HTTP 请求 可用 background-size 调整大小 易于引用（例如<span class="icon icon-chrome"></span>）	对单个图标调整大小烦琐，如需调整大小则需要同时调整 background-size 和 background-position
外部引用的 background Image	可用 background-size 调整大小 易于引用	多个 HTTP 请求
直接嵌入 SVG 的 background Image	减少 HTTP 请求 易于引用	性能欠佳（CSS 样式表文件变大，若放入 HTML 中则不易做缓存） 兼容性不佳
使用<use>进行外部引用	单个图标大小调整灵活 易于引用（例如<svg><use xlink:href="def.svg#icon--feed"/></svg>） 易于进行单独样式控制 易于缓存	声明较烦琐 兼容性问题（IE 9、IE 10 下外部引用 SVG 文件存在问题）
使用<use>进行内嵌	单个图标大小调整灵活 易于引用（例如<svg><use xlink:href="#icon--feed"/></svg>）	声明较烦琐 性能欠佳（每个 HTML 文件都存在对应的 SVG 文件，不易缓存）
直接使用<img>	单个图标大小调整灵活 易于引用（例如<img src="xxx.svg">）	多个 HTTP 请求 样式调整困难

综上所示，IconFont 与 SVG 方案各有优劣。在实际的项目中可根据具体的项目应用情况进行方案选择。

9.4.5　使用压缩图片

如果页面需要实现的效果的确只能通过图片来表现，那么选择合适的图片格式是图片优化的第一步。图片格式涉及的词汇包括矢量图、标量图、SVG、有损压缩、无损压缩等。因此，首先通过表 9-5 来看看各种图片格式的特点。

表 9-5　各图片格式的特点

图片格式	压缩方式	透明度	动画	浏览器兼容	适应场景	图片格式
JPEG	有损压缩	不支持	不支持	所有	复杂颜色及形状，尤其是照片	JPEG
GIF	无损压缩	支持	支持	所有	简单颜色，动画	GIF
PNG	无损压缩	支持	不支持	所有	需要透明时	PNG
APNG	无损压缩	支持	支持	Firefox Safari iOS Safari	需要半透明效果的动画	APNG
WebP	有损压缩	支持	支持	Chrome Opera Android Chrome Android Browser	复杂颜色及形状 浏览器平台可预知	WebP
SVG	无损压缩	支持	支持	所有（IE 8 以上）	简单图形，需要良好的放缩体验 需要动态控制图片特效	SVG

从表 9-5 中可以看出，JPEG 在压缩率不高时保留的细节较好，人眼的结构很适合查看 JPEG 压缩后的照片，可以充分忽略并在脑中补齐细节，因此，对于颜色丰富的照片，JPEG 格式是通用的选择。GIF 支持的颜色范围为 256 色，而且仅支持完全透明/完全不透明，如果需要较通用的动画，GIF 是唯一可用的选择。SVG 是使用 XML 定义的矢量图形，生成的图片在各种分辨率下均可自由放缩，并且可以通过 JavaScript 等接口自由变换图片特效，可以完成其中部分元素的自由旋转、移动、变换颜色等，因此，如果图片由标准的几何图形组成，或需要使用程序动态控制其显示特效，可以考虑 SVG 格式。PNG-8 能够显示 256 种颜色，但能够同时支持 256 阶透明，因此颜色数较少但需要半透明的情景（如微信动画大表情）可以考虑 PNG-8；PNG-24 可以显示真彩色，但不支持透明，颜色丰富的图片推荐使用（如屏幕截图、界面设计图）；PNG-32 可以显示真彩色，同时支持 256 阶透明，效果最好但尺寸也最大。如果需要清晰地显示颜色丰富的图片，PNG 格式比较合适。

图片压缩优化一般分为 2 种：

- 有损优化，删除没有出现或极少出现过的颜色，合并相邻的相近颜色。这一步并不是必需的，如 PNG 格式就直接进入下一步。
- 无损优化，压缩数据，删除不必要的信息。

JPEG 和 PNG 格式的图片生成后，一般还有进一步优化的空间，例如 JPEG 格式的照片中，可能携带有相机的 Exif 信息，PNG 格式的图片中可能带有 Fireworks 等软件的图层信息等。去除这些额外信息后，还可以通过减小图片的调色板去除没有出现过的颜色，以及合并相邻的相同颜色等手段来进行优化。原理性的内容这里不再赘述，仅介绍工程中可用的优化工具。

9.4.6　使用 srcset

当响应式布局出现后，要做到"恰好"显示客户端所需大小的图片就变得极其困难。例如，在屏幕中通过 CSS 或者标签的 wihth/height 属性将一幅 200×200 的图片调整为 100×100 大小，其中就有（200×200）-（100×100）=30000 像素是浪费的，这占到了图片尺寸的 75%！我们要支持上至 1920 宽度、下至 320 宽度的无数种设备，如果使用 1920 宽度的图片，那么在小型设备（这类设备往往对网速和流量更加敏感）上每个用户都要付出额外的带宽和等待时间，如果使用 320 宽度的图片，那么在 1920 的屏幕上就非常让人难以接受。

因此，我们需要图片也能"响应式"加载，即根据所在设备的不同，加载不同尺寸的图片。所幸的是，我们有了一些新的标记来解决响应式图片问题：

- srcset
- sizes
- picture
- source

使用 srcset，我们可以提供多个分辨率的图片，使其在不同的视口宽度和屏幕分辨率下高效地缩放，有选择性地给巨大的或是高分辨率屏幕发送巨大的源图片，同时把小一些的内容发给其他小屏幕用户。例如：

```
01    <img src="standard.jpg"
02        alt="an image"
03        srcset="small_480.jpg 480w,
04        standard_768.jpg 768w,
05        large_1024.jpg 1024w,
06        large@2x.jpg 2x" />
```

从上面的代码段看出 srcset 属性使用一系列逗号分隔的属性值，在每个 URL 后面添加一个"宽度描述符"来指定每个图片的像素宽度，这个属性值告诉浏览器图片的大小或限制。可将该属性值分解如下：

- 屏幕尺寸为 0~480px 之间的显示图片 small_480.jpg。
- 屏幕尺寸为 481~768px 之间的显示图片 standard_768.jpg。
- 屏幕尺寸为 769~1024px 之间的显示图片 large_1024.jpg。
- 高像素密度屏幕显示图片 large@2x.jpg。
- 其他屏幕使用图片 standard.jpg。

目前，srcset 属性的兼容性如图 9.40 所示，可参考 http://caniuse.com/#search=srcset。

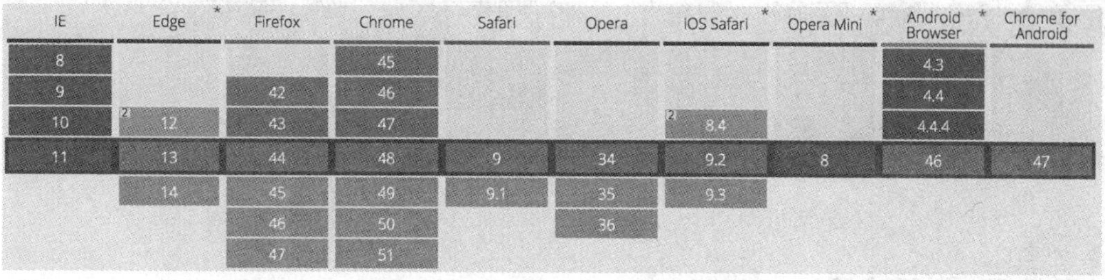

IE	Edge *	Firefox	Chrome	Safari	Opera	iOS Safari *	Opera Mini *	Android Browser *	Chrome for Android
8			45					4.3	
9		42	46					4.4	
10	12	43	47			8.4		4.4.4	
11	13	44	48	9	34	9.2	8	46	47
	14	45	49	9.1	35	9.3			
		46	50		36				
		47	51						

图 9.40　srcset 属性兼容性

可以通过 polyfill（https://github.com/borismus/srcset-polyfill）来使用 srcset 属性，并完成兼容问题。需要注意的是，按需加载虽然能提升首屏加载的速度，但是也有可能带来更多的界面重绘，影响渲染性能，因此要评估具体的业务场景再做决定。

另外一种建议的响应式图片的解决方案是一个新的元素 picture，该元素的使用与 img 元素的使用是一致的。该元素的目标是提供一种为指定的设备和基于媒体查询的设备上展示图片的方法，例如：

```
01    <picture>
02        <source srcset="small.jpg">
03        <source media="(min-width: 480px)" srcset="mid.jpg 1x, mid@2x.jpg 2x">
04        <source media="(min-width: 768px)" srcset="large.jpg">
05        <img src="default.jpg" alt="The image">
06    </picture>
```

picture 元素是包裹 source 元素和 img 元素的容器。img 元素有助于帮助暂不支持 picture 元素的浏览器渲染图片。在第 3 行，可以看到 media 属性用于定义最小尺寸为 480px 的屏幕显示的图片。同时也使用 srcset 属性定义高像素密度屏幕所需显示的图片。从第 4 行代码可以看到 media 属性用于定义设备屏幕最小尺寸为 768px 展示的图片。分析以上代码，图片将如下展示：

- 屏幕宽度在 0~479px 之间的设备展示 small.jpg。
- 屏幕宽度在 480~767px 之间的设备展示 mid.jpg ，高像素密度屏幕展示 mid@2x.jpg。
- 屏幕宽度大于等于 768px 的设备展示 large.jpg。
- 不支持 picture 元素的浏览器将加载 default.jpg。

我们发现 source 元素内部支持 srcset 属性真的很令人吃惊。它实际上是鼓励帮助为浏览器提供适当的图像。

除了定义具体使用哪幅图片和媒体查询来定义之外，picture 元素还有其他功能。你也可以用它做一些有限的特性支持测试来提供基于浏览器支持图像格式的图像。目前 picture 的浏览器支持情况如图 9.41 所示，可参考 http://caniuse.com/#search=picture。

IE	Edge *	Firefox	Chrome	Safari	Opera	iOS Safari *	Opera Mini *	Android Browser *	Chrome for Android
8			45					4.3	
9			46					4.4	
10		43	47			8.4		4.4.4	
11	13	44	48	9	34	9.2	8	47	47
	14	45	49	9.1	35	9.3			
		46	50		36				
		47	51						

图 9.41　picture 的浏览器支持情况

9.4.7　使用 WebP

WebP 是一种最新的图像格式。这种格式从 VP8 视频压缩编解码器开始就有着深刻的历史。WebP 技术最早是由 On2 开发的，现在由 Google 支持。转换和压缩图片为 WebP 格式的工具可参考 https://developers.google.com/speed/webp/。一些图片处理软件也支持 WebP 格式，例如 Pixelmator（www.pixelmator.com/）。

WebP 格式与 PNG 格式类似，支持高数量级的颜色，支持透明度。这也使得 WebP 适用于代替 JPEG、GIF 和 PNG 格式。WebP 文件在减小文件方面取得了惊人的成效，即使有视觉干扰也是非常小的。图 9.42、图 9.43 展示了不同图像格式之间的差异。

JPEG（15KB）　　　　　　　　　　WebP（9.3KB）

图 9.42　JPEG 格式与 WebP 格式的比较

PNG（5KB）　　　　　　　　　　WebP（2.8KB）

图 9.43　PNG 格式与 WebP 格式的比较

从图 9.42 和图 9.43 中可以看出在图片质量相同的情况下，WebP 体积更小，压缩之后质量无明显变化。当考虑到移动用户的时候，WebP 不但是值得考虑的，而且是推荐使用的，可用于节省非常多的用户流量。WebP 的其他特性包括：

- WebP 支持动画，类似于 GIF 文件。
- WebP 同时支持有损压缩和无损压缩。
- WebP 支持最大分辨率 16384 × 16384。
- 支持 WebP 的浏览器仅限于 Chrome、Opera。

目前 WebP 格式的浏览器支持情况如图 9.44 所示，可参考 http://caniuse.com/#search=webp。

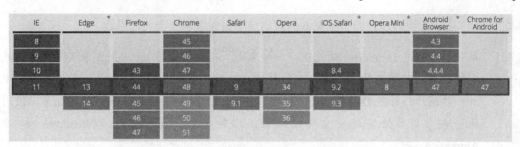

图 9.44　WebP 的浏览器支持情况

现如今，网站与移动应用的富媒体内容越来越丰富，追踪带宽使用情况、优化下载和上传时间对于优化用户体验都是至关重要的。与 JPEG 或 PNG 相比，包括在图片大小和质量之间的平衡，以及这个新兴的格式支持的功能等方面来讲，WebP 有许多优点。WebP 格式是能够帮助优化用户体验的又一利器，虽然浏览器对 WebP 的支持仍有很多需要改进的地方，但是恰当使用一些工具和技术，很容易体会到 WebP 的好处，也不会疏远使用不支持这种格式的浏览器的用户。

9.5　渲染优化

优化页面渲染是无线 Web 开发性能优化的重要部分。在 PC 上，相对高性能的硬件和高端显卡使得页面的渲染性能提升。而在移动端，对于相对有限的硬件性能，并且没有专门处理显示的硬件，使得所有页面渲染的工作都由 CPU 来执行，而在 CPU 执行频率的限制下会造成页面渲染性能问题。当页面出现大量的渲染变化时，就会出现页面卡顿现象，例如长列表滑动、频繁切换、大量动画等。渲染问题即是体验问题，因此，需要进行渲染优化。

本节主要从以下几个方面进行介绍渲染优化。

- 渲染流程。
- 使用 Viewport 加速页面渲染。
- 动画优化。
- 高频事件优化。
- GPU 加速。

9.5.1 渲染流程

在页面开发时，我们需要理解所写的页面代码是如何转换成屏幕上显示的像素的。这个转换渲染过程如图 9.45 所示。

图 9.45　渲染流程

如图 9.45 所示，代码转化为显示像素的渲染流程包含以下 5 个关键步骤。

步骤 01 第一个步骤是 JavaScript 的处理。一般来说，我们会使用 JavaScript 来实现一些视觉变化的效果。例如使用 JavaScript 制作动画、对一个数据集进行排序，或是在页面中添加一些额外的补充 DOM 元素等处理。当然，除了使用 JavaScript，我们还可以使用其他一些常用方法实现视觉变化效果，比如 CSS Animations、Transitions 和 Web Animation API。

步骤 02 第二个步骤是样式的计算。样式计算是根据 CSS 选择器进行计算，例如.headline 或.nav > .nav_item，以便对每个 DOM 元素匹配对应的 CSS 样式。这一步计算结束之后，就确定了每个 DOM 元素上该应用什么 CSS 样式规则。

步骤 03 样式计算确定了每个 DOM 元素的样式规则，可以具体计算每个 DOM 元素最终在屏幕上显示的大小和位置，即完成布局的过程。页面中元素的布局是相对的，因此一个元素的布局发生变化，会联动地引发其他元素的布局发生变化。例如<body>元素的宽度变化会影响其子元素的宽度，其子元素宽度的变化也会继续对其孙子元素产生影响。因此对于浏览器来说，布局过程是经常发生的。

步骤 04 绘制实际是像素填充的过程，包括绘制文字、颜色、图像、边框和阴影等，也就是一个 DOM 元素所有的可视效果。一般来说，这个绘制过程是在多个层上完成的。

步骤 05 由于对页面中 DOM 元素的绘制是在多个层上进行的，因此在每个层上完成绘制过程之后，浏览器会将所有层按照合理的顺序合并成一个图层，然后显示在屏幕上。对于有位置重叠的元素页面，这个过程尤其重要，因为一旦图层的合并顺序出错，就会导致元素显示异常，这就是渲染层的合并。

在这关键的 5 个步骤中，每一步中都有使得页面发生卡顿的可能，因此一定要弄清楚代码将会运行在哪一步，并在哪一步骤中有可能损耗大量的性能。虽然在理论上，页面的每一帧都是经过这 5 个步骤处理之后再呈现出来，但并不意味着页面每一帧的渲染都需要经过上述 5 个步骤的处理。实际上，对视觉变化效果的一个帧的渲染有 3 种常用的处理流程。

（1）第一种是完成完整的 5 个步骤的处理，例如，当页面中一个 DOM 元素的布局属性发生了修改，即改变了元素的样式（如宽度、高度或者位置等），那么浏览器会检查哪些元素需要重新布局，然后对页面激发一个 reflow 过程完成重新布局。被 reflow 的元素接下来也会激发绘制过程，最后激发渲染层合并过程，生成最后的画面。

（2）第二种是不经历重新布局的过程，如图 9.46 所示。

图 9.46　跳过布局的过程

当页面中一个 DOM 元素的 "paint only" 属性发生修改，例如背景图片、文字颜色或阴影等，这些属性不会影响页面的布局，因此浏览器会在完成样式计算之后跳过布局过程，只做绘制和渲染层合并过程。

（3）第三种是跳过布局和绘制的过程，如图 9.47 所示。

图 9.47　跳过布局和绘制的过程

当修改页面中一个非样式且非绘制的 CSS 属性时，浏览器会在完成样式计算之后跳过布局和绘制的过程，直接做渲染层合并。

性能优化是一门做减法的艺术。显然，第三种渲染方式在性能上是最理想的，对于动画和滚动这种负荷很重的渲染，要争取使用第三种渲染流程。在渲染优化的过程中，首先要尽力简化页面渲染过程，然后使渲染过程的每一步都尽量高效。

9.5.2　使用 Viewport 加速页面渲染

手机浏览器在渲染网页时，一般会在一个比手机屏幕更宽的虚拟窗口（viewport）中渲染页面。这样做的目的主要是解决 PC 网页在手机上压缩进一个小屏幕时导致的难以浏览和使用的问题。在手机上引入 viewport 的 meta 标签，使得开发者可以控制视口的尺寸及比例。例如：

```
05    <meta name="viewport" content="
06        height = [ pixel_value |device-height] ,
07        width = [ pixel_value |device-width ] ,
08        initial-scale = float_value ,
09        minimum-scale = float_value ,
10        maximum-scale = float_value ,
11        user-scalable =[yes | no]" />
```

其中，width 控制 viewport 的大小，取值可以是具体的像素值或者 device-width。当取值为 device-width 时，viewport 的宽度正好适配浏览器宽度，即网页宽度为 100%时，宽度正好占满手机浏览器宽度。height 与 width 相对应。initial-scale 用于设置 viewport 的初始缩放比例。minimum-scale 用于设置 viewport 的最小缩放比例。maximum-scale 用于设置 viewport 的最大缩放比例。uesr-scalable 用于设置是否允许用户手动缩放。

查看以下具体的使用案例：

```
01    <meta name="viewport" content="width=device-width, initial-scale=1.0,
maximum-scale=1.0, user-scalable=no">
```

以上设置强制让文档的宽度与设备的宽度保持 1:1，并且文档最大的宽度比例是 1.0，且不允许用户点击屏幕放大浏览。尤其要注意的是，content 的取值中多个属性的设置一定要用逗号和空格来隔开，不规范的设置将不会起作用。

一般情况下，在所有无线页面的头部，都要加上此 viewport 的设置，如果不加上此数值，某些浏览器则会根据自身的判断自行对页面进行放大或缩小等处理，造成页面无法正常访问，特别是某些 APP 中嵌入了 webkit 浏览器来进行访问的时候，会出现以上所说的情况，因此为了保证设计的网页在所有手机中显示保持一致，需加上此 viewport 设置。

viewport 中的设置数值一般不需要进行修改，因为现在的数值已经满足了绝大多数项目。在非常特殊的页面中，若需要用户进行手动缩放操作，需设置 user-scalable 取值为 yes。如果修改了数值，就需要在不同的手机上进行详细的测试，否则会有预期外的事情发生。

除了 viewport 之外，还有几个 meta 标签对无线开发也起到非常重要的作用，例如：

```
01    <meta name="apple-mobile-web-app-capable" content="yes">
02    <meta name="apple-mobile-web-app-status-bar-style" content="black" >
03    <meta name="format-detection" content="telephone=no">
```

其中，apple-mobile-web-app-capable 是 iPhone 设备中的 Safari 浏览器私有 meta 标签，表示允许全屏模式浏览；apple-mobile-web-app-status-bar-style 也是 iPhone 的私有标签，指定 iPhone 中 Safari 顶端的状态条样式；format-detection 设置设备忽略将页面中的数字识别为电话号码。

9.5.3　动画优化

目前，移动设备上一般使用 60Hz 的屏幕刷新率。因为移动设备对于功耗的要求更高，要提高手机屏幕的刷新率，对于手机来说，逻辑功耗会随着频率的增加而线性增大，同时更高的刷新率意味着更短的数据写入时间，对屏幕设计来说难度更大。因此，如果在页面中有一个动画或渐变效果，或是用户正在滑动页面，那么浏览器渲染动画或页面的每一帧的速率也需要跟设备屏幕的刷新率保持一致。

也就是说，浏览器对每一帧画面的渲染工作需要在 16 毫秒（1/60 秒=16.66 毫秒）之内完成。但实际上，在渲染某一帧画面的同时，浏览器还有一些额外的工作要做（如渲染队列的管理、渲染线程与其他线程之间的切换等处理）。因此单纯的渲染工作，一般需要控制在 10 毫秒之内完成，才能达到流畅的视觉效果。如果超过了这个时间限度，页面的渲染就会出现卡顿效果，形成很糟糕的用户体验。

在介绍动画优化之前，我们先讨论一下渲染类型。渲染类型是指该类型的主要功能是在渲染 HTML 结构上，也就是在结构上加上各种颜色和尺寸等。可以说 CSS 的一大部分功能做的都是这些事情。渲染类型按照不同的角度可以分为很多种类型，从维度上区分可分为 2D 渲染和 3D 渲染。

1. 2D 渲染

绝大多数的 CSS 属性都属于 2D 渲染。由于在 CSS 3 中加入大量的有用的 2D 渲染的属性，以前需要使用图片才能实现的效果现在通过 CSS 的设置也可以实现。下面主要说明比较常用的属性以及使用注意点。

- border-radius 圆角类型。

这是一个非常常用的 CSS 类型，几乎在所有的项目多多少少都会用到，过去实现圆角是一件很费劲的事情，如今 CSS 3 带来的属性可以很好地解决圆角问题。不过在实际使用圆角的时候需要注意，在 ios 上面实现得比较完美。在 Android 上，很多机型对于圆角的渲染处理并没有达到一个理想的状态，特别是处理圆角和直线的连接，在圆角的半径设置比较小（1~3 像素）的时候不是很明显。不过当超过 4 像素的时候，在部分机型上就会出现明显的圆角的边缘和直接差半个像素的问题。半径超大（大于 10px）的时候，圆角会有非常明显的锯齿。因此对于大半径的圆角，不推荐使用 border-radius，建议使用 border-image 来实现。

- box-shadow 盒模型阴影

此属性使用一般不会有太大问题，至今还没有发现非常大的问题，可以比较放心地使用。不过有些 Android 低端低版本机不支持 box-shadow，这个需要注意一下。不过问题不大，因为大部分盒阴影不会特别明显，用户一般不会特别注意。

- text-shadow 文字阴影

在手机 Web 上基本都支持文字阴影，可以使用。不过有一点需要注意，在 Android 2.3 以及之前的版本，在 blur radious 为 0 的时候，文字阴影会失效。

- linear-gradient 线性渐变

线性渐变本身不是 CSS 的属性，而是属性下面的数值，一般用在 background 的属性里比较多，使用线性渐变需要注意，有很多种线性渐变的表达方式，对于不同的手机、版本也会有所不同。在手机 Web 上面，使用下面这种格式比较安全：

```
-webkit-gradient(linear, left top, left bottom, from(), to())
```

- border-image 边框图像

在日常的使用中，border-image 是一个相当实用的属性，主要用途是进行图片的拉伸，具体的使用方法可以在网上自行搜索一下。估计里面会有这样一个问题，就是一个图片被拉伸到一定宽度之后四个角的图片那里会有变形。这个是在部分 Android 机上发现的。此类机型不是很多，不过还是需要注意。

2. 3D 渲染

3D 渲染是非常有用和酷炫的，能将页面上的元素进行 3D 渲染，实现各种非常炫酷的效果。不过由于其非常先进，所以能支持 3D 属性的机型、版本、厂商也会有很多的不同。因此这里说 3D 并不是要使用 3D 里面的属性，而是使用其特性。

从实践的角度来看，3D 的最大的好处是使用了硬件加速功能，虽然直接使用它的各种属性有困难，但是提供了很多硬件加速特性支持。因此在做页面动画的时候，即使不是做 3D 的变化，也可以通过 3D 的设置开启硬件加速功能。例如，使用 translateZ(0)既可以使当前的节点开启硬件加速功能，又不会带来任何的渲染变化。需要注意的是，必须使用 3D 才会开启硬件加速。

接下来我们讨论动画优化方面的问题。

动画是 CSS 3 中一个比较有用的、可以实现节点的动画效果，配合 JavaScript，可以让动画变得非常丰富。不过在如何正确使用动画上需要处处小心，最关键的是性能问题。

有很多在 PC 上没有的性能问题属性一旦到了手机上就会变得非常明显，其中使用动画就常常会遇到这种问题。网页的 DOM 特性使动画非常耗能，再加上网页是单进程单线程的，因此所有的程序运行都会在一个线程里运行。手机上的性能还没有达到 PC 上的性能，因此动画的性能问题在手机上显得异常突出。如果要彻底提高性能，现在一个可能的方案是使用 webworker，建立多线程的方式。不过支持 webworker 的手机并不是很多。

- 动画触发的 reflow 要尽可能小。
- 动画尽可能使用 absolute 的方式。
- 动画的区域尽可能小，并且里面的结构要简单。
- 文字的动画性能消耗较小，图片次之，复杂结构最耗性能。
- 由于各种浏览器的实现差异很大，因此不推荐使用 3D 动画。
- 不推荐整个页面的动画，例如模拟 Native 的整页切换效果。
- 动画尽可能使用 CSS 实现，如果必须使用 JavaScript 实现，推荐使用 requestAnimation Frame 的方式代替 setTimeout。
- 针对动画的节点开启硬件加速 translateZ(0)。
- 动画的时间不宜过长（尽量控制在 500ms~1s），动画时间越长，性能问题越明显。

在使用 2D 动画时，主要会使用 transition 和 animation 两个属性。

transition 属性在手机 Web 的各个平台上支持得比较好，不过需要加上 webkit 的前缀，以保证在老机型上没有兼容性问题。transition 可以进行动画变化的 CSS 属性比较多，比如 width、height、color、background 等。不过在使用 transition 时，需要注意的是对 width 和 height 的设置。如果设置成 auto，动画变化就会比较诡异，建议动画起始都是具体的像素或者百分比。如果 background 变化的是图片，切换效果就不会很理想。避免对不同的图片进行变化，不过可以考虑使用 background position 进行位置的变化。

animation 属性的手机浏览器基本都兼容，不过需要在低版本上加上-webkit 前缀，animation 适合用在需要重复触发的动画上面。

从实践的角度来看，transition 和 animation 使用的场景不太一样，transition 适合用在短而小的动画上面，animation 适合用在会不断重复的场景里。

尽量使用 CSS 3 动画，不仅可以不占用 JavaScript 主线程，还可以利用硬件加速。不过，CSS 3 动画也有缺点，即不支持中间状态的监听。因此，可以适当使用 Canvas 动画。Canvas 可以规避渲染树的计算，渲染性能更佳；但其缺点是开发成本较高，维护较为复杂。因此，较为简单、易于处理的局部动画建议采用 CSS 3 动画，较为复杂、涉及较多 DOM 元素的建议使用 Canvas 动画。

在使用 JavaScript 实现动画时，建议合理使用 requestAnimationFrame。其优点是能解决脚本问题引起的卡顿问题，并且支持中间状态的监听。其缺点是存在兼容性问题，目前 requestAnimationFrame 的浏览器的支持情况如图 9.48 所示，可参考 http://caniuse.com/#search= requestAnimationFrame。

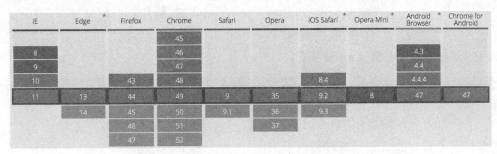

图 9.48　requestAnimationFrame 浏览器兼容情况

9.5.4　高频事件优化

在页面开发时，通常会在需要用户交互参与的地方添加事件，而这种事件往往会被频繁触发。例如，touchmove、scroll 事件可导致多次渲染。试想窗口的 resize 事件或一个元素的 onmouseover 事件在触发时执行得非常迅速，并且被连续多次触发，如果此时该事件的回调过重，那么页面性能该是如何的卡顿。

一种处理方法是，增加响应变化的时间间隔，减少重绘次数。简单地说，就是限制一个方法在一定时间内执行的次数。下面给出一个高频事件的简单处理示例。

【代码 9-6】

```
01   var throldHold = 200;          //两次 scroll 事件触发之间最小的事件间隔
02   window.onscroll = function () {
03       if (arguments.callee.timer) {
04           clearTimeout(arguments.callee.timer);
05       }
06       arguments.callee.timer = setTimeout(doScrollFun, throldHold);
07   }
08   // doScrollFun 此处省略滚动执行的方法的实现
```

207

```
09   // ......
```

针对这种执行次数的限制，可以封装一下高频事件的节流函数，例如：

```
01   var throttle = function( fn, timeout ){
02     var timer;
03     return function(){
04       var self = this,
05           args = arguments;
06       clearTimeout( timer );
07       timer = setTimeout(function(){
08         fn.apply( self, args );
09       }, timeout );
10     };
11   };
```

调用节流函数，限制窗口 resize 操作：

```
01   window.onresize = throttle(function(){  //普通绑定
02     // 自适应布局的代码...
03   }, 200 );
04
05
06   window.addEventListener("resize", throttle(function(){  //监听绑定
07     console.log('重置');
08   },200),false);
```

从节流函数可以看出，通常其实现都是使用 setTimeout 或 setInterval 定时器函数实现的。而现在浏览器厂商提供了一个统一帧管理、提供监听帧的 API，即 requestAnimationFrame。但是这只是一个基础 API，即不基于 DOM 元素的 style 变化，也不基于 canvas 和 WebGL。所以，具体的细节需要开发者自行完成处理过程。因此，可以使用 requestAnimationFrame 监听帧变化，使得在正确的时间进行渲染。

requestAnimationFrame 会考虑页面是否可见以及显示器的刷新频率，以确定分配给动画每秒多少帧。对于同时进行的 n 个动画，浏览器能够进行优化，把原本需要 N 次 reflow 和 repaint 优化成 1 次，实现高质量的动画。requestAnimationFrame 的原理与 setTimeout 和 setInterval 类似，通过递归调用同一方法来不断更新画面以达到动画效果，优于 setTimeout 和 setInterval 的地方在于它是由浏览器专门为动画提供优化实现的 API，并且充分利用显示器的刷新机制，比较节省系统资源。显示器有固定的刷新频率（60Hz 或 75Hz），也就是说，每秒最多只能重绘 60 次或 75 次，requestAnimationFrame 的基本思想就是与这个刷新频率保持同步，利用这个刷新频率进行页面重绘。此外，使用这个 API，一旦页面不处于浏览器的当前标签，就会自动停止刷新。这就节省了 CPU、GPU 和电力。requestAnimationFrame 的语法如下：

```
01    requestAnimationFrame(callback) //callback 为回调函数
```

requestAnimationFrame 动画的实现原理与 setTimeout 类似，都是使用一个回调函数作为参数，并且这个回调函数会在浏览器重绘之前调用。例如：

```
01    (function drawFrame() {
02      var timer = null;
03      // 帧渲染和帧绘制 ...
04      timer = requestAnimationFrame(drawFrame);
05      // 停止循环
06      if( /* 停止条件成立 */ ) {
07          cancelAnimationFrame(timer);
08      }
09    })();
```

requestAnimationFrame 是 HTML 5 新定义的 API，旧版本的浏览器并不兼容，而且浏览器的实现方式不一，所以要考虑兼容性问题。常用的兼容性写法如下：

```
01    //浏览器兼容处理
02    window.requestAnimFrame = (function(){
03        return  window.requestAnimationFrame       ||
04                window.webkitRequestAnimationFrame ||
05                window.mozRequestAnimationFrame    ||
06                window.oRequestAnimationFrame      ||
07                window.msRequestAnimationFrame     ||
08                function( callback ){
09                  window.setTimeout(callback, 1000 / 60);
10                };
11    })();
12
13    window.cancelAnimationFrame = (function () {
14        return window.cancelAnimationFrame ||
15                window.webkitCancelAnimationFrame ||
16                window.mozCancelAnimationFrame ||
17                window.oCancelAnimationFrame ||
18                function (timer) {
19                    window.clearTimeout(timer);
20                };
21    })();
22
23    //如何使用
24    (function(){
25      render();//此处省略 render 的实现代码
```

```
26        requestAnimationFrame(arguments.callee, element);
27    })();
```

上面的兼容性代码有两个作用，一是统一各浏览器前缀，二是在浏览器没有 requestAnimationFrame 方法时指向 setTimeout 方法。

 requestAnimationFrame 是在主线程上完成的。这意味着，如果主线程非常繁忙，requestAnimationFrame 的动画效果就会大打折扣。

9.5.5　GPU 加速

与 CPU 不同的是，GPU（Graphic Processing Unit，图形处理器）是专门为处理图形任务而产生的芯片。从这个任务角度来说，在计算机的显卡以及手机、游戏机等各种有多媒体处理需求的地方都可以见到 GPU 的身影。在 Chrome 地址栏中输入"chrome://flags/"并按回车，即可查看 GPU 的相关项目。

Chrome、FireFox、Safari、IE 9+和最新版本的 Opera 都支持硬件加速，当它们检测到页面中某个 DOM 元素应用了某些 CSS 规则时就会开启，最显著的特征是元素的 3D 变换。在大多数浏览器中，如果识别到页面里使用了 z 轴旋转（translateZ），即使旋转角度为 0，也会开启 GPU 加速，所以我们可以利用这一点来对页面元素进行 0 度 Z 轴旋转来触发浏览器开启 GPU 加速。例如：

```
01    .cube {
02        -webkit-transform: translateZ(0);
03        -moz-transform: translateZ(0);
04        -ms-transform: translateZ(0);
05        -o-transform: translateZ(0);
06        transform: translateZ(0);
07        /*其他样式代码*/
08        /* …… */
09    }
```

CSS 中的其他属性（如 transitions、3D transforms、Opacity、Canvas、WebGL、Video）也能触发 GPU 渲染，请合理使用。GPU 加速大幅减少了合成/绘制时间，大大提高了页面速度。GPU 加速也有自己的缺点：过多的 GPU 层会带来性能开销，主要原因是使用 GPU 加速其实是利用 GPU 层的缓存让渲染资源可以重复使用，一旦层多了、缓存增大，就会引起其他性能问题。过渡使用会引发手机耗电增加。

9.6　脚本优化

使用 JavaScript 构建交互丰富的 Web 应用时，JavaScript 代码也可能带来一定的性能问题，可能是造成页面速度变慢的主要原因。为了在开发过程中消除 JavaScript 性能瓶颈，本节主要从以下几个方面介绍脚本优化。

- 脚本执行优化。
- 条件 JavaScript。
- 缓存 DOM 操作。
- 尽量使用事件代理。
- 尽量使用 ID 选择器。
- Click 事件优化。

9.6.1　脚本执行优化

在 Web 开发中，我们常常需要多问几次是否可以让代码更高效一些。浏览器具备越来越多的特性，并且逐渐向移动设备转移，也要求我们的代码更加紧凑。如何优化脚本执行就变得越来越重要了。有许多简单的策略和代码可以保证相对理想的前端性能。

无论当前 JavaScript 代码是在内嵌还是外链文件中，页面的下载和渲染都必须停下来等待脚本执行完成。JavaScript 执行过程耗时越久，浏览器等待响应用户输入的时间就越长。浏览器在下载和执行脚本时出现阻塞。大多数浏览器都是用单一进程来处理用户界面（UI）更新和 JavaScript 脚本执行，所以同一时刻只能做其中一件事。因为不知道 JavaScript 是否会向 HTML 中添加或修改元素，所以在下载和执行 JavaScript 的时候都会阻塞页面的下载和渲染，等 JavaScript 全部下载和执行完毕之后再解析和渲染页面。而在浏览器解析到<body>标签之前，不会渲染页面的任何部分。所以如果 JavaScript 的下载和执行时间过长，而且被放在页面顶部，就会导致明显的延迟。虽然现代浏览器可以并行下载 JavaScript，但是 JavaScript 下载仍然会阻塞其他资源的下载。因此推荐将所有<script>标签尽可能放到<body>标签的底部，以尽量减少对整个页面下载的影响。例如：

```
01   <!DOCTYPE html>
02   <html>
03   <head>
04     <title>8.1</title>
05     <link rel="stylesheet" type="text/css" href="reset.css">
06   </head>
07   <body>
08     <p>合理放置 script 的脚本的位置</p>
09     <script type="text/javascript" src="script1.js"></script>
```

```
10        <script type="text/javascript" src="script2.js"></script>
11        <script type="text/javascript" src="script3.js"></script>
12    </body>
13    </html>
```

脚本处理不当会阻塞页面加载、渲染，因此在使用时需要将 CSS 写在头部、将 JavaScript 写在尾部或异步。

由于每个<script>标签初始下载时都会阻塞页面渲染，因此减少页面包含的<script>标签数量有助于改善这一情况。这不只针对外链脚本，内嵌脚本的数量同样也要限制。浏览器在解析 HTML 页面的过程中每遇到一个<script>标签，都会因执行脚本而导致一定的延时，因此最小化延迟时间将会明显改善页面的总体性能。这个问题在处理外链 JavaScript 文件时略有不同。考虑到 HTTP 请求会带来额外的性能开销，因此下载单个 100KB 的文件将比下载 5 个 20KB 的文件更快。也就是说，减少页面中外链脚本的数量将会改善性能，所以要尽量合并和压缩 JavaScript。

在前面我们介绍过无阻塞加载，采用扩展属性 defer 或 async 延迟加载脚本，减少 JavaScript 对性能的影响。此外，还有动态创建 script 的方法，例如：

```
01    <script type="text/javascript">
02        function loadjs (scriptFilename, scriptId){
03            //动态创建 script 标签
04            var script = document.createElement('script');
05            script.setAttribute('type', 'text/javascript');
06            script.setAttribute('src', scriptFilename);
07            script.setAttribute('id', scriptId);
08            //判断是否已存在该标签，若不存在，则添加至页面中
09            scriptElement = document.getElementById(scriptId);
10            if(scriptElement){
11                document.getElementsByTagName('head')[0].removeChild(scriptElement);
12            }
13            document.getElementsByTagName('head')[0].appendChild(script);
14        }
15        var script = 'scripts/alert.js';
16        loadjs(script,"test");
17    </script>
```

9.6.2 条件 JavaScript

在移动 Web 开发中，有时为了达到业务要求，常常需要考虑非常精细而复杂的交互方式。最适合桌面用户的设计并不一定适合移动用户。同理，适用于平板电脑的设计并不适合手机。这就是需要通过添加条件 JavaScript 产生完全不同效果的原因。

条件 JavaScript 提供了在特定条件下使用插件、功能和方法等的可能性。当然，有时类似的 CSS 媒体查询方法也可以实现。例如：

```
01  <script>
02      //获取宽度
03      var cw = document.body.clientWidth;
04      //宽度的条件判断
05      if (cw > 750) {
06          alert("You are using a tablet or bigger sized screen!");
07      }
08  </script>
```

首先需要找到浏览器窗口的大小，然后使用宽度作为判断条件决定使用的宽度。如果屏幕大于 750px，就将提示用户他们使用的是宽屏。类似的，CSS 媒体查询使用浏览器过滤信息来决定何时激活一组特定的风格。

【代码 9-7】

```
01  // 全局变量
02  var resize = null,
03      limitSm = 768,
04      limitMd = 960,
05      limitLg = 1280,
06      loadedSm = false,
07      loadedMd = false,
08      loadedLg = false,
09      loadedXl = false;
10  //小屏幕
11  function loadSm() {
12      console.log("load the scripts for small screens");
13  }
14  //中屏幕
15  function loadMd() {
16      console.log("load the scripts for medium screens")
17  }
18  //大屏幕
19  function loadLg() {
20      console.log("load the scripts for large screens")
21  }
22  //特大屏幕
23  function loadXl() {
24      console.log(" load the scripts for extra large screens");
25  }
```

```
26    function logistics() {
27        var cw = document.documentElement.clientWidth;
28        if (cw < limitSm) {
29            if (!loadedSm) {
30                loadSm();
31                loadedSm = true;
32            }
33        } else if (cw < limitMd) {
34            if (!loadedMd) {
35                loadMd();
36                loadedMd = true;
37            }
38        } else if (cw < limitLg) {
39            if (!loadedLg) {
40                loadLg();
41                loadedLg = true;
42            }
43        } else {
44            if (!loadedXl) {
45                loadXl();
46                loadedXl = true;
47            }
48        }
49    //当屏幕尺寸发生变化，则重新计算：
50    window.onload = logistics();
51    window.onresize = function(){
52        if (resize != null) {
53            clearTimeout(resize);
54        }
55        resize = setTimeout(function() {
56            console.log("window resized ");
57            logistics();
58        }, 750);
59    }
```

【代码解析】

代码 2~9 行在中创建了 8 个变量，这些变量都是全局变量，可在本段代码的其他函数内部使用。在 11~48 行代码中定义的函数将在检测到屏幕大小发生变化时被触发。一些函数在 logistics()方法内部调用。第 50 行代码在页面加载完成时立即执行，调用 logistics()方法，定义屏幕宽度和可用变量。在第 27 行代码中定义了宽度变量 cw，并在第 28、33、38 行中与全局变量 limitSm、limitMd、limitLg 进行对比。如果条件判断通过，就触发 if 语句中包含的函数调用。例如，变量 cw 取值为 360，将符合第 28 行的条件判断，并且 loadedSm 取值为 false，第 30、31 行代码将被执行。第 30 行代码调用 loadSm()方法，（方法在第 11~13 行中定义的）。在第 12 行中可以看到 console.log()语句，用于在浏览器控制台打印出消息。cw 取值不同，调用方法也将不同，可根据这一点在页面上执行不同的定制化代码。如果将 console.log()语句改为 alert()方法，将会在页面中弹出对话框。图 9.49 中展示了不同屏幕大小和不同设备下展示的不同对话框。

图 9.49　不同设备不同尺寸的屏幕上呈现了不同的消息提示

9.6.3　缓存 DOM 操作

在浏览器里，DOM（Document Object Model）只是一些操作 HTML 或 XML 元素的接口集合，为了让其他语言也能通过这些接口来操作文档，浏览器的 DOM 部分和 ECMAScript 部分是分开的。也就是说，DOM 与 ECMAScript 是相对独立的两个部分，若需要操作 HTML，则要使用 DOM 提供的接口来连接 HTML 文档，所以使用 ECMAScript 对 DOM 进行操作时都需要经过一个连接接口进行调用的过程。这个过程具有很大的性能损耗。操作 DOM 的次数越多，对性能的影响就越大，从而表现出 DOM 操作特别损耗性能的现象。因此，需要考虑缓存 DOM 的选择与计算等操作。

既然 DOM 操作如此损耗性能，就需要在开发中尽量减少 DOM 操作。减少 DOM 操作的根本其实就是减少重绘或者重排的次数。当我们需要批量操作 DOM 的时候，可以先把目标节点隐藏起来再进行操作，操作完成之后再把节点还原，也可以利用 document.createDocumentFragment 方法先生成一个完整的文档片段，完成之后再一次性插入 HTML 文档中，这样就避免了浏览器在每一次 DOM 操作后都进行一次重排和重绘操作。同样的，把目标节点脱离文档流也能达到类似的效果。有些时候一些网页特效并不允许我们把它隐藏起来执行，例如 JavaScript 动画，但是 JavaScript 动画确实极其耗费性能，每一帧的变换都需要经过重排或者重绘操作，无形之中给网

215

页带来了极大的性能开销。利用脱离文档流的方式可以使动画执行时只影响自身的重绘与重排，而不会影响其他元素。常见的脱离文档流方式就是绝对定位。利用绝对定位使元素脱离文档流，等执行完动画之后再插入文档流，这时进行的重排重绘操作只发生在执行动画的元素本身，从而提升了性能。

尽可能地减少 DOM 的访问次数，例如：

```
01    function innerHTMLLoop() {
02       for (var count = 0; count < 15000; count++) {
03          document.getElementById('here').innerHTML += 'a';
04       }
05    }
```

在循环体内每一次都访问了 DOM，可以对比进行如下优化：

```
01    function innerHTMLLoop() {
02       var content = '';
03       for (var count = 0; count < 15000; count++) {
04          content += 'a';
05       }
06       document.getElementById('here').innerHTML += content;
07    }
```

浏览器提供了一个名为 querySelectorAll()的原生 DOM 方法，这种方法自然要比使用 JavaScript 和 DOM 来遍历查找元素快得多。

浏览器下载完页面后便开始解析页面并生成两个内部数据结构：DOM 树和渲染树。DOM 树用来表示页面的结构，渲染树用来表示 DOM 节点如何显示。一旦这两个数据结构构建完成，浏览器就会开始绘制页面元素。DOM 树里的每一个节点在渲染树里都至少有一个节点与之对应。在渲染树里，它把所有节点都看作是一个有内外边距和位置属性的盒子。当节点的几何属性（如宽高、位置）被更改之后，浏览器会重新计算这些更改的属性，然后使渲染树中对应的部分失效，并且重新构造渲染树，这个过程被称为"重排"。完成重排过程后，浏览器会重新绘制那些受影响的部分，这个过程称为"重绘"。有些 DOM 操作并不会导致重排，只会导致重绘，例如更改背景颜色。重排与重绘往往不是发生在单独一个元素上。在文档流里，一个元素的几何属性改变有可能会导致整个页面的重排或者重绘操作，例如在 body 最上方插入一个子元素，这时其后所有被这个元素影响到的子元素都要跟着重新计算、重新渲染。重排跟重绘都是代价昂贵的操作，这也是 DOM 表现出特别损耗性能的一个重要原因。

大多数浏览器通过队列化修改和批量执行来优化重排过程，但获取布局信息会导致渲染队列刷新。例如，offsetTop/Left/Width/Height、scrollTop/Left/Width/Height、clientTop/Left/Width/Height、getComputedStyle()（currentStyle in IE）就需要返回最新的布局信息，所以不要在布局信息改变时查询这些内容。同时可以用局部变量缓存布局信息（缓存的是值而不是引用时才有作用）。例如，下列方法就会返回一个集合：

- document.getElementByName()
- document.getElementByClassName()
- document.getElementByTagName()

下列属性也同样返回 HTML 集合：

- document.images
- document.links
- document.forms
- document.forms[0].elements

一般来说，需要多次访问同一个 DOM 属性或方法时最好把一个局部变量缓存为此成员。当遍历一个集合时，首先优化原则是把集合存储在局部变量中，并把 length 缓存在循环外部，然后使用局部变量访问这些需要多次访问的元素。例如：

【代码 9-8】

```
01  <script type="text/javascript">
02  // 低效率
03  function collectionGlobal() {
04      var coll = document.getElementsByTagName_r('div'),
05          len = coll.length,
06          name = '';
07      for (var count = 0; count < len; count++) {
08          name = document.getElementsByTagName_r('div')[count].nodeName;
09          name = document.getElementsByTagName_r('div')[count].nodeType;
10          name = document.getElementsByTagName_r('div')[count].tagName;
11      }
12      return name;
13  };
14  // 稍微高效的方法
15  function collectionLocal() {
16      var coll = document.getElementsByTagName_r('div'),
17          len = coll.length,
18          name = '';
19      for (var count = 0; count < len; count++) {
20          name = coll[count].nodeName;
21          name = coll[count].nodeType;
22          name = coll[count].tagName;
23      }
24      return name;
25  }
26  //性能最优的方法
```

```
27    function collectionNodesLocal() {
28        var coll = document.getElementsByTagName_r('div'),
29            len = coll.length,
30            name = '',
31            el = null;
32        for (var count = 0; count < len; count++) {
33            el = coll[count];
34            name = el.nodeName;
35            name = el.nodeType;
36            name = el.tagName;
37        }
38        return name;
39    };
40  </script>
```

同理，为了减少发生数次重排和重绘，应当合并 DOM 和样式的修改，然后一次性处理。例如：

```
01  <script type="text/javascript">
02  var el = document.getElementById('mydiv');
03  //分别设置 border-left、border-right、padding 等样式
04  el.style.borderLeft = '1px';
05  el.style.borderRight = '2px';
06  el.style.padding = '5px';
07  </script>
```

优化后的代码如下：

```
01  <script type="text/javascript">
02  // 优化
03  var el = document.getElementById('mydiv');
04  //一次性设置所需样式
05  el.style.cssText = 'border-left: 1px; border-right: 2px; padding: 5px;';
06  //如果打算保持当前的风格，可以将其附加在 cssText 字符串的后面
07  el.style.cssText += '; border-left: 1px;';
08  //或者添加 class 样式名
09  var el = document.getElementById('mydiv');
10  el.className = 'active';
11  </script>
```

还可以通过缓存布局信息的方法：尽量减少布局信息的获取次数，获取后赋值给局部变量，之后再操作局部变量。例如：

```
01  //优化前
```

```
02    myElement.style.left = 1 + myElement.offsetLeft + 'px';
03    myElement.style.top = 1 + myElement.offsetTop + 'px';
04    if (myElement.offsetLeft >= 500) {
05        stopAnimation();
06    }
07
08    //优化后
09    current++myElement.style.left = current + 'px';
10    myElement.style.top = current + 'px';
11    if (current >= 500) {
12        stopAnimation();
13    }
```

通常浏览器都会使用增量 reflow 的方式将需要 reflow 的操作积累到一定程度，然后再一起触发，但是如果脚本中要获取以下属性，那么积累的 reflow 将会马上执行，以得到准确的位置信息：

- offsetLeft
- offsetTop
- offsetHeight
- offsetWidth
- scrollTop/Left/Width/Height
- clientTop/Left/Width/Height
- getComputedStyle()

因此请尽可能地减少使用元素位置操作，尽量减少布局信息的获取次数。

9.6.4　尽量使用事件代理以避免批量绑定事件

经常需要对页面上大量具有某种共性的节点绑定同样的一个事件处理器，传统的方式是将这些节点获取为一个对象集合，然后对每个集合绑定一次事件。当存在多个元素需要注册事件时，在每个元素上绑定事件本身就会对性能有一定损耗。很显然，当集合只有两三个元素的时候，我们这样做是无所谓的。但当数量达到几十甚至几百的时候，使用这种遍历对象集依次进行绑定的方式对页面性能损耗是很大的。

因此，利用事件委托来增强事件批量绑定的效率。DOM Level2 事件模型中所有事件默认会传播到上层文档对象，可以借助这个机制在上层元素注册一个统一事件对不同子元素进行相应处理。例如，如下 HTML 结构：

```
01    <ul id="parent-list">
02        <li id="post-1">Item 1</li>
03        <li id="post-2">Item 2</li>
```

```
04        <li id="post-3">Item 3</li>
05        <li id="post-4">Item 4</li>
06        <li id="post-5">Item 5</li>
07        <li id="post-6">Item 6</li>
08    </ul>
```

除了给每个 li 元素批量绑定事件之外，可考虑如下处理方法：

```
01    // 获取父元素，添加事件监听
02    document.getElementById("parent-list").addEventListener("click",function(e) {
03        // e.target 是被点击的元素
04        // 如果被点击的是目标元素
05        if(e.target && e.target.nodeName == "LI") {
06            // 确定的 li 元素，则进行相应的处理
07            console.log("List item ",e.target.id.replace("post-")," was clicked!");
08        }
09    });
```

对事件委托方法进行封装，例如：

```
01    <script type="text/javascript">
02    //创建 bind 函数，需四个参数
03    //obj，需要绑定事件的节点
04    //tar，在 obj 容器中需要批量绑定事件的目标元素标签名
05    //evName，需要绑定的事件名称
06    //fn，需要为目标元素绑定的事件处理函数
07    var bind = function(obj, tar, evName, fn) {
08        obj['on' + evName] = function(event) {
09            var e = event || window.event,
10                //首先对 event 做兼容，window.event 主要用于兼容 IE
11                target = e.target || e.srcElement,
12                //对 target 做兼容，e.srcElement 主要用于兼容 IE，这里获取的是触发事件
                  //的目标元素
13                bool = true;
14            //设置一个 bool 型变量，后面会用到
15            if (target != obj) {
16                //这一步比较重要，判断 target 是否和 obj 相等，目的在于区别触发事件的元
                  //素是否为绑定事件的元素本身，如果是，很明显不符合要求，因为我们要触发事
                  //件的对象应该是绑定元素内的某一些元素。
17                (function() {
18                    //这里做了一个匿名函数，主要用于循环判断我们触发事件的元素
                      // (target) 是否在我们的目标元素 (tar) 内
19                    if (target.tagName != tar.toUpperCase()) {
```

```
20                          //判断触发事件的元素标签名（tagName）是否和我们提供的目标元素的
                            //标签名（tar）相等
21                          target = target.parentNode;
22                          //如果不是目标元素，则寻找触发事件元素的父元素，并修改 target
                            //指向这个父元素
23                          if (target != obj) {
24                              //判断修改过后的 target 是否为我们绑定事件的元素
25                              arguments.callee();
26                              //如果不是我们绑定事件的元素，则重新运行这个匿名函数
27                          } else {
28                              bool = false;
29                              //如果是这个我们绑定事件的元素，则停止重新运行这个匿名函数，
                                //因为这代表我们的循环已经达到了绑定事件的元素，再往外查找已
                                //经没有必要了，这里将 bool 设置为 false
30                          }
31                      }
32                  })();
33                  //这里的空括号用于执行匿名函数
34                  if (bool) {
35                      fn(target);
36                  }
37                  //判断是 bool 是否为 true，如果为 true，表示我们触发事件的元素在目标元
                    //素(tar)内，运行事件处理函数，并传入目标元素对象，如果为 false，则相反
38              }
39          }
40      }
41  </script>
```

　　事件委托利用了事件冒泡，只指定一个事件处理程序就可以管理某一类型的所有事件。使用事件委托的优点是 document 对象很快就可以访问，而且可以在页面生命周期的任何时间点上为它添加事件处理程序（无需等待 DOMContentLoaded 或 load 事件）。换句话说，只要可点击的元素呈现在页面上，就可以立即具备适当的功能。而且，在页面中设置事件处理程序所需的时间更少。只添加一个事件处理程序所需的 Dom 引用更少，所花的时间也更少，整个页面占用的内存空间更少，能够提升整体性能。

9.6.5　尽量使用 ID 选择器

　　在页面中引入一些 JavaScript 代码库之后，利用 class 属性来选择 DOM 元素变得相当简单。尽管如此，还是推荐大家尽量少用 class 选择器，而尽量多使用运行更快的 ID 选择器（IE 浏览器下使用 class 选择器会在遍历整个 DOM 树之后返回相符的 class 包装集）。而 ID 选择器更快是因为 DOM 本身就有 getElementById 这个方法，而没有对应的获取 class 包装集的方法。所以如

果使用 class 选择器，浏览器就会遍历整个 DOM，如果网页 DOM 结构足够复杂，众多的 class 选择器会使得页面越来越慢。例如下面这段简单的 HTML 代码：

```
01    <div id="main">
02      <form method="post" action="/">
03        <h2>Selectors in jQuery</h2>
04        ...
05        <input class="button" id="main_button" type="submit"
          value="Submit" />
06      </form>
07    </div>
```

以 jQuery 库为例，使用 class 选择器获取提交按钮：

```
01    <script>
02    console.log($(".button"));
03    </script>
```

一个简单的获取 class 对象的原生实现如下：

```
01    <script>
02    function getElementsClass(classnames) {
03      var classobj = new Array(); //定义数组
04      var classint = 0; //定义数组的下标
05      var tags = document.getElementsByTagName("*"); //获取 HTML 的所有标签
06      for (var i in tags) { //对标签进行遍历
07        if (tags[i].nodeType == 1) { //判断节点类型
08          if (tags[i].getAttribute("class") == classnames)
            //和 class 名字相同的组成一个数组
09          {
10              classobj[classint] = tags[i];
11              classint++;
12          }
13        }
14      }
15      return classobj; //返回组成的数组
16    }
17    </script>
```

从以上实现可以看出每次使用 class 选择器均遍历整个 DOM 树，对性能损耗非常明显。因此，直接使用 ID 选择器是最快的。

9.6.6　click 事件优化

不管在移动端还是 PC 端，我们都需要处理点击这个最常用的事件。但在 touch 端 click 事件响应速度会比较慢，在较老的手机设备上会更为明显，这是因为 click 事件有 300ms 的延迟。为了解决这个问题，诞生了一些 fastclick 的解决方案（例如 Zepto 的 touch 模块），帮助我们实现了很多手机上的事件，比如 tap 等。tap 事件是为了解决 click 的延迟问题。

触摸事件（touch）会在用户手指放在屏幕上面的时候、在屏幕上滑动的时候或者是从屏幕上移开的时候出发。下面是具体说明：

- touchstart 事件：当手指触摸屏幕时触发，即使已经有一个手指放在屏幕上也会触发。
- touchmove 事件：当手指在屏幕上滑动的时候连续触发。在这个事件发生期间，调用 preventDefault()事件可以阻止滚动。
- touchend 事件：当手指从屏幕上离开的时候触发。
- touchcancel 事件：当系统停止跟踪触摸的时候触发。

例如，有如下代码：

【代码 9-9】

```
01  <!DOCTYPE html>
02  <html>
03  <head>
04    <title>8.6</title>
05    <meta charset="utf-8">
06    <meta content="width=device-width, initial-scale=1.0, maximum-scale=1.0, user-scalable=no" name="viewport">
07    <meta content="yes" name="apple-mobile-web-app-capable">
08    <meta content="black" name="apple-mobile-web-app-status-bar-style">
09    <meta name="format-detection" content="telephone=no">
10    <style type="text/css">
11      #screen{
12        height: 400px;
13        background-color: #ccc;
14      }
15    </style>
16  </head>
17  <body ="1">
18  <div id="screen">在这里可以触发</div>
19  <script src="js/jquery-1.11.1.min.js"></script>
20  <script type="text/javascript">
21  $('#screen').on('touchstart touchmove touchend touchcancel',function(e){
22    e.preventDefault();
```

```
23        console.log(e.originalEvent.type + ':'+e.originalEvent.timeStamp);
24    });
25    </script>
26    </body>
27    </html>
```

在控制台中显示如图 9.50 所示的效果。

图 9.50   touch 事件展示

可以看出，移动的时候，touchstart 触发时机早于 touchmove，touchmove 早于 touchend。下面看看 Zepto 的 touch 模块实现：

```
01    $(document).on('touchstart ...',function(e){
02        ...
03        ...
04        now = Date.now()
05        delta = now - (touch.last || now)
06        if (delta > 0 && delta <= 250) touch.isDoubleTap = true
07        touch.last = now
08    })
09    .on('touchmove ...', function(e){
10    })
11    .on('touchend ...', function(e){
12        ...
```

```
13              if (deltaX < 30 && deltaY < 30) {
14                  var event = $.Event('tap')
15
16                  touch.el.trigger(event)
17          }
18    });
```

touch 模块绑定事件 touchstart、touchmove 和 touchend 到 document 上，然后通过计算 touch 事件触发的时间差、位置差来实现自定义 tap 和 swipe 等。使用 touchstart、touchend 代替 click，响应速度变快，但应注意 touch 响应过快易引发误操作。

目前 touch 事件的兼容性如图 9.51 所示，可参考 http://caniuse.com/#search=touch。

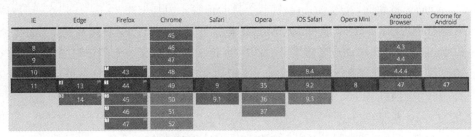

图 9.51　touch 事件兼容性

9.7　本章小结

我们正在跑步进入移动互联网时代，所以移动环境下的资源加载优化非常迫不及待。本章介绍了 HTML 5 移动页面中的一些优化方法，如按需加载、预加载、异步加载等技巧。诸多方法在实践中要根据具体的需求场景合理优化选择。

第 10 章

◀ jQuery Mobile移动框架 ▶

本章介绍目前非常流行的前端移动框架——jQuery Mobile。说到大名鼎鼎的 jQuery 框架，读者一定很熟悉。那么两者有什么关系呢？jQuery Mobile 框架是以 jQuery 类库为基础而开发的，沿用了 jQuery 框架的语法、接口、样式等核心内容，但其主要专注于移动方面的设计。套用目前比较流行的说法，就是基于 jQuery Mobile 框架开发的 Web APP 看起来更像 Native APP。

jQuery Mobile 是专为移动设备应用开发而生的 JavaScript 框架，专门针对触控操作进行了优化设计，可适用于目前所有流行的智能手机、平板等移动终端。jQuery Mobile 框架设计的宗旨就是通过使用较少的 HTML 5、CSS 3、JavaScript 和 Ajax 代码来达到对页面进行高效布局的目的，完全将 jQuery 框架倡导的"写得更少、做得更多"理念升华到一个全新的高度。可以讲，jQuery Mobile 框架就是一种专用于开发、创建移动 Web APP 的终极利器。

本章会向读者介绍 jQuery Mobile 框架的基本特点、开发原理与使用方法，同时还配有具体案例。

10.1 初步接触 jQuery Mobile

本节我们先初步介绍 jQuery Mobile 框架的基本概况及使用方法，在后面的小节中我们会在此基础上进行更深入的讲解，以帮助读者循序渐进地掌握 jQuery Mobile 框架的特性及应用方法。

10.1.1 jQuery Mobile 框架特点

目前，基于 jQuery 框架而衍生出的前端框架非常多，但是能达到真正意义上的功能升华、易学易用、广泛认可的框架屈指可数，jQuery Mobile 框架可以算其中之一。可以讲，jQuery Mobile 是基于 jQuery 类库开发出的最优秀的前端框架之一，是专为移动 APP 设计开发而生的。

设计人员基于 jQuery Mobile 框架可以开发出构建在 iOS、Android、Blackberry 和 Windows Mobile 等平台上运行的移动 Web 应用，且完全能达到与 Native APP 一样的应用效果。根据官方文档的说明，jQuery Mobile 框架具有跨平台、易学易用、功能完善以及风格多样等显著特点。

● 完全基于最新的 HTML 5、CSS 3、JavaScript 等 Web 标准，整个库在压缩和 gzip 后大

约不到 200KB 大小，非常轻量级。

- 全面兼容 iOS、Android、Blackberry、Palm WebOS、Windows Mobile、MeeGo 等主流移动平台，而且 Android 平台上的开发人员还可以使用一些专为 Android 定制的主题。
- 提供多种函数库，例如键盘、触控等功能，不需要编写过多代码，通过简单的设置就可以产生强大的功能，大大地提高了编程效率。
- 提供了丰富主题风格，轻轻松松就能够快速创建出高质量的应用页面。
- 可通过 jQuery UI 的 ThemeRoller 在线工具定制出有特色的页面风格，并且可以将代码下载下来直接应用。

jQuery Mobile 官方文档的地址为 http://api.jquerymobile.com/。

总而言之，jQuery Mobile 框架是目前最强大的前端移动平台框架。随着 jQuery Mobile 框架功能的不断提高，其在移动平台上的 Web APP 用户体验也会得到不断提升。譬如，通过实现新的事件，可以让触控操作更加简单流畅；通过实现新的插件，可以增强用户界面功能、提高用户体验；通过实现新的主题，可以让风格更加多样化。

从下一小节开始，我们将正式进入 jQuery Mobile 框架的安装、配置、开发及使用环节，读者将会看到 jQuery Mobile 框架在构建 Web APP 应用方面的强大功能。

10.1.2 jQuery Mobile 框架安装与配置

jQuery Mobile 框架的安装与配置与 jQuery 框架类似，如果读者有 jQuery 框架的开发基础，学习起来会简单一些。一般来讲，使用 jQuery Mobile 框架大致有两种主要方式，可以从 CDN 引用 jQuery Mobile 库使用，或者直接下载 jQuery Mobile 库安装到本地服务器上使用。虽然从功能效果上讲两种方法无所谓优劣，但更推荐前一种 CDN 的方式，目前该方式也是主流做法。下面我们详细介绍这两种方式。

1. CDN 引用 jQuery Mobile 库

jQuery Mobile 框架支持目前主流的 CDN 方式引用库文件，这样可以最大程度提高文件下载速度，示例代码如下：

```
<head>
<link rel="stylesheet"
href="http://code.jquery.com/mobile/1.4.5/jquery.mobile-1.4.5.min.css">
   <script src="http://code.jquery.com/jquery-1.11.1.min.js"></script>
   <script src="http://code.jquery.com/mobile/1.4.5/jquery.mobile-
1.4.5.min.js"></script>
   </head>
```

看起来与 jQuery 框架的使用类似，该方式无须设计人员在本地服务器上安装任何程序，只需直接在 HTML 页面中引用相应的 JavaScript 库和 CSS 样式文件，就可以让 jQuery Mobile 框架正常工作了。

2. 下载 jQuery Mobile 库到本地服务器

另一种方式就是下载 jQuery Mobile 库到本地服务器进行安装使用了。官方 jQuery Mobile 框架安装包的下载地址为 http://jquerymobile.com/download/，打开页面后的效果如图 10.1 所示。

图 10.1　jQuery Mobile 框架下载页面

从图 10.1 中可以看到最新版的 jQuery Mobile 框架安装包下载链接，压缩文件名是 jquery.mobile-1.4.5.zip，版本号是 version-1.4.5。将下载的压缩文件解压到本地，如图 10.2 所示。

名称	修改日期	类型	大小
demos	2016/7/12 11:51	文件夹	
images	2016/7/12 11:51	文件夹	
jquery.mobile.external-png-1.4.5	2014/10/31 13:33	JetBrains PhpSto...	120 KB
jquery.mobile.external-png-1.4.5.min	2014/10/31 13:33	JetBrains PhpSto...	89 KB
jquery.mobile.icons-1.4.5	2014/10/31 13:33	JetBrains PhpSto...	127 KB
jquery.mobile.icons-1.4.5.min	2014/10/31 13:33	JetBrains PhpSto...	125 KB
jquery.mobile.inline-png-1.4.5	2014/10/31 13:33	JetBrains PhpSto...	146 KB
jquery.mobile.inline-png-1.4.5.min	2014/10/31 13:33	JetBrains PhpSto...	116 KB
jquery.mobile.inline-svg-1.4.5	2014/10/31 13:33	JetBrains PhpSto...	222 KB
jquery.mobile.inline-svg-1.4.5.min	2014/10/31 13:33	JetBrains PhpSto...	192 KB
jquery.mobile.structure-1.4.5	2014/10/31 13:33	JetBrains PhpSto...	90 KB
jquery.mobile.structure-1.4.5.min	2014/10/31 13:33	JetBrains PhpSto...	68 KB
jquery.mobile.theme-1.4.5	2014/10/31 13:33	JetBrains PhpSto...	20 KB
jquery.mobile.theme-1.4.5.min	2014/10/31 13:33	JetBrains PhpSto...	12 KB
jquery.mobile-1.4.5	2014/10/31 13:33	JetBrains PhpSto...	234 KB
jquery.mobile-1.4.5	2014/10/31 13:33	Visual Studio Co...	455 KB
jquery.mobile-1.4.5.min	2014/10/31 13:33	JetBrains PhpSto...	203 KB
jquery.mobile-1.4.5.min	2014/10/31 13:33	Visual Studio Co...	196 KB
jquery.mobile-1.4.5.min	2014/10/31 13:33	Linker Address ...	231 KB
jquery.mobile-1.4.5	2016/7/7 17:24	WinRAR ZIP 压缩...	7,722 KB

图 10.2　jQuery Mobile 框架安装包目录

从图 10.2 中可以看到，所有的 jQuery Mobile 库文件均在该压缩包内，设计人员只要引用相应的库文件即可，示例代码如下：

```
<head>
<link rel=stylesheet href=jquery.mobile-1.4.5.css>
```

```
<script src=jquery.js></script>
<script src=jquery.mobile-1.4.5.js></script>
</head>
```

其中，"jquery.js"文件需要从 jquery.com 网站中获取，读者可参考 jQuery 框架相关的文档或书籍。

3. 安装 FireFox 浏览器

目前，调试运行 jQuery Mobile Web APP 比较好的浏览器是 Google Chrome、FireFox 和 Safari，另外 IE 和 Opera 浏览器也支持。可见，由于有 jQuery 框架为基础，jQuery Mobile Web APP 对浏览器兼容性做得还不错。

本书作者选用的是 FireFox 浏览器，FireFox 浏览器拥有很强大的 js 调试工具，譬如查看 DOM 树、定位 HTML 元素、页面事件触发、实时监控 CPU 使用率与内存占有率、js 代码调试等功能。FireFox 浏览器的下载地址为 http://www.firefox.com.cn/。

4. 选择一款自己喜欢的开发工具（IDE）

因为 jQuery Mobile Web APP 本质上是 HTML 5、JavaScript 和 CSS 语言项目，所以可选的开发工具（IDE）有很多，譬如 Visual Studio、Eclipse、JetBrains WebStorm 等都是很强大重量级的 IDE 工具。当然，轻量级的开发工具（比如 Sublime、UltraEdit 和 EditPlus 编辑器）也是完全能胜任 jQuery Mobile Web APP 项目开发的。这个完全看个人喜好，用着顺手就可以。

10.1.3　创建第一个 jQuery Mobile APP

本小节我们将实现第一个 jQuery Mobile Web APP，通过一个最基本的实例让读者快速入门，对 jQuery Mobile 框架有一个初步的了解。

首先，我们新建一个 jqmHello 项目。在该项目下新建一个 jqmHello.html 页面文件。

【代码 10-1】

```
01  <!DOCTYPE html>
02  <html>
03  <head>
04      <meta charset="UTF-8">
05  <link rel="stylesheet" href="http://code.jquery.com/mobile/1.4.5/
    jquery.mobile-1.4.5.min.css">
06      <script src="http://code.jquery.com/jquery-1.11.1.min.js"></script>
07      <script src="http://code.jquery.com/mobile/1.4.5/jquery.mobile-
    1.4.5.min.js"></script>
08      <title>jQuery Mobile - jqmHello</title>
09  </head>
```

```
10  <body>
11  <div data-role="page" id="pageone">
12    <div data-role="header">
13      <h1>Hello jQuery Mobile</h1>
14    </div>
15    <div data-role="content">
16      <p>欢迎使用 jQuery Mobile！</p>
17      <p>这是第一个 jQuery Mobile Web App！</p>
18      <p>jQuery Mobile 框架使用简单易学！</p>
19    </div>
20    <div data-role="footer">
21      <h3>Copyright 2016. by King.</h3>
22    </div>
23  </div>
24  </body>
25  </html>
```

下面我们对【代码 10-1】进行具体介绍。

第 05～07 行代码是使用 CDN 方式对 jQuery Mobile 库文件的引用，在前面的 10.1.2 小节中我们有过介绍。

第 11～23 行代码定义了页面的内容，其中使用到了 HTML 5 规范中的自定义属性 "data-role" 来定义页面元素。

jQuery Mobile 框架中常用的 "data-role" 属性值如下：

- header: 页面标题容器，内部可以包含文字、返回按钮、功能按钮等元素。
- page: 页面容器，其内部的 mobile 元素将会继承这个容器上所设置的属性。
- content: 页面内容容器，是一个很宽容的容器，内部可以包含标准的 html 元素和 jQuery Mobile 框架元素。
- footer: 页面页脚容器，内部也可以包含文字、返回按钮、功能按钮等元素。
- button: 按钮，将链接和普通按钮的样式设置成为 jQuery Mobile 框架风格。
- controlgroup: 将几个元素设置成一组，一般是几个相同的元素类型。
- navbar: 功能导航容器，通俗地讲就是工具条。
- listview: 列表展示容器，类似手机中联系人列表的展示方式。
- list-divider: 列表展示容器的表头，用来展示一组列表的标题，内部不可包含链接。
- fieldcontain: 区域包裹容器，用增加边距和分割线的方式将容器内的元素和容器外的元素明显分隔。
- none: 阻止框架对元素进行渲染，使元素以 html 原生的状态显示，主要用于 form 元素。

其中，第 12、15 和 20 行代码中分别使用 "header" "content" 和 "footer" 3 种属性定义了页面标题、内容和页脚。

下面运行测试一下 jqmHello 项目，使用 FireFox 浏览器打开 jqmHello.html 页面，效果如图 10.3 所示。

图 10.3　jQuery Mobile App 运行测试

从图 10.3 中可以看到，针对不同的"data-role"属性值，jQuery Mobile 框架已经定义好相应的样式风格了，大大地提高了设计人员的编程效率。

10.2　jQuery Mobile 页面与导航

在 10.1 节中我们介绍了初步使用 jQuery Mobile 框架所需要理解的基础内容。本节我们将循序渐进地介绍 jQuery Mobile 框架中关于页面与导航的内容。

10.2.1　jQuery Mobile 单页面

jQuery Mobile 框架为设计人员实现了若干页面类型，包括单页面、多页面等。这一小节我们先介绍单页面，因为单页面更干净、简洁、轻量级，是 jQuery Mobile 框架推荐使用的。

jQuery Mobile 单页面试图将全部功能继承到单一 HTML 文档中，这个设计思想是比较超前的，很可能也是未来 Web APP 的设计趋势。下面举一个最简单的单页面例子（对应源代码 jqmPages 目录中的 jqmSinglePages.html 文件）。

【代码 10-2】

```
01  <!DOCTYPE html>
02  <html>
03  <head>
04      <meta charset="utf-8">
```

```
05      <meta name="viewport" content="width=device-width, initial-scale=1">
06      <title>jQuery Mobile - Single Page</title>
07      <link rel="stylesheet" href="../css/themes/default/jquery.mobile-
        1.4.5.min.css">
08      <link rel="stylesheet" href="../_assets/css/jqm-demos.css">
09      <link rel="shortcut icon" href="../favicon.ico">
10      <script src="../js/jquery.js"></script>
11      <script src="../_assets/js/index.js"></script>
12      <script src="../js/jquery.mobile-1.4.5.min.js"></script>
13  </head>
14  <body>
15  <div data-role="page">
16      <div data-role="header">
17          <h1>Single Page | 单页面</h1>
18      </div><!-- /header -->
19      <div role="main" class="ui-content">
20          <p>This template is standard HTML document with a single "page"
            container inside.</p>
21          <p>该模板是一个标准单页面 HTML 文档.</p>
22          <p>We strongly recommend building your app as a series of separate
            pages like this because it's cleaner, more lightweight and works
            better without JavaScript.</p>
23          <p>强烈建议使用单页面模板创建您的 Web App. 这样应用看上去更干净、更轻量级.</p>
24      </div><!-- /content -->
25      <div data-role="footer">
26          <h4>Footer | 页面底部</h4>
27      </div><!-- /footer -->
28  </div><!-- /page -->
29  </body>
30  </html>
```

HTML 代码的具体分析如下：

第 03～13 行代码定义了页面的头部（<head>），其中引用了一些 jQuery 框架和 jQuery Mobile 框架的库文件。

第 15～28 行代码定义了页面的主体部分，其中第 15 行代码中<div>标签内使用了"data-role="page""属性，表明该<div>标签为一个页面（page）容器。"data-role"属性在前文中有过介绍，这里不再赘述。

第 16～18 行代码定义了该页面容器的头部，其中第 16 行代码中<div>标签内使用了"data-role="header""属性。

第 19～24 行代码定义了该页面容器的主体，其中第 19 行代码中<div>标签内使用了"data-role="main"" 属性，另外几行代码定义了一些页面内容。

第 25～27 行代码定义了该页面容器的底部，其中第 25 行代码中<div>标签内使用了 "data-role="footer"" 属性。

我们注意到，在【代码 10-2】中定义的页面容器是使用<div>标签元素、通过 "data-role" 属性配合实现的，这也是 jQuery Mobile 框架的特点。

下面我们测试一下 jqmSinglePages.html 页面文件，其页面效果如图 10.4 所示。单页面中定义的内容全部显示出来了，界面看上去简单、干净，很有特色。

图 10.4 单页面运行效果

10.2.2 jQuery Mobile 多页面

前面一个小节我们介绍了单页面，本小节看一下多页面的例子（对应源代码 jqmPages 目录中的 jqmMultiPages.html 文件）。

【代码 10-3】

```
01  <!-- Start of first page: #one -->
02  <div data-role="page" id="pageOne">
03      <div data-role="header">
04          <h1>Multi Page | 多页面</h1>
05      </div><!-- /header -->
06      <div role="main" class="ui-content">
07          <h2>One Page | 页面一</h2>
08          <p>I have an <code>id</code> of "pageOne" on my page container.</p>
09          <p>本页面 <code>id</code> 值为 "pageOne".</p>
10          <h3>Show internal pages:</h3>
```

233

```
11      <p><a href="#pageTwo" class="ui-btn ui-shadow ui-corner-all">Show
        second page | 显示页面二</a></p>
12      <p><a href="#pagePopup" class="ui-btn ui-shadow ui-corner-all"
        data-rel="dialog" data-transition="pop">Show page "popup" (as a
        dialog) | 对话框页面</a></p>
13      </div><!-- /content -->
14      <div data-role="footer" data-theme="a">
15          <h4>Page Footer | 页面底部</h4>
16      </div><!-- /footer -->
17  </div><!-- /page one -->
18  <!-- Start of second page: #two -->
19  <div data-role="page" id="pageTwo" data-theme="a">
20      <div data-role="header">
21          <h1>Second Page</h1>
22      </div><!-- /header -->
23      <div role="main" class="ui-content">
24          <h2>Two Page | 页面二</h2>
25          <p>I have an id of "pageTwo" on my page container.</p>
26          <p>本页面 <code>id</code> 值为 "pageTwo".</p>
27   <p><a href="#pageOne" data-rel="back" class="ui-btn ui-shadow ui-corner-
    all ui-btn-b">Back to page "one" | 返回页面一</a></p>
28      </div><!-- /content -->
29      <div data-role="footer">
30          <h4>Page Footer | 页面底部</h4>
31      </div><!-- /footer -->
32  </div><!-- /page two -->
33  <!-- Start of third page: #popup -->
34  <div data-role="page" id="pagePopup">
35      <div data-role="header" data-theme="b">
36          <h1>Dialog | 对话框页面</h1>
37      </div><!-- /header -->
38      <div role="main" class="ui-content">
39          <h2>Popup Page</h2>
40          <p>I have an id of "popup" on my page container and only look like
            dialog.</p>
41          <p>本页面 <code>id</code> 值为 "pagePopup", 看上去像一个对话框.</p>
42          <p>Because it had a <code>data-rel="dialog"</code> attribute which
            gives me this inset look and a <code>data-transition="pop"</code>
            attribute to change the transition to pop.</p>
43          <p><a href="#pageOne" data-rel="back" class="ui-btn ui-shadow ui-
            corner-all ui-btn-inline ui-icon-back ui-btn-icon-left">Back to
            page "one" | 返回页面一</a></p>
```

```
44      </div><!-- /content -->
45      <div data-role="footer">
46          <h4>Page Footer | 页面底部</h4>
47      </div><!-- /footer -->
48  </div><!-- /page popup -->
```

代码的具体分析如下：

第 01~17 行代码定义了第 1 个页面，其定义方法与【代码 10-2】中的单页面定义方法类似，其 id 属性值为"pageOne"。

第 18~32 行代码定义了第 2 个页面，其 id 属性值为"pageTwo"，并增加了"data-theme="a""属性。

第 33~48 行代码定义了第 3 个页面，其 id 属性值为"pagePopup"，是一个弹出式对话框页面。

第 11 行代码定义了一个超链接，其 href 属性值为"href="#pageTwo""，用于链接到第 2 个页面。

第 12 行代码定义了一个超链接，其 href 属性值为"href="#pagePopup""，用于链接到第 3 个页面。我们注意到，该超链接内增加了"data-rel="dialog""与"data-transition="pop""属性，这样第 3 个页面将会以弹出对话框页面的形式进行显示。"data-transition"属性用于定义动画形式，后面我们还会详细介绍。

第 27 行代码定义了一个超链接，其 href 属性值为"href="#pageOne""，并增加了"data-rel="back""属性定义，用于返回到第 1 个页面。

第 43 行代码定义了一个超链接，其 href 属性值为"href="#pageOne""，并同样增加了"data-rel="back""属性定义，同样用于返回到第 1 个页面。

下面我们测试一下 jqmMultiPages.html 页面文件，打开后初始页面的效果如图 10.5 所示。

在图 10.5 中，第 1 个页面中定义的内容全部显示出来，我们看到了链接到第 2 个和第 3 个页面的按钮。点击"Show second page | 显示页面二"，打开后其页面的效果如图 10.6 所示。在图 10.6 中，第 2 个页面中定义的内容全部显示出来，页面中还含有返回到第 1 个页面的按钮。

图 10.5　多页面运行效果（1）

图 10.6　多页面运行效果（2）

返回到【代码 10-3】中的第 19 行代码。"data-theme="a""属性用于定义页面主题样式，我们可以将其修改为"data-theme="b""，再次运行页面，效果如图 10.7 所示。

在图 10.7 中，页面主题样式改变了。jQuery Mobile 框架为设计人员预置了一些有特色的主题样式，可供设计人员在编写代码时选用。

点击图 10.7 中的"Back to page "one" | 返回页面一"，页面将会跳回图 10.5 所示的页面中，点击图 10.5 中的"Show page "popup" (as a dialog) | 对话框页面"，打开的页面效果如图 10.8 所示。我们继续点击其中的"Back to page "one" | 返回页面一"按钮，将会返回到图 10.5 所示的界面中。

图 10.7　多页面运行效果（3）

图 10.8　多页面运行效果（4）

10.2.3　jQuery Mobile 对话框页面

jQuery Mobile 框架为设计人员提供了多种风格的对话框页面，本小节我们将详细地介绍对话框页面示例（对应源代码 jqmPages 目录中的 jqmDialogPage.html 文件）。

【代码 10-4】

```
01  <h4>Basics | 基本型对话框</h4>
02  <a href="dialog-basic.html"
03    class="ui-shadow ui-btn ui-corner-all ui-btn-inline"
04    data-transition="pop">
05    Open dialog | 打开对话框
06  </a>
```

代码的具体分析如下：

第 02~06 行代码定义了一个超链接，用于打开一个对话框页面。

第 02 行代码定义了"href="dialog-basic.html""属性，表示对话框页面文档名称为"dialog-basic.html"。

第 03 行代码定义了 CSS 样式。

第 04 行代码定义了 "data-transition="pop"" 属性，表示为弹出式对话框。

运行 jqmDialogPage.html 页面，效果如图 10.9 所示。继续点击 "Open dialog | 打开对话框" 按钮，打开的弹出式对话框页面效果如图 10.10 所示。

图 10.9　弹出式对话框页面效果（1）

图 10.10　弹出式对话框页面效果（2）

下面我们看下弹出式对话框页面的代码（对应源代码 jqmPages 目录中的 dialog-basic.html 文件）。

【代码 10-5】

```
01  <!DOCTYPE html>
02  <html>
03    <head>
04    <meta charset="utf-8">
05    <meta name="viewport" content="width=device-width, initial-scale=1">
06    <title>jQuery Mobile - 基本型对话框</title>
07    <link rel="stylesheet" href="../css/themes/default/jquery.mobile-
        1.4.5.min.css">
08    <link rel="stylesheet" href="../_assets/css/jqm-demos.css">
09    <link rel="shortcut icon" href="../favicon.ico">
10    <script src="../js/jquery.js"></script>
11    <script src="../_assets/js/index.js"></script>
12    <script src="../js/jquery.mobile-1.4.5.min.js"></script>
13    </head>
14    <body>
15    <div data-role="page" data-dialog="true">
16    <div data-role="header" data-theme="b">
17        <h3>Dialog</h3>
```

```
18    </div>
19    <div role="main" class="ui-content">
20        <h3>Delete page | 删除页面?</h3>
21        <p>This is a regular page, styled as a dialog.</p>
22        <a href="jqmDialogPage.html" data-rel="back" class="ui-btn ui-shadow
          ui-corner-all ui-btn-a">Sounds good | 好的</a>
23        <a href="jqmDialogPage.html" data-rel="back" class="ui-btn ui-shadow
          ui-corner-all ui-btn-a">Cancel | 取消</a>
24    </div>
25    </div>
26    </body>
27    </html>
```

在【代码 10-4】中第 04 行代码定义了"data-transition="pop""属性，同样还可以为"data-transition"属性定义不同的动画风格，具体参见【代码 10-6】（对应源代码 jqmPages 目录中的 jqmDialogPage.html 文件）。

【代码 10-6】

```
01  <a href="dialog-basic.html" class="ui-shadow ui-btn ui-corner-all ui-btn-
    inline" data-transition="pop">data-transition="pop"</a><br>
02  <a href="dialog-basic.html" class="ui-shadow ui-btn ui-corner-all ui-btn-
    inline" data-transition="slidedown">data-transition="slidedown"</a><br>
03  <a href="dialog-basic.html" class="ui-shadow ui-btn ui-corner-all ui-btn-
    inline" data-transition="flip">data-transition="flip"</a><br>
```

在【代码 10-6】中，分别定义了 3 种"data-transition"属性值（"pop"、"slidedown"和 "flip"），表示 3 种不同的动画风格。在书中无法展现其动画效果，读者可以自行运行配套源代码进行测试，体会一下具体效果。

通过前面几个效果图，我们注意到 jQuery Mobile 框架的对话框页面中的关闭按钮均在左上角，那么能不能定义成右上角或无关闭按钮的风格呢？答案是肯定的，可以通过"data-close-btn"属性来实现。

我们先看右上角关闭按钮风格对话框页面，具体见下面（对应源代码 jqmPages 目录中的 dialog-rightclosebtn.html 文件）。

【代码 10-7】

```
01  <div data-role="page" data-close-btn="right" data-dialog="true">
02    <div data-role="header">
03        <h3>Dialog</h3>
04    </div>
05    <div role="main" class="ui-content">
06        <h4>Right close button | 右侧关闭对话框</h4>
```

```
07      <p>This is a regular page, styled as a dialog. To create a dialog, just
        link to a normal page and include a transition and <code>data-
        rel="dialog"</code> attribute.</p>
08      <a href="jqmDialogPage.html" data-rel="back" class="ui-btn ui-shadow ui-
        corner-all ui-btn-b">Ok, I get it | 好的</a>
09    </div>
10  </div>
```

在【代码 10-7】中，第 01 行代码定义的<div>标签元素中增加了一个"data-close-btn="right""属性，用于表明该对话框页面为右侧关闭按钮对话框。

运行程序，页面效果如图 10.11 所示。

图 10.11　右侧关闭按钮对话框页面效果

接着，我们看一下无关闭按钮风格对话框页面（对应源代码 jqmPages 目录中的 dialog-noclosebtn.html 文件）。

【代码 10-8】

```
01  <div data-role="page" data-close-btn="none" data-dialog="true">
02    <div data-role="header">
03      <h3>Dialog</h3>
04    </div>
05    <div role="main" class="ui-content">
06      <h4>No close button | 无关闭按钮对话框</h4>
07      <p>This is a regular page, styled as a dialog. To create a dialog, just
        link to a normal page and include a transition and <code>data-
        rel="dialog"</code> attribute.</p>
08      <a href="jqmDialogPage.html" data-rel="back" class="ui-btn ui-shadow ui-
        corner-all ui-btn-b">Ok, I get it | 好的</a>
09    </div>
10  </div>
```

在【代码 10-8】中，第 01 行代码定义的<div>标签元素中同样增加了一个"data-close-btn="none"" 属性，用于表明该对话框页面为无关闭按钮对话框。

运行程序，页面效果如图 10.12 所示。

图 10.12　无关闭按钮对话框页面效果

接着，我们看一下无圆角对话框页面的代码（对应源代码 jqmPages 目录中的 dialog-corners.html 文件）。

【代码 10-9】

```
01  <div data-role="page" data-corners="false" data-dialog="true">
02    <div data-role="header">
03      <h3>Dialog</h3>
04    </div>
05    <div role="main" class="ui-content">
06      <h4>No rounded corners | 无圆角对话框</h4>
07      <p>This is a regular page, styled as a dialog. To create a dialog, just
        link to a normal page and include a transition and <code>data-
        rel="dialog"</code> attribute.</p>
08      <a href="jqmDialogPage.html" data-rel="back" class="ui-btn ui-shadow ui-
        corner-all ui-btn-b">Ok, I get it</a>
09    </div>
10  </div>
```

第 01 行代码定义的<div>标签元素中同样增加了一个"data-corners="false""属性，用于表明该对话框页面为无圆角对话框。

运行程序，页面效果如图 10.13 所示。

图 10.13　无圆角对话框页面效果

10.2.4　jQuery Mobile 导航

jQuery Mobile 框架设计了一个导航（Navigation）系统，能够通过 Ajax 方式链接到新的页面或 DOM 标签上，提高了标准的超链接方式的表现能力。jQuery Mobile 框架的一个核心特性就是能够将完全不同的页面中的视图内容导入到应用初始页面中，类似使用锚点（anchor）和返回按钮的导航方式。jQuery Mobile 框架定义了一个 "navigate" 事件，用于处理导航操作，其中 "navigate" 事件是针对 HTML 的 "hashchange" 事件和 HTML 5 的 "popstate" 事件的封装事件。

下面我们介绍一个使用 jQuery Mobile 导航的例子（对应源代码 jqmNaviEvent 目录中的 jqmNaviEvent.html 文件）。

【代码 10-10】

```
01  <!DOCTYPE html>
02  <html>
03  <head>
04    <meta charset="utf-8">
05    <meta name="viewport" content="width=device-width, initial-scale=1">
06    <title>Navigation - jQuery Mobile Demos</title>
07    <link rel="stylesheet" href="../css/themes/default/jquery.mobile-
       1.4.5.min.css">
08    <link rel="stylesheet" href="../_assets/css/jqm-demos.css">
09    <link rel="shortcut icon" href="../favicon.ico">
10    <script src="../js/jquery.js"></script>
11    <script src="../_assets/js/index.js"></script>
12    <script src="../js/jquery.mobile-1.4.5.min.js"></script>
```

```
13      <script type="text/javascript" src="jqmNaviEvent.js"></script>
14  </head>
15  <body>
16  <div data-role="page" class="jqm-demos" data-quicklinks="true">
17      <div data-role="header" class="jqm-header">
18          <p><a href="#" id="#top" title="Navigation - jQuery Mobile
            Demos"></a></p>
19      </div><!-- /header -->
20      <div role="main" class="ui-content jqm-content">
21          <h3>jQuery Mobile - Navigation | 导航</h3>
22          <p>The <code>$.mobile.navigate</code> method and the
            <code>navigate</code> event form the foundation of jQuery Mobile's
            navigation infrastructure.</p>
23          <p>jQuery Mobile 框架的 <code>$.mobile.navigate</code> 方法和
            <code>navigate</code> 事件用于导航操作.</p>
24          <a href="#" id="a-navi-top" class="ui-shadow ui-btn ui-corner-
            all">Click to bottom anchor</a>
25          <h3>jQuery Mobile - Navigation | 导航</h3>
26          <p>The <code>$.mobile.navigate</code> method and the
            <code>navigate</code> event form the foundation of jQuery Mobile's
            navigation infrastructure.</p>
27          <p><em>注意：选择使用 state 属性时必须谨慎小心，要避开 url, hash, 和
            direction 这些属性.</em></p>
28          <a href="#" id="a-navi-bottom" class="ui-shadow ui-btn ui-corner-
            all">Click to top anchor</a>
29      </div><!-- /content -->
30      <div data-role="footer" data-position="fixed" data-tap-toggle="false"
        class="jqm-footer">
31          <p>Copyright 2016 by <a href="#" name="bottom">king</a></p>
32      </div><!-- /footer -->
33  </div><!-- /page -->
34  </body>
35  </html>
```

代码的具体分析如下：

第 03～14 行代码定义了页面文档的头部，引用了相关的库文件。我们注意到第 13 行代码引用了一个自定义脚本文件（jqmNaviEvent.js）。

第 15～34 行代码定义了页面文档的主体部分。其中，第 24 行与第 28 行代码定义了两个超链接，id 值分别为 "a-navi-top" 与 "a-navi-bottom"，相当于两个锚点。

下面我们看一下【代码 10-10】中第 13 行代码引用的自定义脚本文件（对应源代码 jqmNaviEvent 目录中的 jqmNaviEvent.js 文件）。

【代码 10-11】

```
01  (function( $ ) {
02    // On document ready
03    $(function() {
04      // Bind to the navigate event
05      $( window ).on( "navigate", function( event, data ) {
06        console.log( "navigated!" );
07        console.log( data.state.info );
08        console.log( data.state.direction );
09        console.log( data.state.url );
10        console.log( data.state.hash );
11      });
12      // Bind to the click of the example link
13      $( "#a-navi-top" ).click(function( event ) {
14        event.preventDefault();
15        location.hash = "hash-changed";
16        $.mobile.navigate( "#bottom" );
17      });
18      // Bind to the click of the example link
19      $( "#a-navi-bottom" ).click(function( event ) {
20        // Append to #top
21        $.mobile.navigate( "#top", {
22          info: "info about the #a-navi-top hash"
23        });
24        // Back to #bottom
25        $.mobile.navigate( "#bottom" );
26        // Go back to pop the state and log it
27        window.history.back();
28      });
29    });
30  })( jQuery );
```

如果读者有过 jQuery 框架开发经验，理解上面的脚本代码应该不难，下面我们对【代码 10-11】中的 js 代码做一个详细的介绍。

第 05～11 行脚本代码定义了针对 jQuery Mobile 框架中"navigate"事件的处理函数方法，并将状态"state"参数属性值输出到控制台中显示。

第 13～17 行代码定义了【代码 10-10】中第 24 行代码定义的 id 值为"a-navi-top"的超链接的处理函数方法。其中，第 15 行代码设定了新的 hash 值（"hash-changed"）。第 16 行代码使用"$.mobile.navigate()"方法将页面导航定位到锚点（"#bottom"）上，该锚点的定义见【代码 10-10】中第 31 行代码中的超链接元素。

第 19～28 行代码定义了【代码 10-10】中第 28 行代码定义的 id 值为 "a-navi-bottom" 的超链接的处理函数方法。其中，第 21～23 行代码使用 "$.mobile.navigate()" 方法将页面导航定位到锚点（"#top"）上，该锚点的定义见【代码 10-10】中第 18 行代码中的超链接元素，并增加了一个 "info" 参数用于传递信息。第 25 行代码再次使用 "$.mobile.navigate()" 方法将页面导航定位到锚点（"#bottom"）上。第 27 行代码使用 "window.history.back()" 方法进行页面访问历史的返回操作。

运行 jqmNaviEvent.html，页面初始效果如图 10.14 所示。

然后，我们使用 "Ctrl+Shift+J" 快捷键打开 FireFox 浏览器控制台，并在图 10.14 中继续点击 "Click to bottom anchor" 按钮。为了更好地让读者理解导航操作过程，我们先将【代码 10-11】中的第 15 行关于设置 hash 值的代码注销，此时的页面效果与控制台输出信息分别如图 10.15 与图 10.16 所示。

图 10.14 页面导航效果（1）　　　　　　图 10.15 页面导航效果（2）

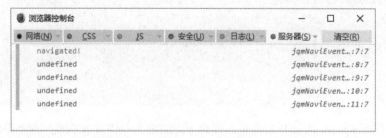

图 10.16 页面导航控制台输出（1）

从图 10.15 中可以看到，点击 "Click to bottom anchor" 按钮操作后，页面跳转到了底部。而图 10.16 中控制台输出了该操作带来的信息，输出每条信息的脚本代码位置在控制台界面的右侧，有详细的脚本文件名称和具体行号。

我们有必要将图 10.16 中控制台的输出信息做一个详细分析，这样也有助于理解 jQuery Mobile 框架导航的工作原理。

当我们点击 "Click to bottom anchor" 按钮后，【代码 10-11】中第 16 行代码执行了一次

"\$.mobile.navigate()"方法,触发了一次"navigate"事件。然后,【代码 10-11】中第 05~11 行脚本代码定义的处理方法输出了若干行信息(譬如,第 06 行脚本代码输出的"navigated!"信息,而第 07~10 行代码定义的"state.info""state.direction""state.url"和"state.hash"参数值输出为空)。至此,第一次触发"navigate"事件后的控制台信息全部输出完毕。

然后,复原关于【代码 10-11】中第 15 行关于设置 hash 值的代码的注销,然后刷新页面并重新进行点击"Click to bottom anchor"按钮的操作,此时的控制台输出信息如图 10.17 所示。

图 10.17　页面导航控制台输出(2)

从图 10.17 中可以看到,由于恢复了【代码 10-11】中第 15 行代码设定了新 hash 值的操作,因此触发了一次"navigate"事件,同时第 09 和 10 行代码在控制台输出了新的"state.url"和"state.hash"参数值。然后,第 16 行代码执行了"\$.mobile.navigate()"方法后,再次触发了"navigate"事件,我们看到控制台的输出与图 10.16 的内容完全一致。

最后,点击图 10.15 中的"Click to top anchor"按钮,页面会返回图 10.14 的初始状态。此时控制台输出信息如图 10.18 所示。

图 10.18　页面导航控制台输出(3)

从图 10.18 中可以看到,点击"Click to top anchor"按钮操作后,一共触发了 3 次

"navigate"事件，却只有【代码 10-11】中第 27 行代码执行的"window.history.back()"操作，并输出了新的"state.info""state.direction""state.url"和"state.hash"参数值，而此时新的 hash 值是"#top"。

10.2.5 jQuery Mobile 加载

jQuery Mobile 框架设计了一个加载（Loader）元素，当页面通过 Ajax 方式刷新内容时，可以通过在页面中显示加载（Loader）元素来完成页面提示信息的功能。

应用 jQuery Mobile 框架加载（Loader）元素的方法非常简单，还支持自定义主题风格功能。下面我们介绍一个使用 jQuery Mobile 加载（Loader）元素的例子（对应源代码 jqmLoader 目录中的 jqmLoader.html 文件）。

【代码 10-12】

```
01  <!DOCTYPE html>
02  <html>
03  <head>
04      <meta charset="utf-8">
05      <meta name="viewport" content="width=device-width, initial-scale=1">
06      <title>jQuery Mobile - Loader</title>
07      <link rel="shortcut icon" href="../favicon.ico">
08      <link rel="stylesheet" href="../css/themes/default/jquery.mobile-
        1.4.5.min.css">
09      <link rel="stylesheet" href="../_assets/css/jqm-demos.css">
10      <script src="../js/jquery.js"></script>
11      <script src="../_assets/js/index.js"></script>
12      <script src="../js/jquery.mobile-1.4.5.min.js"></script>
13      <script src="jqmLoader.js"></script>
14  </head>
15  <body>
16  <div data-role="page" class="jqm-demos" data-quicklinks="true">
17      <div role="main" class="ui-content jqm-content">
18          <h3>Standard loader｜加载页面(标准)</h3>
19          <p>The loader overlay can be icon only, text only or both.</p>
20          <p>加载页面可以表现为图标、文本或二者合一形式.</p>
21          <div data-demo-html="true" data-demo-js="true">
22  <button class="show-loading" data-textonly="false" data-
    textvisible="false" data-msgtext="" data-inline="true">Icon
    (default)</button>
23  <button class="show-loading" data-textonly="false" data-textvisible="true"
    data-msgtext="Icon + Text's loading..." data-inline="true">Icon +
```

```
   text</button>
24 <button class="show-loading" data-theme="b" data-textonly="true" data-
   textvisible="true" data-msgtext="Only text loading" data-inline="true">Text
   only</button>
25 <button class="hide-loading" data-inline="true" data-icon="delete">Hide</button>
26         </div><br><!--/demo-html -->
27         <h3>Custom HTML ｜ 加载页面(自定义)</h3>
28         <p>Any HTML can be added to the loader overlay.</p>
29         <p>任何 HTML 文档均可以被加入到加载页面中.</p>
30         <div data-demo-html="true" data-demo-js="true">
31 <button class="show-loading" data-theme="b" data-textonly="true" data-
   textvisible="true" data-msgtext="Custom Loader" data-inline="true" data-
   html="&lt;span class=&quot;ui-bar ui-shadow ui-overlay-d ui-corner-
   all&quot;&gt;&lt;img src=&quot;../_assets/img/jquery-
   logo.png&quot;&gt;&lt;h2&gt;is loading for
   you ...&lt;/h2&gt;&lt;/span&gt;" data-iconpos="right">Custom HTML</button>
32 <button class="hide-loading" data-inline="true" data-
   icon="delete">Hide</button>
33         </div><br><!--/demo-html -->
34         <h3>Theme ｜ 加载页面(主题)</h3>
35         <p>The theme swatch can be set on the loader overlay.</p>
36         <div data-demo-html="true" data-demo-js="true">
37 <button class="show-loading" data-theme="a" data-textonly="false" data-
   textvisible="true" data-msgtext="Loading theme a" data-
   inline="true">A</button>
38 <button class="show-loading" data-theme="b" data-textonly="false" data-
   textvisible="true" data-msgtext="Loading theme b" data-
   inline="true">B</button>
39 <button class="hide-loading" data-inline="true" data-
   icon="delete">Hide</button>
40         </div><!--/demo-html -->
41     </div><!-- /content -->
42     <div data-role="footer" data-position="fixed" data-tap-toggle="false"
       class="jqm-footer">
43         <p>Copyright 2016 by <a href="#" name="bottom">king</a></p>
44     </div><!-- /footer -->
45 </div><!-- /page -->
46 </body>
47 </html>
```

代码的具体分析如下：

第 03～14 行代码定义了页面文档的头部，引用了相关的库文件。我们注意到第 13 行代码引用了一个自定义脚本文件（jqmLoader.js）。

第 15～46 行代码定义了页面文档的主体部分。其中，第 22～25 行代码通过<button>标签元素定义了第一组加载元素打开链接按钮，该组为基本型加载元素。然后，第 31～32 行代码定义了第二组加载元素打开链接按钮，该组为自定义页面加载元素。最后，第 37～39 行定义了第三组加载元素打开链接按钮，该组为主题风格加载元素。

下面我们看一下【代码 10-12】中第 13 行代码引用的自定义脚本文件（对应源代码 jqmLoader 目录中的 jqmLoader.js 文件）。

【代码 10-13】

```
01  $( document ).on( "click", ".show-loading", function() {
02    var $this = $( this ),
03      theme = $this.jqmData( "theme" ) ||
        $.mobile.loader.prototype.options.theme,
04      msgText = $this.jqmData( "msgtext" ) ||
         $.mobile.loader.prototype.options.text,
05      textVisible = $this.jqmData("textvisible") ||
        $.mobile.loader.prototype.options.textVisible,
06      textonly = !!$this.jqmData( "textonly" );
07    html = $this.jqmData( "html" ) || "";
08    $.mobile.loading( "show", {
09      text: msgText,
10      textVisible: textVisible,
11      theme: theme,
12      textonly: textonly,
13      html: html
14    });
15  }).on( "click", ".hide-loading", function() {
16    $.mobile.loading( "hide" );
17  });
```

JS 代码的具体分析如下：

第 02～07 行脚本代码定义了用于显示在加载元素中的相关参数。

第 08～14 行代码使用 "$.mobile.loading()" 方法在页面中显示加载元素。

第 05～17 行代码使用 "$.mobile.loading()" 方法在页面中隐藏加载元素。

运行 jqmLoader.html，页面初始效果如图 10.19 所示。然后，我们依次点击图 10.19 中的 "Icon (default)" "Icon + Text" 和 "Text only" 3 个按钮，代表类型依次为图标（默认）、图标+文本、仅文本，其页面效果分别如图 10.20、图 10.21 和图 10.22 所示。

图 10.19 页面加载元素效果（1）

图 10.20 页面加载元素效果（2）

图 10.21 页面加载元素效果（3）

图 10.22 页面加载元素效果（4）

　　如果需要隐藏加载元素，可以点击最右侧的"Hide"按钮。然后，我们继续点击"Custom HTML"按钮，页面将会显示自定义加载元素，其页面如图 10.23 所示。从图 10.23 中可以看到，加载元素为【代码 10-12】中第 31 行代码定义的"src"属性值，显示为本地图片和一些文本内容。

图 10.23　页面加载元素效果（五）

最后，我们还实现了带有主题风格的加载元素，与前面介绍的加载元素类似，读者可以自行进行测试。

10.2.6　jQuery Mobile 动画效果

在前面各个小节的应用中都有使用过 jQuery Mobile 动画效果，譬如元素标签中定义的"data-transition="pop""属性就是一种最常用的"弹出式"动画效果。下面给出根据 jQuery Mobile 框架官方文档中的内容总结的关于 jQuery Mobile 动画效果的含义。

- fade：消隐效果。
- pop：弹出式效果。
- flip：旋转式效果。
- turn：弹出+旋转式效果。
- flow：切换式效果。
- slide：滑动效果。
- slideup：向上滑动效果。
- slidedown：向下滑动效果。
- slidefade：滑动+消隐效果。
- none：默认无动画效果。

除了以上这些jQuery Mobile 框架为设计人员内置的动画效果，jQuery Mobile 框架还允许设计人员通过使用"$.mobile.transitionHandlers"属性自定义动画效果，感兴趣的读者可以参考官方文档深入了解。

使用 jQuery Mobile 动画效果的方法非常简单，其实前面章节中的应用代码已经使用过了。下面我们将全部内置的 jQuery Mobile 动画效果整合在一起，编写一个简单的应用例程（详见源代码 jqmTransitions 目录中的 jqmTransitions.html、page-transitions-dialog.html 和 page-transitions-page.html 三个 HTML 文档，其中后两个 HTML 文档分别用于显示对话框与显示页面的功能）。jqmTransitions.html 文档中关于动画效果的定义如下：

【代码 10-14】

```
01  <div data-demo-html="true" data-demo-css="true">
02  <table margin="0">
03  <tr>
04  <th><h3>fade</h3></th>
05  <td><a href="page-transitions-dialog.html" data-rel="dialog" data-
    transition="fade" class="ui-btn ui-corner-all ui-shadow ui-btn-
    inline">dialog</a></td>
06  <td><a href="page-transitions-page.html" data-transition="fade" class="ui-
    btn ui-corner-all ui-shadow ui-btn-inline">page</a></td>
07  </tr>
08  <tr>
09  <th><h3>pop</h3></th>
10  <td><a href="page-transitions-dialog.html" data-rel="dialog" data-
    transition="pop" class="ui-btn ui-corner-all ui-shadow ui-btn-
    inline">dialog</a></td>
11  <td><a href="page-transitions-page.html" data-transition="pop" class="ui-
    btn ui-corner-all ui-shadow ui-btn-inline">page</a></td>
12  </tr>
13  <tr>
14  <th><h3>flip</h3></th>
15  <td><a href="page-transitions-dialog.html" data-rel="dialog" data-
    transition="flip" class="ui-btn ui-corner-all ui-shadow ui-btn-
    inline">dialog</a></td>
16  <td><a href="page-transitions-page.html" data-transition="flip" class="ui-
    btn ui-corner-all ui-shadow ui-btn-inline">page</a></td>
17  </tr>
18  <tr>
19  <th><h3>turn</h3></th>
20  <td><a href="page-transitions-dialog.html" data-rel="dialog" data-
    transition="turn" class="ui-btn ui-corner-all ui-shadow ui-btn-
    inline">dialog</a></td>
21  <td><a href="page-transitions-page.html" data-transition="turn" class="ui-
    btn ui-corner-all ui-shadow ui-btn-inline">page</a></td>
22  </tr>
```

```
23  <tr>
24  <th><h3>flow</h3></th>
25  <td><a href="page-transitions-dialog.html" data-rel="dialog" data-
    transition="flow" class="ui-btn ui-corner-all ui-shadow ui-btn-
    inline">dialog</a></td>
26  <td><a href="page-transitions-page.html" data-transition="flow" class="ui-
    btn ui-corner-all ui-shadow ui-btn-inline">page</a></td>
27  </tr>
28  <tr>
29  <th><h3>slidefade</h3></th>
30  <td><a href="page-transitions-dialog.html" data-rel="dialog" data-
    transition="slidefade" class="ui-btn ui-corner-all ui-shadow ui-btn-
    inline">dialog</a></td>
31  <td><a href="page-transitions-page.html" data-transition="slidefade"
    class="ui-btn ui-corner-all ui-shadow ui-btn-inline">page</a></td>
32  </tr>
33  <tr>
34  <th><h3>slide</h3></th>
35  <td><a href="page-transitions-dialog.html" data-rel="dialog" data-
    transition="slide" class="ui-btn ui-corner-all ui-shadow ui-btn-
    inline">dialog</a></td>
36  <td><a href="page-transitions-page.html" data-transition="slide"
    class="ui-btn ui-corner-all ui-shadow ui-btn-inline">page</a></td>
37  </tr>
38  <tr>
39  <th><h3>slideup</h3></th>
40  <td><a href="page-transitions-dialog.html" data-rel="dialog" data-
    transition="slideup" class="ui-btn ui-corner-all ui-shadow ui-btn-
    inline">dialog</a></td>
41  <td><a href="page-transitions-page.html" data-transition="slideup"
    class="ui-btn ui-corner-all ui-shadow ui-btn-inline">page</a></td>
42  </tr>
43  <tr>
44  <th><h3>slidedown</h3></th>
45  <td><a href="page-transitions-dialog.html" data-rel="dialog" data-
    transition="slidedown" class="ui-btn ui-corner-all ui-shadow ui-btn-
    inline">dialog</a></td>
46  <td><a href="page-transitions-page.html" data-transition="slidedown"
    class="ui-btn ui-corner-all ui-shadow ui-btn-inline">page</a></td>
47  </tr>
48  <tr>
49  <th><h3>none</h3></th>
```

```
50  <td><a href="page-transitions-dialog.html" data-rel="dialog" data-
    transition="none" class="ui-btn ui-corner-all ui-shadow ui-btn-
    inline">dialog</a></td>
51  <td><a href="page-transitions-page.html" data-transition="none" class="ui-
    btn ui-corner-all ui-shadow ui-btn-inline">page</a></td>
52  </tr>
53  </table>
54  </div>
```

从上面的代码中可以看到，通过定义不同的"data-transition"属性值就能显示出不同的动画
效果。运行 jqmTransitions.html，页面初始效果如图 10.24 所示。然后，我们可以依次点击图
10.24 中的各个动画效果按钮，其中"dialog"表示对话框，"page"表示页面。在书中无法体现
出各个动画效果，读者可以自行测试本书中的源代码，体验一下 jQuery Mobile 中的各种动
画效果。

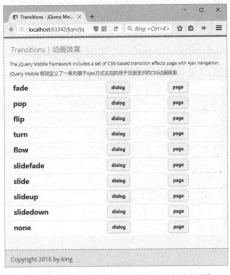

图 10.24　jQuery Mobile 动画效果界面

10.3　jQuery Mobile CSS 样式

在 10.2 节我们介绍了关于 jQuery Mobile 框架页面与导航方面的相关内容与使用方法，本节
将介绍 jQuery Mobile 框架中关于 CSS 样式的内容。

10.3.1　按钮样式

按钮是所有前端框架中最基本的一类组件。因为按钮是最常用的一类元素，所以漂亮的按钮

风格样式是体现一个前端框架水平的重要因素之一。在 jQuery Mobile 框架中设计了两种类型的按钮，一种是使用传统的<input>标签按钮，另一种是使用<a>和<button>标签的按钮，二者在表现效果上是一致的。

首先，我们先看一段传统<input>标签按钮的代码（对应源代码 jqmButton 目录中的 jqmInputButton.html 文件）。

【代码 10-15】

```
01  <h4>Default | 默认样式</h4>
02  <div data-demo-html="true">
03    <form>
04      <input type="button" value="Button">
05      <input type="submit" value="Submit">
06      <input type="reset" value="Reset">
07    </form>
08  </div>
```

通过定义<input>标签元素不同的"type"属性值就可以显示出不同样式的功能按钮。运行 jqmInputButton.html 页面，页面效果如图 10.25 所示。

图 10.25　默认按钮效果

上面是 jQuery Mobile 框架默认按钮样式，下面我们看一段使用"data-enhanced"属性（可以理解为一种增强样式）的<input>标签按钮的代码（对应源代码 jqmButton 目录中的 jqmInputButton.html 文件）。

【代码 10-16】

```
01  <h4>Enhanced | 增强样式</h4>
02  <div data-demo-html="true">
03    <form>
04      <div class="ui-input-btn ui-btn ui-corner-all ui-shadow">
```

```
05        Input : use "data-enhanced"
06        <input type="button" data-enhanced="true" value="Input value">
07    </div>
08   </form>
09 </div>
```

从中可以看到，通过在第 06 行代码<input>标签元素中定义"data-enhanced"属性值为"true"就可以继承页面样式。运行 jqmInputButton.html，页面效果如图 10.26 所示。

然后，将第 06 行代码<input>标签元素中定义的"data-enhanced"属性值改为"false"，取消继承页面样式。再次运行 jqmInputButton.html，页面效果如图 10.27 所示。

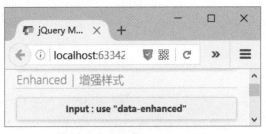

图 10.26　增强按钮效果（1）

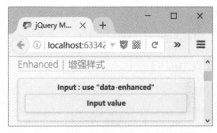

图 10.27　增强按钮效果（2）

从图 10.27 中可以看到，取消继承页面样式后，第 05 行代码<div>标签元素中的内容与第 06 行代码<input>标签元素中定义的"value"属性值"Input value"分别显示出来了，该<input>标签元素并没有继承页面样式。

上面是 jQuery Mobile 框架增强按钮样式，下面我们看一段"内联样式"按钮的代码（对应源代码 jqmButton 目录中的 jqmInputButton.html 文件）。

【代码 10-17】

```
01 <h4>Inline ｜ 内联样式</h4>
02 <div data-demo-html="true">
03   <form>
04     <input type="button" data-inline="true" value="Input">
05     <div class="ui-input-btn ui-btn ui-btn-inline">
06     Enhanced
07     <input type="button" data-enhanced="true" value="Enhanced">
08     </div>
09   </form>
10 </div>
```

从中可以看到，通过在第 06 行代码<input>标签元素中定义"data-inline"属性值为"true"就可以显示内联按钮样式。而第 05～08 行代码定义的是增强型按钮，通过在第 05 行代码中<div>标签元素内定义的 CSS 样式中增加"ui-btn-inline"样式将该按钮定义为内联式按钮。运行 jqmInputButton.html，页面效果如图 10.28 所示。

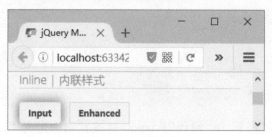

图 10.28　内联按钮效果

感兴趣的读者可以自行将第 05 行代码中的 "ui-btn-inline" 样式去掉，测试一下页面效果，看一下按钮还是不是内联样式的。

我们在前面的例程中介绍过 jQuery Mobile 框架的主题样式，下面就看一下如何定义主题样式按钮（对应源代码 jqmButton 目录中的 jqmInputButton.html 文件）：

【代码 10-18】

```
01  <h4>Theme ｜ 主题按钮</h4>
02  <div data-demo-html="true">
03   <form>
04    <input type="button" value="Input - Inherit">
05    <input type="button" data-theme="a" value="Input - Theme swatch A">
06    <input type="button" data-theme="b" value="Input - Theme swatch B">
07    <div class="ui-input-btn ui-btn">
08     Enhanced - Inherit
09     <input type="button" data-enhanced="true" value="Enhanced - Inherit">
10    </div>
11    <div class="ui-input-btn ui-btn ui-btn-a">
12     Enhanced - Theme swatch A
13     <input type="button" data-enhanced="true" value="Enhanced - Theme
       swatch A">
14    </div>
15    <div class="ui-input-btn ui-btn ui-btn-b">
16     Enhanced - Theme swatch B
17     <input type="button" data-enhanced="true" value="Enhanced - Theme
       swatch B">
18    </div>
19   </form>
20  </div>
```

从代码中可以看到，第 04～06 行代码定义了一组<input>标签元素按钮，通过定义 "data-theme" 属性值为 "a" 或 "b" 就可以显示不同主题风格按钮样式。而第 07～18 行代码定义的是一组增强型按钮，通过在<div>标签元素内定义的 CSS 样式中增加 "ui-btn-a" 或 "ui-btn-b" 样式也可以显示不同主题风格按钮样式。

运行 jqmInputButton.html，页面效果如图 10.29 所示。

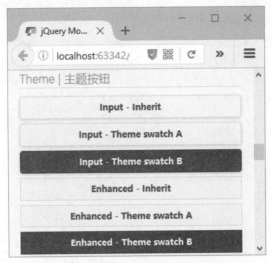

图 10.29　主题风格按钮效果

根据 jQuery Mobile 框架官方文档的介绍，本书所使用的 v1.4.5 版本默认仅支持 "-a" 和 "-b" 两种主题样式，相比老版本做了一定精简。当然设计人员也可以开发自定义主题风格来实现更丰富的主题样式。

下面看一下如何定义图标样式按钮（对应源代码 jqmButton 目录中的 jqmInputButton.html 文件）。

【代码 10-19】

```
01  <h4>Icons | 图标按钮</h4>
02  <div data-demo-html="true">
03    <form>
04     <input type="button" data-icon="edit" value="Edit Button">
05     <div class="ui-input-btn ui-btn ui-icon-delete ui-btn-icon-left">
06     Delete Button
07     <input type="button" data-enhanced="true" value="Enhanced">
08     </div>
09    </form>
10  </div>
11  <h4>Icon position | 图标位置按钮</h4>
12  <div data-demo-html="true">
13    <form>
14     <input type="button" data-icon="info" value="Left (default) Button">
15     <input type="button" data-icon="info" data-iconpos="right" value="Right
       Button">
16     <input type="button" data-icon="info" data-iconpos="top" value="Top
```

```
        Button">
17      <input type="button" data-icon="info" data-iconpos="bottom"
        value="Bottom Button">
18      <input type="button" data-icon="info" data-iconpos="notext" value="Icon
        only button">
19      <div class="ui-input-btn ui-btn ui-icon-info ui-btn-icon-left">
20      Enhanced Button - Left
21      <input type="button" data-enhanced="true" value="Enhanced - Left">
22      </div>
23      <div class="ui-input-btn ui-btn ui-icon-delete ui-btn-icon-right">
24      Enhanced Button - Right
25      <input type="button" data-enhanced="true" value="Enhanced - Right">
26      </div>
27      <div class="ui-input-btn ui-btn ui-icon-delete ui-btn-icon-top">
28      Enhanced Button - Top
29      <input type="button" data-enhanced="true" value="Enhanced - Top">
30      </div>
31      <div class="ui-input-btn ui-btn ui-icon-delete ui-btn-icon-bottom">
32      Enhanced Button - Bottom
33      <input type="button" data-enhanced="true" value="Enhanced - Bottom">
34      </div>
35      <div class="ui-input-btn ui-btn ui-icon-delete ui-btn-icon-notext">
36      Enhanced Button - Icon only
37      <input type="button" data-enhanced="true" value="Enhanced - Icon only">
38      </div>
39      </form>
40  </div>
```

第 02～10 行代码定义了一组默样式图标按钮（按钮图标默认在图标左侧）。第 04 行代码中<input>标签元素通过定义"data-icon"属性值为"edit"就可以显示一个"编辑"样式图标按钮。而第 05～08 行代码定义的是一个增强型按钮，通过在<div>标签元素内定义的 CSS 样式中增加"ui-icon-delete"样式就可以显示"删除"样式图标按钮。

【代码 10-19】中第 12～40 行代码定义了一组图标在不同位置的按钮（图标可以在按钮的上、下、左、右 4 个位置）。第 14～18 行代码中<input>标签元素通过定义"data-icon"属性值为"right""top""bottom"和"left"就可以显示图标分别在上、下、左、右 4 个位置的按钮。而第 19～38 行代码定义的是一组增强型按钮，通过在<div>标签元素内定义的 CSS 样式中分别增加了"ui-btn-icon-right""ui-btn-icon-top""ui-btn-icon-bottom"和"ui-btn-icon-left" 4 个样式同样可以显示图标分别在上、下、左、右 4 个位置的按钮。

运行 jqmInputButton.html，页面效果如图 10.30 所示。

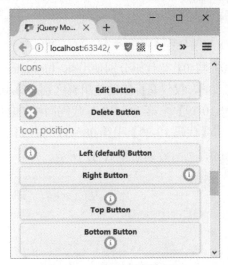

图 10.30　主题风格按钮效果

　　以上的各段代码均是使用传统的<input>标签设计按钮的方法。本小节开头介绍了，jQuery Mobile 框架还支持使用<a>和<button>标签设计按钮的方法，下面我们继续看一段使用<a>和<button>标签设计按钮的代码（对应源代码 jqmButton 目录中的 jqmButtonMarkup.html 文件）。

【代码 10-20】

```
01  <h4>Icons</h4>
02  <div data-demo-html="true">
03    <a href="#" class="ui-btn ui-icon-edit ui-btn-icon-left">Anchor</a>
04    <button class="ui-btn ui-icon-delete ui-btn-icon-left">Button</button>
05  </div>
06  <h4>Icon position</h4>
07  <div data-demo-html="true">
08    <a href="#" class="ui-btn ui-icon-info ui-btn-icon-left">Left</a>
09    <a href="#" class="ui-btn ui-icon-info ui-btn-icon-right">Right</a>
10    <a href="#" class="ui-btn ui-icon-info ui-btn-icon-top">Top</a>
11    <a href="#" class="ui-btn ui-icon-info ui-btn-icon-bottom">Bottom</a>
12  </div>
13  <h4>Icon Inline:</h4>
14  <div data-demo-html="true">
15    <a href="#" class="ui-btn ui-btn-inline ui-icon-info ui-btn-icon-
      left">Left</a>
16    <a href="#" class="ui-btn ui-btn-inline ui-icon-info ui-btn-icon-
      right">Right</a>
17    <a href="#" class="ui-btn ui-btn-inline ui-icon-info ui-btn-icon-
      top">Top</a>
18    <a href="#" class="ui-btn ui-btn-inline ui-icon-info ui-btn-icon-
```

```
        bottom">Bottom</a>
  19  </div>
```

从代码中可以看到，第 03 与 04 行代码分别使用<a>与<button>标签定义了两个按钮，其标签内部的 CSS 样式代码是一致的，仅仅是标签的使用有区别。第 08～11 行代码使用<a>标签定义了一组按钮，实现了【代码 10-19】中第 14～17 行代码同样的功能。第 15～18 行代码再次使用<a>标签定义了一组按钮，将【代码 10-20】中第 08～11 行代码定义的按钮增加了内联样式。

运行 jqmButtonMarkup.html，页面效果如图 10.31 所示。

图 10.31　主题风格按钮效果

关于 jqmButtonMarkup.html 文档的内容读者可以参看源代码，该文档基本上是使用<a>与<button>标签实现了与 jqmInputButton.html 文档<input>标签同样的功能。

10.3.2　图标样式

jQuery Mobile 框架内置了一套比较完整的图标系统，设计人员可以直接使用 CSS 样式来引用图标。jQuery Mobile 框架的图标系统摆脱了传统 HTML+CSS 设计模式下类似使用<img>标签的编程方法，使得 jQuery Mobile 代码显得更漂亮、更整洁。当然，jQuery Mobile 框架的图标系统支持自定义图标，方便设计人员进行扩展开发。

下面我们看一下使用 jQuery Mobile 图标的代码（对应源代码 jqmIcons 目录中的 jqmIcons.html 文件）。

【代码 10-21】

```
  01  <div id="id-icons" data-demo-html="true">
  02  <button class="ui-btn ui-shadow ui-corner-all ui-btn-icon-left ui-icon-
```

```
     action">action</button>
03   <button class="ui-btn ui-shadow ui-corner-all ui-btn-icon-left ui-icon-
     alert">alert</button>
04   <button class="ui-btn ui-shadow ui-corner-all ui-btn-icon-left ui-icon-
     arrow-d">arrow-d</button>
05   <button class="ui-btn ui-shadow ui-corner-all ui-btn-icon-left ui-icon-
     arrow-d-l">arrow-d-l</button>
06   <button class="ui-btn ui-shadow ui-corner-all ui-btn-icon-left ui-icon-
     arrow-d-r">arrow-d-r</button>
07   <button class="ui-btn ui-shadow ui-corner-all ui-btn-icon-left ui-icon-
     arrow-l">arrow-l</button>
08   <button class="ui-btn ui-shadow ui-corner-all ui-btn-icon-left ui-icon-
     arrow-r">arrow-r</button>
09   <button class="ui-btn ui-shadow ui-corner-all ui-btn-icon-left ui-icon-
     arrow-u">arrow-u</button>
10   <button class="ui-btn ui-shadow ui-corner-all ui-btn-icon-left ui-icon-
     arrow-u-l">arrow-u-l</button>
11   <button class="ui-btn ui-shadow ui-corner-all ui-btn-icon-left ui-icon-
     arrow-u-r">arrow-u-r</button>
12   <button class="ui-btn ui-shadow ui-corner-all ui-btn-icon-left ui-icon-
     audio">audio</button>
13   <button class="ui-btn ui-shadow ui-corner-all ui-btn-icon-left ui-icon-
     back">back</button>
14   <button class="ui-btn ui-shadow ui-corner-all ui-btn-icon-left ui-icon-
     bars">bars</button>
15   <button class="ui-btn ui-shadow ui-corner-all ui-btn-icon-left ui-icon-
     bullets">bullets</button>
16   <button class="ui-btn ui-shadow ui-corner-all ui-btn-icon-left ui-icon-
     calendar">calendar</button>
17   <button class="ui-btn ui-shadow ui-corner-all ui-btn-icon-left ui-icon-
     camera">camera</button>
18   <button class="ui-btn ui-shadow ui-corner-all ui-btn-icon-left ui-icon-
     carat-d">carat-d</button>
19   <button class="ui-btn ui-shadow ui-corner-all ui-btn-icon-left ui-icon-
     carat-l">carat-l</button>
20   <button class="ui-btn ui-shadow ui-corner-all ui-btn-icon-left ui-icon-
     carat-r">carat-r</button>
21   <button class="ui-btn ui-shadow ui-corner-all ui-btn-icon-left ui-icon-
     carat-u">carat-u</button>
22   <button class="ui-btn ui-shadow ui-corner-all ui-btn-icon-left ui-icon-
     check">check</button>
23   <button class="ui-btn ui-shadow ui-corner-all ui-btn-icon-left ui-icon-
```

```
      clock">clock</button>
24    <button class="ui-btn ui-shadow ui-corner-all ui-btn-icon-left ui-icon-
      cloud">cloud</button>
25    <button class="ui-btn ui-shadow ui-corner-all ui-btn-icon-left ui-icon-
      comment">comment</button>
26    <button class="ui-btn ui-shadow ui-corner-all ui-btn-icon-left ui-icon-
      delete">delete</button>
27    <button class="ui-btn ui-shadow ui-corner-all ui-btn-icon-left ui-icon-
      edit">edit</button>
28    <button class="ui-btn ui-shadow ui-corner-all ui-btn-icon-left ui-icon-
      eye">eye</button>
29    <button class="ui-btn ui-shadow ui-corner-all ui-btn-icon-left ui-icon-
      forbidden">forbidden</button>
30    <button class="ui-btn ui-shadow ui-corner-all ui-btn-icon-left ui-icon-
      forward">forward</button>
31    <button class="ui-btn ui-shadow ui-corner-all ui-btn-icon-left ui-icon-
      gear">gear</button>
32    <button class="ui-btn ui-shadow ui-corner-all ui-btn-icon-left ui-icon-
      grid">grid</button>
33    <button class="ui-btn ui-shadow ui-corner-all ui-btn-icon-left ui-icon-
      heart">heart</button>
34    <button class="ui-btn ui-shadow ui-corner-all ui-btn-icon-left ui-icon-
      home">home</button>
35    <button class="ui-btn ui-shadow ui-corner-all ui-btn-icon-left ui-icon-
      info">info</button>
36    <button class="ui-btn ui-shadow ui-corner-all ui-btn-icon-left ui-icon-
      location">location</button>
37    <button class="ui-btn ui-shadow ui-corner-all ui-btn-icon-left ui-icon-
      lock">lock</button>
38    <button class="ui-btn ui-shadow ui-corner-all ui-btn-icon-left ui-icon-
      mail">mail</button>
39    <button class="ui-btn ui-shadow ui-corner-all ui-btn-icon-left ui-icon-
      minus">minus</button>
40    <button class="ui-btn ui-shadow ui-corner-all ui-btn-icon-left ui-icon-
      navigation">navigation</button>
41    <button class="ui-btn ui-shadow ui-corner-all ui-btn-icon-left ui-icon-
      phone">phone</button>
42    <button class="ui-btn ui-shadow ui-corner-all ui-btn-icon-left ui-icon-
      plus">plus</button>
43    <button class="ui-btn ui-shadow ui-corner-all ui-btn-icon-left ui-icon-
      power">power</button>
44    <button class="ui-btn ui-shadow ui-corner-all ui-btn-icon-left ui-icon-
```

```
       recycle">recycle</button>
45    <button class="ui-btn ui-shadow ui-corner-all ui-btn-icon-left ui-icon-
       refresh">refresh</button>
46    <button class="ui-btn ui-shadow ui-corner-all ui-btn-icon-left ui-icon-
       search">search</button>
47    <button class="ui-btn ui-shadow ui-corner-all ui-btn-icon-left ui-icon-
       shop">shop</button>
48    <button class="ui-btn ui-shadow ui-corner-all ui-btn-icon-left ui-icon-
       star">star</button>
49    <button class="ui-btn ui-shadow ui-corner-all ui-btn-icon-left ui-icon-
       tag">tag</button>
50    <button class="ui-btn ui-shadow ui-corner-all ui-btn-icon-left ui-icon-
       user">user</button>
51    <button class="ui-btn ui-shadow ui-corner-all ui-btn-icon-left ui-icon-
       video">video</button>
52    </div>
```

上面的代码基本罗列了 jQuery Mobile 框架内置的全部图标样式，具体到某一个图标样式是使用 CSS 样式代码 "ui-icon-xxx" 来定义的。运行 jqmIcons.html，页面效果如图 10.32 所示。

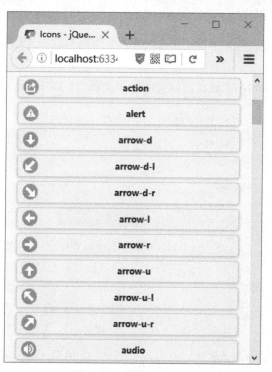

图 10.32　图标样式效果

由于页面限值，图 10.32 中仅仅显示了一小部分图标。如果读者想使用内联式图标或者无文本图标，可以添加如下脚本代码（对应源代码 jqmIcons 目录中的 jqmIcons.html 文件）。

263

【代码 10-22】

```
01  $("#id-div-input input").on("change", function(event) {
02    if(event.target.id === "opt-inline") {
03      if($("#opt-inline").prop("checked")) {
04        $("#id-icons button").addClass("ui-btn-inline");
05      } else {
06        $("#id-icons button").removeClass("ui-btn-inline");
07      }
08    }
09    if(event.target.id === "opt-notext") {
10      if($("#opt-notext").prop("checked")) {
11        $("#id-icons button").addClass("ui-btn-icon-notext").removeClass("ui-
          btn-icon-left");
12      } else {
13        $("#id-icons button").removeClass("ui-btn-icon-notext").addClass("ui-
          btn-icon-left");
14      }
15    }
16  });
```

在 jQuery 脚本代码中，我们通过一组 CheckBox 按钮来控制【代码 10-21】中定义的一组图标的样式。

再次运行 jqmIcons.html，内联式图标页面效果如图 10.33 所示，无文本图标页面效果如图 10.34 所示。

图 10.33　内联式图标样式效果　　　图 10.34　无文本图标样式效果

10.3.3　网格布局样式

jQuery Mobile 框架专门设计开发了网格布局样式，主要就是针对移动设备屏幕尺寸偏窄、规格种类多样的特点而设计的。在网格布局方面比较有特点的就是微软的 Windows Mobile 系统，虽然 Windows Mobile 系统市场占有率一直只有百分之几（目前可能还在下滑），但是从纯设计的角度上来讲，Windows Mobile 系统的功能与使用是没有任何问题的。

jQuery Mobile 框架为设计人员提供了一种非常简单的方法来构建基于 CSS 的分栏布局，并将其定义为"ui-grid"样式。在 jQuery Mobile 框架内一共预设了 4 种网格布局，具体如下：

- 两列（使用"ui-grid-a" CSS 类）。
- 三列（使用"ui-grid-b" CSS 类）。
- 四列（使用"ui-grid-c" CSS 类）。
- 五列（使用"ui-grid-d" CSS 类）。

通常，网格是全部 100%的宽度，页面中看不到边界和背景，也没有"margin"和"padding"内外边距属性，所以也就不会影响将页面元素放置网格内部后的 CSS 样式。在网格容器中，每个子元素分配"ui-block-a|b|c|d" CSS 样式且以浮动方式、连续布局在每个<div>层内，并最终形成网格布局。

下面我们具体看一下使用 jQuery Mobile 网格布局的代码（对应源代码 jqmGrid 目录中的 jqmGrid.html 文件）。

【代码 10-23】

```
01  <h4>Two column grids</h4>
02  <div data-demo-html="true">
03    <div class="ui-grid-a">
04      <div class="ui-block-a"><div class="ui-bar ui-bar-a" style="">Block
        A</div></div>
05      <div class="ui-block-b"><div class="ui-bar ui-bar-a" style="">Block
        B</div></div>
06    </div>
07  </div>
08  <h4>Two column grids' button</h4>
09  <div data-demo-html="true">
10    <fieldset class="ui-grid-a">
11      <div class="ui-block-a"><input type="submit" value="Submit" data-
        theme="a"></div>
12      <div class="ui-block-b"><input type="reset" value="Reset" data-
        theme="b"></div>
13    </fieldset>
14  </div>
15  <h4>Three-column grids</h4>
16  <div data-demo-html="true">
17    <div class="ui-grid-b">
18      <div class="ui-block-a"><div class="ui-bar ui-bar-a" style="">Block
```

```
                A</div></div>
19        <div class="ui-block-b"><div class="ui-bar ui-bar-a" style="">Block
                B</div></div>
20        <div class="ui-block-c"><div class="ui-bar ui-bar-a" style="">Block
                C</div></div>
21     </div>
22  </div>
23  <h4>Three column grids' button</h4>
24  <div data-demo-html="true">
25     <fieldset class="ui-grid-b">
26        <div class="ui-block-a"><input type="button" value="Retry"></div>
27        <div class="ui-block-b"><input type="reset" value="No"></div>
28        <div class="ui-block-c"><input type="submit" value="Yes"></div>
29     </fieldset>
30  </div>
```

关于代码的具体分析如下：

第 02~07 行代码使用"ui-grid-a"CSS 样式定义了一个两列网格，第 04 行 ui-bar-a 与第 05 行代码使用"ui-block-a"和"ui-block-b"CSS 样式定义了内部的层容器，并在每个容器内部使用"ui-bar"定义了工具条。

第 09~14 行代码同样使用"ui-grid-a"CSS 样式定义了一个两列网格，不同之处是在每个层容器内部使用<input>标签元素定义了按钮。

第 16~22 行代码与第 02~07 行代码类似，但使用"ui-grid-b"CSS 样式定义了一个三列网格工具条。

第 24~29 行代码与第 09~14 行代码类似，但使用"ui-grid-b"CSS 样式定义了一个三列网格按钮。

运行 jqmGrid.html，页面效果如图 10.35 所示。

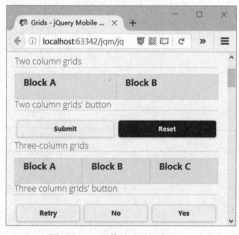

图 10.35　网格布局效果（1）

由于页面限制，【代码 10-22】中仅仅列举了两列和三列网格布局，在 jqmGrid.html 文档中还包含四列与五列网格布局的代码，读者可以自行测试。

如果想设计类似表格（table）的网格布局，可以使用 jQuery Mobile 网格布局来进行设计（对应源代码 jqmGrid 目录中的 jqmGrid.html 文件）。

【代码 10-24】

```
01 <div class="ui-grid-b">
02  <div class="ui-block-a"><div class="ui-bar ui-bar-a"
    style="height:32px">Block A</div></div>
03  <div class="ui-block-b"><div class="ui-bar ui-bar-a"
    style="height:32px">Block B</div></div>
04  <div class="ui-block-c"><div class="ui-bar ui-bar-a"
    style="height:32px">Block C</div></div>
05  <div class="ui-block-a"><div class="ui-bar ui-bar-a"
    style="height:32px">Block A</div></div>
06  <div class="ui-block-b"><div class="ui-bar ui-bar-a"
    style="height:32px">Block B</div></div>
07  <div class="ui-block-c"><div class="ui-bar ui-bar-a"
    style="height:32px">Block C</div></div>
08  <div class="ui-block-a"><div class="ui-bar ui-bar-a"
    style="height:32px">Block A</div></div>
09  <div class="ui-block-b"><div class="ui-bar ui-bar-a"
    style="height:32px">Block B</div></div>
10  <div class="ui-block-c"><div class="ui-bar ui-bar-a"
    style="height:32px">Block C</div></div>
11 </div>
```

关于代码的具体分析如下：

第 01 行代码使用 "ui-grid-b" CSS 样式定义了一个三列网格。

第 02～10 行代码同样使用 "ui-block-a" "ui-block-b" 和 "ui-block-c" 3 个 CSS 样式连续定义了 3 行工具条。这样第 01～11 行代码就构成了一个类似表格（table）的网格布局。

运行 jqmGrid.html，页面效果如图 10.36 所示。

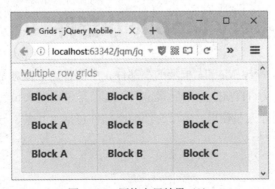

图 10.36　网格布局效果（2）

如果想设计类似单列的网格布局，也可以使用 jQuery Mobile 设计单列网格布局的方法（对应源代码 jqmGrid 目录中的 jqmGrid.html 文件）。

【代码 10-25】

```
01  <div data-demo-html="true">
02    <div class="ui-grid-a">
03      <div class="ui-block-a"><a class="ui-shadow ui-btn ui-corner-
        all">Previous</a></div>
04      <div class="ui-block-b"><a class="ui-shadow ui-btn ui-corner-
        all">Next</a></div>
05    </div>
06    <div class="ui-grid-solo">
07      <div class="ui-block-a"><input type="button" value="More"></div>
08    </div>
09  </div>
```

从代码中可以看到，第 06 行代码使用 "ui-grid-solo" CSS 样式定义了一个单列网格，其他定义方法与【代码 10-23】和【代码 10-24】是一致的。

运行 jqmGrid.html，页面效果如图 10.37 所示。

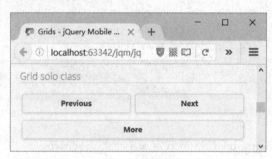

图 10.37 网格布局效果（3）

10.4 jQuery Mobile 小部件

本节我们继续介绍 jQuery Mobile 框架的小部件。小部件这个概念是随着前端框架的流行而出现的，简单地可以理解为 HTML 页面元素，只不过经是过研发人员的开发升级包装为功能强大的页面组件提供给了设计人员使用。本节介绍的小部件包括工具条、导航条、选项卡、面板和列表视图等，内容比较丰富。

10.4.1 工具条

工具条是前端框架中非常重要的一个小部件，jQuery Mobile 框架专门针对移动设备的特点对工具条进行了定制开发。在 jQuery Mobile 框架中，内置了标准、固定、外部等多种类型的工具条，为设计人员开发移动应用提供了多种选择。

首先，我们看一个使用 jQuery Mobile 标准工具条的代码（对应源代码 jqmToolbar 目录中的 jqmToolbarBasic.html 文件）。

【代码 10-26】

```
01  <div data-role="page" class="jqm-demos" data-quicklinks="true">
02    <div data-role="header">
03     <a href="#" data-rel="back" class="ui-btn ui-btn-left ui-alt-icon ui-
         nodisc-icon ui-corner-all ui-btn-icon-notext ui-icon-carat-l">Back</a>
04     <h3>Toolbar header</h3>
05    </div><!-- /header -->
06    <div role="main" class="ui-content jqm-content jqm-fullwidth">
07     <h3>Toolbar | 工具条</h3>
08    </div><!-- /content -->
09    <div data-role="footer">
10     <h3>Toolbar footer</h3>
11    </div><!-- /footer -->
12  </div><!-- /page -->
```

关于代码的具体分析如下：

整个第 01～12 行代码使用 "data-role="page"" 属性定义了一个 "page" 页面。

第 02～05 行代码使用 "data-role="header"" 属性定义了页面的头部工具条。

第 09～11 行代码使用 "data-role="footer "" 属性定义了页面的底部工具条。

运行 jqmToolbarBasic.html，页面效果如图 10.38 所示。

图 10.38　标准工具条效果

从图 10.38 的页面效果可以看到，工具条正确显示出来了，但感觉怪怪的。仔细观察后发现，底部工具条位置不对，正常应该固定在页面底部。

没关系，jQuery Mobile 框架为设计人员考虑到这一点了，我们继续看一个使用 jQuery Mobile 固定工具条的代码（对应源代码 jqmToolbar 目录中的 jqmToolbarFixed.html 文件）。

【代码 10-27】

```
01 <div data-role="page" class="jqm-demos" data-quicklinks="true">
02   <div data-role="header" data-position="fixed">
03     <a href="#" data-rel="back" class="ui-btn ui-btn-left ui-alt-icon ui-
       nodisc-icon ui-corner-all ui-btn-icon-notext ui-icon-carat-l">Back</a>
04     <h3>Toolbar Fixed header</h3>
05   </div><!-- /header -->
06   <div role="main" class="ui-content jqm-content jqm-fullwidth">
07     <h3>Toolbar Fixed | 固定工具条</h3>
08   </div><!-- /content -->
09   <div data-role="footer" data-position="fixed">
10     <h3>Toolbar Fixed footer</h3>
11   </div><!-- /footer -->
12 </div><!-- /page -->
```

【代码 10-27】与【代码 10-26】基本类似，唯一不同的地方是第 02 行与第 09 行代码定义的工具条中增加了 "data-position="fixed"" 属性，该属性的功能就是将工具条位置进行了固定。

运行 jqmToolbarFixed.html，页面效果如图 10.39 所示。

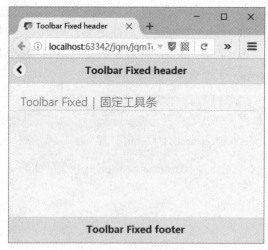

图 10.39　固定工具条效果

从图 10.39 的页面效果可以看到，底部工具条的位置固定在页面底部了，这样看上去就舒服多了。

jQuery Mobile 框架还为设计人员提供了一种外部工具条，下面我们看一下使用外部工具条的代码（对应源代码 jqmToolbar 目录中的 jqmToolbarExternal.html 文件）。

【代码 10-28】

```
01  <div data-role="header" data-theme="a">
02  <a href="#" data-rel="back" class="ui-btn ui-btn-left ui-alt-icon ui-
    nodisc-icon ui-corner-all ui-btn-icon-notext ui-icon-carat-l">Back</a>
03  <h3>External Header Toolbar</h3>
04  </div><!-- /header -->
05  <div data-role="page" class="jqm-demos" data-quicklinks="true">
06  <div role="main" class="ui-content jqm-content">
07  <h3>External Toolbars Page</h3>
08  <h3>外部工具条</h3>
09  </div><!-- /content -->
10  </div><!-- /page -->
11  <div data-role="footer" data-theme="a">
12  <h3>External Footer Toolbar  | 外部工具条</h3>
13  </div><!-- /footer -->
```

　　【代码 10-28】与前面的【代码 10-26】和【代码 10-27】在页面结构上发生了变化，第 01～03 行代码定义的头部工具条与第 11～13 行代码定义的底部工具条在第 05～10 行代码定义的"data-role="page""页面外部，而【代码 10-26】和【代码 10-27】定义的工具条均是在"data-role="page""页面内部。【代码 10-28】工具条的定义方法就是 jQuery Mobile 框架的外部工具条。jQuery Mobile 框架提供外部工具条的功能是为了设计多页面共用一个工具条的移动应用。

　　运行 jqmToolbarExternal.html，页面效果如图 10.40 所示。

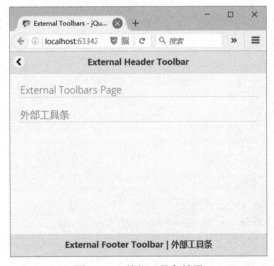

图 10.40　外部工具条效果

10.4.2　导航条

　　jQuery Mobile 框架同样针对移动设备的特点设计了一种导航条，导航条允许添加 1~5 个按钮。

首先，我们看一个使用 jQuery Mobile 导航条的代码（对应源代码 jqmNavbar 目录中的 jqmNavbar.html 文件）。

【代码 10-29】

```
01  <h3>Navbar basics</h3>
02  <p>Navbars with 1 item will render as 100% wide.</p>
03  <div data-demo-html="true">
04  <div data-role="navbar">
05  <ul>
06  <li><a href="#" class="ui-btn-active">One</a></li>
07  </ul>
08  </div><!-- /navbar -->
09  </div><!--/demo-html -->
10  <p>The navbar items are set to divide the space evenly so in this case,
    each button is 1/2 the width of the browser window:</p>
11  <div data-demo-html="true">
12  <div data-role="navbar">
13  <ul>
14  <li><a href="#">One</a></li>
15  <li><a href="#" class="ui-btn-active">Two</a></li>
16  </ul>
17  </div><!-- /navbar -->
18  </div><!--/demo-html -->
19  <p>Adding a third item will automatically make each button 1/3 the width
    of the browser window:</p>
20  <div data-demo-html="true">
21  <div data-role="navbar">
22  <ul>
23  <li><a href="#">One</a></li>
24  <li><a href="#">Two</a></li>
25  <li><a href="#" class="ui-btn-active">Three</a></li>
26  </ul>
27  </div><!-- /navbar -->
28  </div><!--/demo-html -->
29  <p>Adding a fourth more item will automatically make each button 1/4 the
    width of the browser window:</p>
30  <div data-demo-html="true">
31  <div data-role="navbar" data-grid="c">
32  <ul>
33  <li><a href="#">One</a></li>
34  <li><a href="#" class="ui-btn-active">Two</a></li>
35  <li><a href="#">Three</a></li>
36  <li><a href="#">Four</a></li>
37  </ul>
38  </div><!-- /navbar -->
39  </div><!--/demo-html -->
40  <p>The navbar maxes out with 5 items, each 1/5 the width of the browser
    window:</p>
41  <div data-demo-html="true">
```

```
42  <div data-role="navbar" data-grid="d">
43  <ul>
44  <li><a href="#" class="ui-btn-active">One</a></li>
45  <li><a href="#">Two</a></li>
46  <li><a href="#">Three</a></li>
47  <li><a href="#">Four</a></li>
48  <li><a href="#">Five</a></li>
49  </ul>
50  </div><!-- /navbar -->
51  </div>
```

关于代码的具体分析如下：

第 04～08 行代码使用 "data-role="navbar"" 属性定义了一个单按钮导航条。

第 12～17 行代码使用 "data-role="navbar"" 属性定义了两个按钮导航条，并在第 15 行代码使用 ""ui-btn-active"" CSS 样式定义了活动状态按钮。

第 21～27 行代码使用 "data-role="navbar"" 属性定义了 3 个按钮导航条，并在第 25 行代码使用 ""ui-btn-active"" CSS 样式定义了活动状态按钮。

第 31～38 行代码使用 "data-role="navbar"" 属性定义了 4 个按钮导航条，同时使用 "data-grid="c"" 属性定义了四列网格布局，并在第 34 行代码使用 ""ui-btn-active"" CSS 样式定义了活动状态按钮。

第 42～40 行代码使用 "data-role="navbar"" 属性定义了 5 个按钮导航条，同时使用 "data-grid="d"" 属性定义了五列网格布局，并在第 44 行代码使用 ""ui-btn-active"" CSS 样式定义了活动状态按钮。

运行 jqmNavbar.html，页面效果如图 10.41 所示。

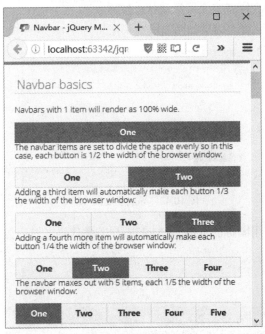

图 10.41　导航条效果（1）

下面我们看一个相对复杂一点、使用 jQuery Mobile 导航条的代码（对应源代码 jqmNavbar 目录中的 jqmNavbar.html 文件）。

【代码 10-30】

```
01  <div data-role="header" style="overflow:hidden;">
02  <h3>Navbar header</h3>
03  <a href="#" data-icon="info" class="ui-btn-left">Info</a>
04  <a href="#" data-icon="gear" class="ui-btn-right">Setting</a>
05  <div data-role="navbar">
06  <ul>
07  <li><a href="#" class="ui-btn-active">One</a></li>
08  <li><a href="#">Two</a></li>
09  <li><a href="#">Three</a></li>
10  <li><a href="#">Four</a></li>
11  <li><a href="#">Five</a></li>
12  </ul>
13  </div><!-- /navbar -->
14  </div><!-- /header -->
```

关于代码的具体分析如下：

第 01～14 行代码使用 "data-role="header"" 属性定义了一个页面头部。

第 02～04 行代码定义了一个头部标题和两个按钮，且这两个按钮分别定位在左右两侧。

第 05～13 行代码使用 "data-role="navbar"" 属性定义了 5 个按钮导航条，并在第 07 行代码使用 ""ui-btn-active"" CSS 样式定义了活动状态按钮。

运行 jqmNavbar.html，页面效果如图 10.42 所示。

图 10.42　导航条效果（2）

最后，我们看一个使用图标的 jQuery Mobile 导航条代码（对应源代码 jqmNavbar 目录中的 jqmNavbar.html 文件）。

【代码 10-31】

```
01  <div data-role="footer">
02  <div data-role="navbar" data-iconpos="bottom">
```

```
03  <ul>
04  <li><a href="#" data-icon="grid">Summary</a></li>
05  <li><a href="#" data-icon="star" class="ui-btn-active">Favs</a></li>
06  <li><a href="#" data-icon="gear">Setup</a></li>
07  </ul>
08  </div><!-- /navbar -->
09  </div><!-- /footer -->
```

这里使用"data-icon"属性定义了导航条图标。同时在第 02 行代码中使用"data-iconpos"定义了导航条图标的位置，图标的位置可以是"bottom""left""right"和"top"。

运行 jqmNavbar.html，页面效果如图 10.43 所示，显示了"bottom""left"和"right"3 种图标位置。

图 10.43 导航条效果（3）

10.4.3 选项卡

这一小节我们介绍 jQuery Mobile 框架为移动设备设计的选项卡。jQuery Mobile 框架通过导航条和列表视图两种方式来实现选项卡。

首先，我们看一下使用 jQuery Mobile 导航条实现选项卡的代码（对应源代码 jqmTabs 目录中的 jqmTabs.html 文件）。

【代码 10-32】

```
01  <div data-role="tabs" id="tabs">
02  <div data-role="navbar">
03  <ul>
04  <li><a href="#tabOne" data-ajax="false">tabOne</a></li>
05  <li><a href="#tabTwo" data-ajax="false">tabTwo</a></li>
06  <li><a href="tab-ajax-content.html" data-ajax="false">tabAjax</a></li>
07  </ul>
```

```
08  </div>
09  <div id="tabOne" class="ui-body-d ui-content">
10  <h5>tabOne contents</h5>
11  </div>
12  <div id="tabTwo">
13  <ul data-role="listview" data-inset="true">
14  <li><a href="#">A</a></li>
15  <li><a href="#">B</a></li>
16  <li><a href="#">C</a></li>
17  <li><a href="#">D</a></li>
18  <li><a href="#">E</a></li>
19  </ul>
20  </div>
21  </div>
```

关于代码的具体分析如下：

第 01 行代码使用"data-role="tabs""属性定义了一个选项卡。

第 02～08 行代码使用"data-role="navbar""属性定义了一个导航条，用作选项卡的按钮标签，第 03～07 行代码使用<ul><li>列表标签分别定义了 3 个选项卡按钮。

第 09～11 行代码定义了第一个选项卡内容，其 id 值为"tabOne"，与第 04 行代码<a>超链接中定义的"href"属性值相对应。

第 12～20 行代码定义了第二个选项卡内容，其 id 值为"tabTwo"，与第 05 行代码<a>超链接中定义的"href"属性值相对应。其中，第 13～19 行代码通过一个列表视图定义了第二个选项卡的具体内容。

第 06 行代码<a>超链接中定义的"href"属性值（对应源代码 jqmTabs 目录中的 tab-ajax-content.html 文档）表明第三个选项卡的内容是通过 Ajax 方式链接的 HTML 文档内容。

运行 jqmTabs.html 的 3 个选项卡程序，页面效果如图 10.44、图 10.45 和图 10.46 所示。在图 10.46 中，选项卡的内容是通过 Ajax 方式链接到 tab-ajax-content.html 文档中定义的内容。

图 10.44　导航条式选项卡效果（1）

图 10.45　导航条式选项卡效果（2）

图 10.46　导航条式选项卡效果（3）

下面我们再使用列表视图来实现选项卡的代码（对应源代码 jqmTabs 目录中的 jqmTabs.html 文件）。

【代码 10-33】

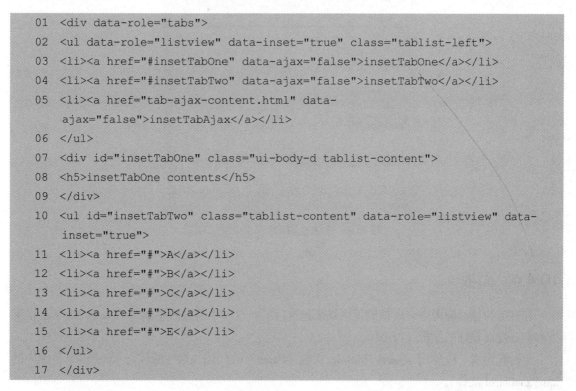

```
01  <div data-role="tabs">
02  <ul data-role="listview" data-inset="true" class="tablist-left">
03  <li><a href="#insetTabOne" data-ajax="false">insetTabOne</a></li>
04  <li><a href="#insetTabTwo" data-ajax="false">insetTabTwo</a></li>
05  <li><a href="tab-ajax-content.html" data-
        ajax="false">insetTabAjax</a></li>
06  </ul>
07  <div id="insetTabOne" class="ui-body-d tablist-content">
08  <h5>insetTabOne contents</h5>
09  </div>
10  <ul id="insetTabTwo" class="tablist-content" data-role="listview" data-
        inset="true">
11  <li><a href="#">A</a></li>
12  <li><a href="#">B</a></li>
13  <li><a href="#">C</a></li>
14  <li><a href="#">D</a></li>
15  <li><a href="#">E</a></li>
16  </ul>
17  </div>
```

关于代码的具体分析如下：

第 01 行代码使用 "data-role="tabs"" 属性定义了一个选项卡。

第 02～06 行代码的<ul>标签中使用 "data-role="listview"" 属性定义了一个列表视图，用作选项卡的按钮标签，第 03～05 行代码使用<li>标签分别定义了 3 个选项卡按钮。

第 07～16 行代码的内容与【代码 10-32】中定义的内容基本类似。

再次运行 jqmTabs.html 中的 3 个选项卡程序，页面效果如图 10.47、图 10.48 和图 10.49 所示。

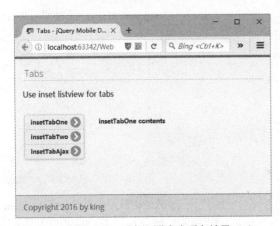

图 10.47　列表视图式选项卡效果（1）

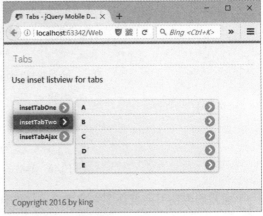

图 10.48　列表视图式选项卡效果（2）

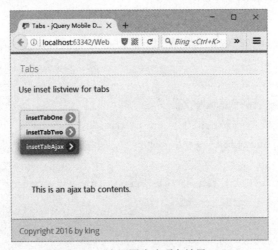

图 10.49　列表视图式选项卡效果（3）

10.4.4　面板

在目前的移动应用中，面板的使用越来越流行了。这一小节我们将介绍 jQuery Mobile 框架为移动开发而设计的面板（Panel）。

下面我们看一段使用 jQuery Mobile 面板（Panel）的代码（对应源代码 jqmPanel 目录中的 jqmPanel.html 文件）。

【代码 10-34】

```
01 <div data-role="page" class="jqm-demos" data-quicklinks="true">
```

```
02  <div data-role="header">
03  </div><!-- /header -->
04  <div role="main" class="ui-content jqm-content jqm-fullwidth">
05  <h3>Panels | 面板</h3>
06  <p><strong>Left</strong> panel examples | 左侧面板</p>
07  <a href="#leftpanel3" class="ui-btn ui-shadow ui-corner-all ui-btn-inline
    ui-mini">Overlay</a>
08  <a href="#leftpanel1" class="ui-btn ui-shadow ui-corner-all ui-btn-inline
    ui-mini">Reveal</a>
09  <a href="#leftpanel2" class="ui-btn ui-shadow ui-corner-all ui-btn-inline
    ui-mini">Push</a>
10  <h3>Panels | 面板</h3>
11  <p><strong>Right</strong> panel examples | 右侧面板</p>
12  <a href="#rightpanel3" class="ui-btn ui-shadow ui-corner-all ui-btn-inline
    ui-mini">Overlay</a>
13  <a href="#rightpanel1" class="ui-btn ui-shadow ui-corner-all ui-btn-inline
    ui-mini">Reveal</a>
14  <a href="#rightpanel2" class="ui-btn ui-shadow ui-corner-all ui-btn-inline
    ui-mini">Push</a>
15  </div><!-- /content -->
16  <div data-role="footer" data-position="fixed" data-tap-toggle="false" 、
    class="jqm-footer">
17  <p>Copyright 2016 by king</p>
18  </div><!-- /footer -->
19  </div><!-- /page -->
20  <div data-role="panel" id="leftpanel1" data-position="left" data-
    display="reveal">
21  <h3>Left Panel: Reveal</h3>
22  <a href="#" data-rel="close" class="ui-btn ui-shadow ui-corner-all ui-btn-
    a ui-icon-delete ui-btn-icon-left ui-btn-inline">Close panel</a>
23  </div><!-- /leftpanel1 -->
24  <!-- leftpanel2 -->
25  <div data-role="panel" id="leftpanel2" data-position="left" data-
    display="push">
26  <h3>Left Panel: Push</h3>
27  <a href="#" data-rel="close" class="ui-btn ui-shadow ui-corner-all ui-btn-
    a ui-icon-delete ui-btn-icon-left ui-btn-inline">Close panel</a>
28  </div><!-- /leftpanel2 -->
29  <!-- leftpanel3 -->
30  <div data-role="panel" id="leftpanel3" data-position="left" data-
    display="overlay">
31  <h3>Left Panel: Overlay</h3>
```

```
32  <a href="#" data-rel="close" class="ui-btn ui-shadow ui-corner-all ui-btn-
    a ui-icon-delete ui-btn-icon-left ui-btn-inline">Close panel</a>
33  </div><!-- /leftpanel3 -->
34  <!-- rightpanel1 -->
35  <div data-role="panel" id="rightpanel1" data-position="right" data-
    display="reveal">
36  <h3>Right Panel: Reveal</h3>
37  <a href="#" data-rel="close" class="ui-btn ui-shadow ui-corner-all ui-btn-
    a ui-icon-delete ui-btn-icon-left ui-btn-inline">Close panel</a>
38  </div><!-- /rightpanel1 -->
39  <!-- rightpanel2 -->
40  <div data-role="panel" id="rightpanel2" data-position="right" data-
    display="push">
41  <h3>Right Panel: Push</h3>
42  <a href="#" data-rel="close" class="ui-btn ui-shadow ui-corner-all ui-btn-
    a ui-icon-delete ui-btn-icon-left ui-btn-inline">Close panel</a>
43  </div><!-- /rightpanel2 -->
44  <!-- rightpanel3 -->
45  <div data-role="panel" id="rightpanel3" data-position="right" data-
    display="overlay">
46  <h3>Right Panel: Overlay</h3>
47  <a href="#" data-rel="close" class="ui-btn ui-shadow ui-corner-all ui-btn-
    a ui-icon-delete ui-btn-icon-left ui-btn-inline">Close panel</a>
48  </div><!-- /rightpanel3 -->
```

关于代码的具体分析如下：

第 20～48 行代码使用 "data-role="panel"" 属性分别定义了 6 个面板（Panel），其中包括 3 个左侧面板（data-position="left"）与 3 个右侧面板（data-position="right"）。另外，使用 "data-display" 属性定义面板的动画效果。

第 07～09 行代码定义了一组（共 3 个）<a>超链接，用于打开左侧 3 个面板。

第 12～14 行代码也定义了一组（共 3 个）<a>超链接，用于打开右侧 3 个面板。

下面我们看一下激活面板的脚本代码（对应源代码 jqmPanel 目录中的 jqmPanel.html 文件）。

【代码 10-35】

```
01  <script id="panel-init">
02  $(function() {
03   $( "body>[data-role='panel']" ).panel();
04  });
05  </script>
```

第 03 行代码通过 "data-role='panel'" 属性来筛选面板元素，并使用 panel()方法激活面板。

运行 jqmPanel.html,页面效果如图 10.50 所示。我们尝试点击图 10.50 中的按钮,页面效果如图 10.51 和图 10.52 所示。

图 10.50　面板效果(1)

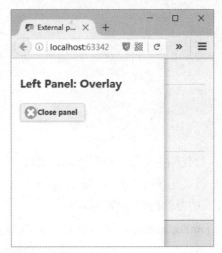

图 10.51　面板效果(2)

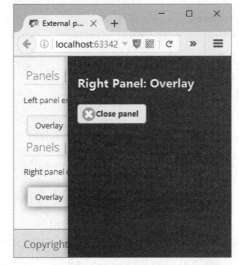

图 10.52　面板效果(3)

10.4.5　弹出框

jQuery Mobile 框架设计了一类称为弹出框(Popup)的小部件,有点类似于传统的工具提示,但内容丰富了不少,功能也更为强大。下面我们详细介绍。

第一段使用 jQuery Mobile 弹出框(Popup)的代码(对应源代码 jqmPopup 目录中的 jqmPopup.html 文件)如下:

【代码 10-36】

```
01  <h3>Popup basics</h3>
02  <div data-demo-html="true">
03   <a href="#popupBasic" data-rel="popup" class="ui-btn ui-corner-all ui-
shadow ui-btn-inline" data-transition="pop">Basic Popup</a>
04   <div data-role="popup" id="popupBasic">
05     <p>This is a completely basic popup.</p>
06   </div>
07  </div>
```

第 03 行代码定义了一个超链接，通过 "href" 属性打开一个 id 值为"popupBasic"的弹出框。第 04～06 行代码使用 "data-role="popup"" 属性定义了一个 id 值为"popupBasic"的弹出框，第 05 行代码定义的是弹出框中输出的内容。

运行 jqmPopup.html，页面效果如图 10.53 所示。

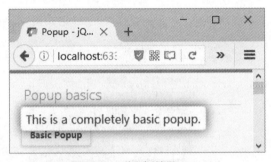

图 10.53　弹出框效果（1）

第二段使用 jQuery Mobile 弹出框的代码（对应源代码 jqmPopup 目录中的 jqmPopup.html 文件）如下：

【代码 10-37】

```
01  <h3>Tooltip</h3>
02  <div data-demo-html="true" data-demo-css="#tooltip-btn">
03   <p>A paragraph with a tooltip. <a href="#popupTooltip" data-rel="popup"
    data-transition="pop" class="my-tooltip-btn ui-btn ui-alt-icon ui-nodisc-
    icon ui-btn-inline ui-icon-info ui-btn-icon-notext" title="Learn
    more">Learn more</a></p>
04   <div data-role="popup" id="popupTooltip" class="ui-content" data-
    theme="a" style="max-width:350px;">
05    <p>Here is a <strong>tiny popup</strong> being used like a tooltip. The
    text will wrap to multiple lines as needed.</p>
06   </div>
07  </div>
```

第 03 行代码定义了一个超链接，通过"href"属性打开一个 id 值为"popupTooltip"的弹出框。第 04～06 行代码使用"data-role="popup""属性定义了一个 id 值为"popupTooltip"的工具条弹出框（Popup），第 05 行代码定义的是弹出框中输出的内容。

运行 jqmPopup.html，页面效果如图 10.54 所示。

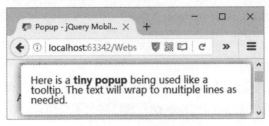

图 10.54 弹出框效果（2）

第三段使用 jQuery Mobile 弹出框的代码（对应源代码 jqmPopup 目录中的 jqmPopup.html 文件）如下：

【代码 10-38】

```
01  <h3>Photo lightbox</h3>
02  <div data-demo-html="true">
03    <a href="#popupParis" data-rel="popup" data-position-to="window" data-
      transition="fade"><img class="popphoto" src="../_assets/img/paris.jpg"
      alt="Paris, France" style="width:30%"></a>
04    <a href="#popupSydney" data-rel="popup" data-position-to="window" data-
      transition="fade"><img class="popphoto" src="../_assets/img/sydney.jpg"
      alt="Sydney, Australia" style="width:30%"></a>
05    <a href="#popupNYC" data-rel="popup" data-position-to="window" data-
      transition="fade"><img class="popphoto" src="../_assets/img/newyork.jpg"
      alt="New York, USA" style="width:30%"></a>
06  <div data-role="popup" id="popupParis" data-overlay-theme="b" data-
      theme="b" data-corners="false">
07    <a href="#" data-rel="back" class="ui-btn ui-corner-all ui-shadow ui-btn-
      a ui-icon-delete ui-btn-icon-notext ui-btn-right">Close</a><img
      class="popphoto" src="../_assets/img/paris.jpg" style="max-height:512px;"
      alt="Paris, France">
08  </div>
09  <div data-role="popup" id="popupSydney" data-overlay-theme="b" data-
      theme="b" data-corners="false">
10    <a href="#" data-rel="back" class="ui-btn ui-corner-all ui-shadow ui-btn-
      a ui-icon-delete ui-btn-icon-notext ui-btn-right">Close</a><img
      class="popphoto" src="../_assets/img/sydney.jpg" style="max-
      height:512px;" alt="Sydney, Australia">
11  </div>
```

```
12   <div data-role="popup" id="popupNYC" data-overlay-theme="b" data-theme="b"
     data-corners="false">
13     <a href="#" data-rel="back" class="ui-btn ui-corner-all ui-shadow ui-btn-
       a ui-icon-delete ui-btn-icon-notext ui-btn-right">Close</a><img
       class="popphoto" src="../_assets/img/newyork.jpg" style="max-
       height:512px;" alt="New York, USA">
14   </div>
15   </div>
```

第 03～05 行代码定义了一组（共 3 个）超链接，通过"href"属性打开指定 id 值的弹出框。第 06～15 行代码使用"data-role="popup""属性定义了一组（共 3 个）id 值为指定值的图片弹出框。

运行 jqmPopup.html，图片弹出框效果如图 10.55 所示。

图 10.55　弹出框效果（3）

10.5　jQuery Mobile 表单

本节我们继续介绍 jQuery Mobile 框架的表单，包括输入框、单选按钮、复选框、下拉列表框、滑块控件等内容。jQuery Mobile 框架为设计人员开发的表单能够完美适应移动应用开发的场景，是目前最先进的前端框架应用之一。

10.5.1　输入框

表单（Forms）中的输入框是最基本的元素。jQuery Mobile 框架设计了一系列针对移动应用的输入框类型，基本能够满足常规移动应用的开发。下面我们具体介绍 jQuery Mobile 框架中的输入框（对应源代码 jqmForms 目录中的 jqmForms.html 文件）。

【代码 10-39】

```
01  <h3>Text inputs & Textareas</h3>
02  <div data-demo-html="true">
03   <label for="text-basic">Text input:</label>
04   <input type="text" name="text-basic" id="text-basic" value="">
05  </div><!-- /demo-html -->
06  <div data-demo-html="true">
07   <label for="textarea">Textarea:</label>
08   <textarea cols="40" rows="15" name="textarea" id="textarea"></textarea>
09  </div><!-- /demo-html -->
10  <div data-demo-html="true">
11   <label for="number-pattern">Number + [0-9]* pattern:</label>
12   <input type="number" name="number" pattern="[0-9]*" id="number-pattern"
       value="">
13  </div><!-- /demo-html -->
14  <div data-demo-html="true">
15   <label for="date">Date:</label>
16   <input type="date" name="date" id="date" value="">
17  </div><!-- /demo-html -->
18  <div data-demo-html="true">
19   <label for="tel">Tel:</label>
20   <input type="tel" name="tel" id="tel" value="">
21  </div><!-- /demo-html -->
22  <div data-demo-html="true">
23   <label for="search">Search Input:</label>
24   <input type="search" name="password" id="search" value=""
       placeholder="Placeholder text...">
25  </div><!-- /demo-html -->
26  <div data-demo-html="true">
27   <label for="file">File:</label>
28   <input type="file" name="file" id="file" value="">
29  </div><!-- /demo-html -->
30  <div data-demo-html="true">
31   <label for="password">Password:</label>
32   <input type="password" name="password" id="password" value=""
       autocomplete="off">
33  </div>
```

关于代码的具体分析如下：

第 04 行代码通过 "type="text"" 属性定义了一个普通输入框。

第 08 行代码通过<textarea>标签定义了一个文本域，"cols" 属性用于定义列宽，"rows" 属

285

性用于定义行高。

第 12 行代码通过 "type="number"" 属性定义了一个数字输入框，"pattern="[0-9]*"" 属性用于定义正则表达式规则，表示数字输入框仅支持输入数字。

第 16 行代码通过 "type="date"" 属性定义了一个日期输入框。

第 20 行代码通过 "type="tel"" 属性定义了一个电话号码格式输入框。

第 24 行代码通过 "type="search"" 属性定义了一个搜索输入框，"placeholder" 属性值为默认提示信息。

第 28 行代码通过 "type="file"" 属性定义了一个文件输入框。

第 32 行代码通过 "type="password"" 属性定义了一个密码输入框。

运行 jqmForms.html，页面效果如图 10.56 所示。

图 10.56　输入框效果

10.5.2　复选框

复选框也是表单（Forms）中比较常用的元素。jQuery Mobile 框架也设计了一系列针对移动应用的复选框类型来支持常规移动应用的开发。下面我们具体介绍 jQuery Mobile 框架中的复选框（对应源代码 jqmForms 目录中的 jqmForms.html 文件）。

【代码 10-40】

```
01  <h3>Checkboxes</h3>
02  <div data-demo-html="true">
03  <fieldset data-role="controlgroup">
```

```
04  <legend>Checkboxes, vertical controlgroup:</legend>
05  <input type="checkbox" name="checkbox-1a" id="checkbox-1a" checked>
06  <label for="checkbox-1a">A</label>
07  <input type="checkbox" name="checkbox-2a" id="checkbox-2a">
08  <label for="checkbox-2a">E</label>
09  <input type="checkbox" name="checkbox-3a" id="checkbox-3a" checked>
10  <label for="checkbox-3a">I</label>
11  <input type="checkbox" name="checkbox-4a" id="checkbox-4a">
12  <label for="checkbox-4a">O</label>
13  <input type="checkbox" name="checkbox-5a" id="checkbox-5a">
14  <label for="checkbox-5a">U</label>
15  </fieldset>
16  </div><!-- /demo-html -->
17  <div data-demo-html="true">
18  <fieldset data-role="controlgroup" data-type="horizontal" data-
    mini="true">
19  <legend>Checkboxes, mini, horizontal controlgroup:</legend>
20  <input type="checkbox" name="checkbox-6" id="checkbox-6">
21  <label for="checkbox-6">b</label>
22  <input type="checkbox" name="checkbox-7" id="checkbox-7" checked>
23  <label for="checkbox-7"><em>i</em></label>
24  <input type="checkbox" name="checkbox-8" id="checkbox-8">
25  <label for="checkbox-8">u</label>
26  </fieldset>
27  </div>
```

关于代码的具体分析如下：

第 02～27 行代码中，全部复选框均通过"type="checkbox""属性来定义。

第 02～16 行代码中定义了一组常规垂直排列的复选框，默认选中的复选框是通过增加"checked"属性来实现的。

第 17～27 行代码中定义了一组水平排列的复选框。水平排列是通过第 18 行代码中的"data-type="horizontal""属性来实现的。

运行 jqmForms.html，页面效果如图 10.57 所示。

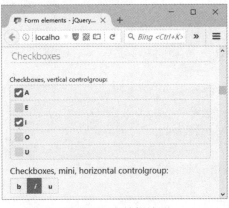

图 10.57　复选框效果

287

10.5.3 单选按钮

10.5.2 小节我们介绍了复选框，本小节我们介绍一下单选按钮。下面我们看一段使用 jQuery Mobile 框架单选按钮的代码（对应源代码 jqmForms 目录中的 jqmForms.html 文件）。

【代码 10-41】

```
01  <h3>Radio buttons</h3>
02  <div data-demo-html="true">
03  <fieldset data-role="controlgroup">
04  <legend>Radio buttons, vertical controlgroup:</legend>
05  <input type="radio" name="radio-choice-1" id="radio-choice-1"
     value="choice-1" checked="checked">
06  <label for="radio-choice-1">A</label>
07  <input type="radio" name="radio-choice-1" id="radio-choice-2"
     value="choice-2">
08  <label for="radio-choice-2">B</label>
09  <input type="radio" name="radio-choice-1" id="radio-choice-3"
     value="choice-3">
10  <label for="radio-choice-3">C</label>
11  <input type="radio" name="radio-choice-1" id="radio-choice-4"
     value="choice-4">
12  <label for="radio-choice-4">D</label>
13  <input type="radio" name="radio-choice-1" id="radio-choice-5"
     value="choice-5">
14  <label for="radio-choice-5">E</label>
15  </fieldset>
16  </div><!-- /demo-html -->
17  <div data-demo-html="true">
18  <fieldset data-role="controlgroup" data-type="horizontal" data-
     mini="true">
19  <legend>Radio buttons, mini, horizontal controlgroup:</legend>
20  <input type="radio" name="radio-choice-b" id="radio-choice-c" value="A"
     checked="checked">
21  <label for="radio-choice-c">A</label>
22  <input type="radio" name="radio-choice-b" id="radio-choice-d" value="B">
23  <label for="radio-choice-d">B</label>
24  <input type="radio" name="radio-choice-b" id="radio-choice-e" value="C">
25  <label for="radio-choice-e">C</label>
26  </fieldset>
27  </div>
```

关于代码的具体分析如下：

第 02~27 行代码中，全部单选按钮均通过 "type="radio"" 属性来定义。

第 02~16 行代码中定义了一组常规垂直排列的单选按钮，默认选中的单选按钮是通过增加 "checked" 属性来实现的。

第 17~27 行代码中定义了一组水平排列的单选按钮。水平排列是通过第 18 行代码中的 "data-type="horizontal"" 属性来实现的。

运行 jqmForms.html，页面效果如图 10.58 所示。

图 10.58　单选按钮效果

10.5.4　下拉列表框

本小节我们介绍下拉列表框。下面我们看一段使用 jQuery Mobile 框架下拉列表框的代码（对应源代码 jqmForms 目录中的 jqmForms.html 文件）。

【代码 10-42】

```
01  <h3>Selects | 下拉列表框</h3>
02  <div data-demo-html="true">
03  <label for="select-choice-1" class="select">Select, native menu</label>
04  <select name="select-choice-1" id="select-choice-1">
05  <option value="standard">Standard: 7 day</option>
06  <option value="rush">Rush: 3 days</option>
07  <option value="express">Express: next day</option>
08  <option value="overnight">Overnight</option>
09  </select>
10  </div><!-- /demo-html -->
11  <div data-demo-html="true">
12  <label for="select-choice-mini" class="select">Mini select, inline</label>
13  <select name="select-choice-mini" id="select-choice-mini" data-mini="true"
```

```
        data-inline="true">
14  <option value="standard">Standard: 7 day</option>
15  <option value="rush">Rush: 3 days</option>
16  <option value="express">Express: next day</option>
17  <option value="overnight">Overnight</option>
18  </select>
19  </div><!-- /demo-html -->
20  <div data-demo-html="true">
21  <label for="select-choice-a" class="select">Custom select menu:</label>
22  <select name="select-choice-a" id="select-choice-a" data-native-
    menu="false">
23  <option>Custom menu example</option>
24  <option value="standard">Standard: 7 day</option>
25  <option value="rush">Rush: 3 days</option>
26  <option value="express">Express: next day</option>
27  <option value="overnight">Overnight</option>
28  </select>
29  </div>
```

关于代码的具体分析如下：

在第 02～29 行代码中，全部下拉列表框均是通过<select>和<option>标签来定义的。

第 04～09 行代码定义了一个常规的下拉列表框。

第 13～18 行代码定义了一个内联式的下拉列表框，具体是通过第 13 行代码中的"data-inline="true""属性来实现的。

第 22～28 行代码定义了一个菜单式的下拉列表框，具体是通过第 22 行代码中的"data-native-menu="false""属性来实现的。

运行 jqmForms.html，页面初始效果如图 10.59 所示。依次测试页面中的 3 个下拉列表框，效果如图 10.60、图 10.61 和图 10.62 所示。

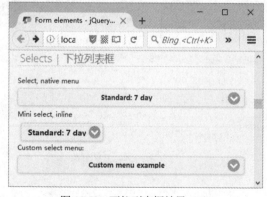

图 10.59　下拉列表框效果（1）

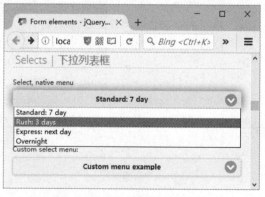

图 10.60　下拉列表框效果（2）

图 10.61　下拉列表框效果（3）

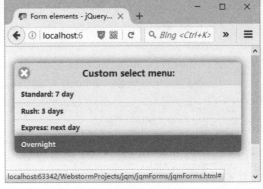

图 10.62　下拉列表框效果（4）

10.5.5　滑块控件

本小节我们介绍滑块控件。下面我们看一段使用 jQuery Mobile 框架滑块控件的代码（对应源代码 jqmForms 目录中的 jqmForms.html 文件）。

【代码 10-43】

```
01  <h3>Sliders</h3>
02  <div data-demo-html="true">
03  <label for="slider">Slider:</label>
04  <input type="range" name="slider" id="slider" value="50" min="0"
    max="100">
05  </div><!-- /demo-html -->
06  <div data-demo-html="true">
07  <label for="slider-fill">Slider with fill and step of 50:</label>
08  <input type="range" name="slider-fill" id="slider-fill" value="60" min="0"
    max="1000" step="50" data-highlight="true">
09  </div><!-- /demo-html -->
10  <h3>Range slider</h3>
11  <div data-demo-html="true">
12  <form>
13  <div data-role="rangeslider">
14  <label for="range-1a">Rangeslider:</label>
15  <input type="range" name="range-1a" id="range-1a" min="0" max="100"
     value="40">
16  <label for="range-1b">Rangeslider:</label>
17  <input type="range" name="range-1b" id="range-1b" min="0" max="100"
     value="80">
18  </div>
19  </form>
```

```
20   </div><!-- /demo-html -->
21   <div data-demo-html="true">
22   <form>
23   <div data-role="rangeslider" data-mini="true">
24   <label for="range-2a">Mini rangeslider:</label>
25   <input type="range" name="range-2a" id="range-2a" min="0" max="100"
       value="40">
26   <label for="range-2b">Mini rangeslider:</label>
27   <input type="range" name="range-2b" id="range-2b" min="0" max="100"
       value="80">
28   </div>
29   </form>
30   </div>
```

关于代码的具体分析如下：

第 02～09 行代码中定义了两个滑块控件，均是通过使用"type="range""属性来定义的。另外，需要使用"min""max"和"step"属性来定义区间最小值、区间最大值和步长值。

第 13～18 行代码中定义了一个区间滑块控件，在使用"type="range""属性定义的基础上，同时在第 13 行代码中增加了"data-role="rangeslider""的定义。定义区间滑块控件时，需要同时使用两个<input type="range">标签来定义区间滑块的上下区间值，本例是通过第 15 行和第 17 行代码实现的。

第 23～28 行代码同样定义了一个区间滑块控件，与第 13～18 行代码的定义不同的是第 23 行代码增加了"data-mini="true""属性，表明其是一个 mini 类型的区间滑块控件。

运行 jqmForms.html，页面初始效果如图 10.63 所示。

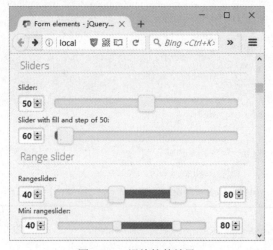

图 10.63　滑块控件效果

10.6　本章小结

　　本章我们向读者介绍了 jQuery Mobile 框架的相关内容，包括如何搭建 jQuery Mobile 框架开发平台、如何使用 jQuery Mobile 框架开发移动应用的方法，希望这些内容能够对读者进一步学习 jQuery Mobile 框架有所帮助。

第 11 章

◀ Sencha Touch框架 ▶

本章将介绍目前非常流行的 Sencha Touch 框架。可以这样讲，Sencha Touch 是专为移动设备应用开发而生的 JavaScript 框架。设计人员基于 Sencha Touch 框架创建出来的 Web APP 与 Native APP 的风格高度相似，其用户界面组件和数据管理全部基于 HTML 5 和 CSS 3 的行业标准，且全面兼容 Windows、Android 和 Apple iOS 等主流平台。

本章会向读者介绍 Sencha Touch 框架的基本特点、开发原理与使用方法，同时还配有具体案例。

11.1 初步接触 Sencha Touch

本节我们先向读者初步介绍一下 Sencha Touch 框架的基本概况及使用方法，在后面的小节中我们会在此基础上进行更深入的讲解，以帮助读者循序渐进地掌握 Sencha Touch 框架的特性及应用方法。

11.1.1 Sencha Touch 框架特点

如果说起 Sencha Touch 框架，大部分读者可能会比较陌生；如果提到大名鼎鼎的 ExtJS 框架，读者一定会产生共鸣。可以讲，ExtJS 是基于 JavaScript 语言编写的非常优秀的 Ajax 框架，而 Sencha Touch 就是在 ExtJS 框架基础上，同时整合了 JQTouch 与 Raphaël 开发库推出的第一个基于 HTML 5 的 Mobile APP 开发框架。

设计人员基于 Sencha Touch 框架可以开发出构建在 iOS、Android 和 Windows Mobile 等平台上运行的移动 Web 应用，且效果看起来如同本地应用一样。同时，随着 Sencha Touch 框架的不断升级完善，Sencha 开发团队还推出了 Sencha Cmd、Sencha Test 和 Sencha Platform 等工具来提高开发效率。目前 Sencha 作为一个独立的品牌在移动互联网应用开发中占据了非常重要的地位。

下面我们简要介绍一下 Sencha 官方所总结的、关于 Sencha Touch 框架的一些显著特性。

- 完全基于最新的 HTML 5、CSS 3、JavaScript 等 Web 标准，整个库在压缩和 gzip 后大

约为 80KB，通过禁用一些组件还会使其体积更小。

- 全面兼容 Android、iOS 和 Windows 等移动平台，而且 Android 平台上的开发人员还可以使用一些专为 Android 定制的主题。
- 支持增强的触摸事件，在 touchstart、touchend 等标准事件基础上增加了一组自定义事件数据集成（如 tap、swipe、pinch、rotate 等）。
- 提供了强大的数据集成功能，通过 Ajax、JSONp、YQL 等方式绑定到组件模板，同时可写入本地离线存储。

Sencha 官方文档的地址为 https://docs.sencha.com/。

总而言之，Sencha Touch 框架是当前非常强大的移动平台框架。随着 Sencha Touch 框架的不断完善，移动平台上的 Web APP 用户体验设计会得到不断提升。同时，随着 HTML 5 与 CSS 3 技术的日趋完善，未来的移动应用主流会是 Web APP 的天下，Native APP 将会被 Web APP 逐渐取代。

从下一小节开始，我们将正式进入 Sencha Touch 框架的配置、开发及使用环节，读者将会看到 Sencha Touch 框架在构建 Web APP 应用方面的强大功能。

11.1.2   Sencha Touch 框架环境搭建

Sencha Touch 框架的开发环境搭建相对要稍微复杂一些，如果读者有 Java 语言的开发基础，学习起来会简单一些。Sencha Touch 开发环境可以完美搭建在 Linux、Windows、iOS 等操作系统平台上，本书主要介绍 Windows 平台的搭建过程，在其他平台上搭建的过程大同小异，感兴趣的读者可以参考 Sencha 的官方文档。

搭建 Sencha Touch 框架的开发环境需要安装 Sencha Touch 的 SDK 开发工具包，而单单安装 Sencha Touch SDK 还远远不够，因为 Sencha Touch SDK 还需要 Java 语言环境。同时，Sencha 官方推荐使用 Sencha Cmd 工具创建 Sencha Touch APP，而 Sencha Cmd 工具需要 Ruby 语言支持，因此还需要安装 Ruby。

1. 获取 Sencha Touch 框架 SDK 开发包

Sencha Touch 框架 SDK 开发包是开发 Sencha Web APP 的核心部件，大家可以登录 Sencha 官方网站进行下载。Sencha Touch 框架 SDK 开发包的 v2.4.2 提供 GPL 版和免费商业版（Free Commercial Version）两种版本，其中 GPL 版提供了更多的功能。我们使用免费商业版就可以基本满足绝大部分需求，具体的下载地址为 https://www.sencha.com/products/touch/download/。打开页面后的效果如图 11.1 所示。

图 11.1　Sencha Touch 框架 SDK 开发包下载页面

在图所示的页面中填入相关的个人信息后就可以下载免费商业版的 SDK 开发包。这里需要注意的是，个人邮箱是很关键的必填项，且保证填入能够正常使用的邮箱，因为下载链接是以邮件方式发送到个人邮箱的。

上述操作都正确完成后，我们将下载到一个压缩包文件（文件名为 sencha-touch-2.4.2-commercial.zip）。该压缩包文件就是最新版的 Sencha Touch 框架 SDK 开发包。

2. 关于 Sencha Touch 框架开发文档

Sencha 提供了比较完善的开发文档，就这一点也是要为 Sencha 公司点赞的。如果开发文档不完善，学习起来会非常费力。

Sencha Touch 框架的开发文档地址为 http://docs.sencha.com/touch/2.4/，打开页面后的效果如图 11.2 所示。

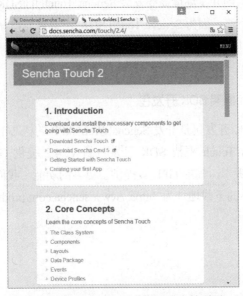

图 11.2　Sencha Touch 框架开发文档页面

文档当然是纯英文的，不过个人感觉还是非常易读易懂的。从安装、配置、创建应用到详尽的 API 详解等，内容很全、很丰富。

3. 获取 Sencha Touch 框架 Cmd 工具

Sencha Cmd 是官方提供的一款功能强大的命令行工具。根据官方文档的建议，使用 Sencha Cmd 工具可以快速地创建 Sencha Touch APP 项目。Sencha Cmd 工具同时还具有将项目中的 js 及 css 文件进行压缩的功能，以及将项目打包成各种移动平台安装程序的功能。另外，Sencha Cmd 工具会在打包安装程序过程中使用 Sencha Packaging 自动集成相关设备的本地函数入口。由此可见，Sencha Cmd 工具的功能是非常强大的。

Sencha Cmd 的下载地址为 https://www.sencha.com/products/sencha-cmd/download/，打开页面后的效果如图 11.3 所示。

图 11.3　Sencha Cmd 工具下载页面

从图 11.3 可以看到，用户可以根据系统平台选择相对应的版本。一切正常的话，我们将下载到一个压缩包文件（文件名为 SenchaCmd-6.1.2-windows-64bit.zip），该压缩包文件就是 Sencha Cmd 工具包。将压缩包解压后将会得到一个 exe 安装文件，一步一步安装就可以了。

4. 安装 Java 的 jdk 开发包

Sencha Cmd 工具是使用 Java 语言编写的，所以系统平台上没有安装 Java 环境的，还需要安装 Java 的 jdk 开发包。

目前，Sun 公司已经被 Oracle 公司收购了，所以 jdk 开发包需要到 Oracle 官方网站上去下载，只要选择好与本机系统相匹配的版本就可以了。jdk8 的地址为 http://www.oracle.com/technetwork/java/javase/downloads/jdk8-downloads-xxx.html。

在 Windows 平台下安装 jdk 比较简单，jdk 开发包是一个安装程序，一步一步安装就可以了。不过安装完毕后还需要简单配置一下 jdk 环境变量，具体如下（以作者本机 jdk 路径为例）：

```
JAVA_HOME=D:\Program Files (x86)\Java\jdk1.8.0_60
JRE_HOME=D:\Program Files (x86)\Java\jre1.8.0_60
```

在 Windows 平台下配置环境变量需要在"系统属性"→"环境变量"中进行配置，具体如图 11.4 和图 11.5 所示。

图 11.4　配置 jdk 环境变量（1）

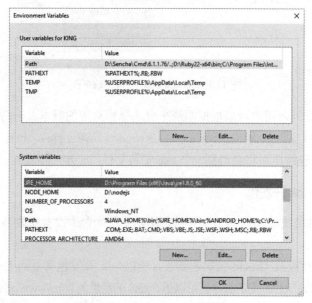

图 11.5　配置 jdk 环境变量（2）

　　然后，新建"CLASSPATH"环境变量，并将 jdk 类目录下的 jar 文件加入该环境变量，具体如下（以作者本机 jdk 路径为例）：

```
CLASSPATH= .;%JAVA_HOME%\lib\dt.jar;%JAVA_HOME%\lib\tools.jar;
```

　　完成效果如图 11.6 所示。

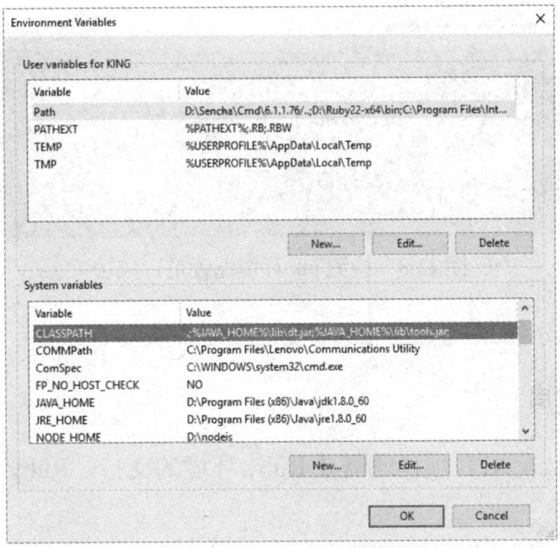

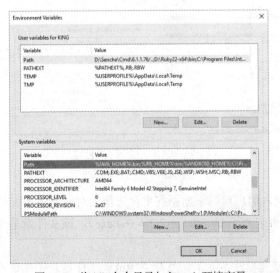

图 11.6　将 jar 文件加入 CLASSPATH 环境变量

　　最后，将 jdk 的命令行目录添加进"path"环境变量，具体如下（以作者本机 jdk 路径为例）：

```
path= %JAVA_HOME%\bin;%JRE_HOME%\bin;
```

　　完成效果如图 11.7 所示。

图 11.7　将 jdk 命令目录加入 path 环境变量

经过以上步骤，jdk 环境就基本搭建完毕了。为了检测配置是否成功，可以在命令行下使用如下命令进行检测：

```
java -version
```

完成效果如图 11.8 所示。

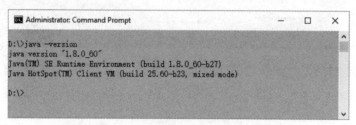

图 11.8　检测 jdk 环境配置是否成功

出现如图 11.8 中的显示结果就表示 jdk 环境已经配置成功了。

5. 安装 Ruby 开发工具

另外，运行 Sencha Web APP 项目还需要 Ruby 环境的支持，Ruby 可以用来帮助编辑项目中的 css 文件。

可以访问 Ruby 的官方网站下载 Ruby 工具及其安装包，具体的下载地址为 http://rubyinstaller.org/downloads/。打开页面后的效果如图 11.9 所示。

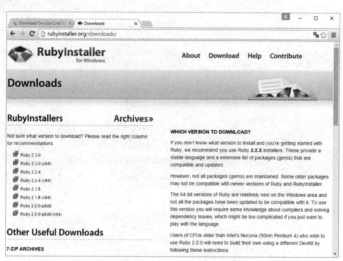

图 11.9　Ruby 下载页面

从图 11.9 可以看到，用户可以根据系统平台选择相对应的版本。一切正常的话，我们将下载到一个 exe 文件（文件名为 rubyinstaller-2.2.4-x64.exe），该文件就是 Ruby 安装包，一步一步安装就可以了。

在安装过程中有一步需要注意一下，就是将 Ruby 工作目录添加进系统环境变量，具体如图 11.10 所示。

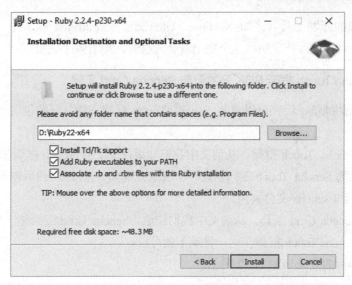

图 11.10　Ruby 安装配置

安装完毕后，可以在命令行下使用如下命令检测 Ruby 配置是否成功：

```
ruby -v
```

完成效果如图 11.11 所示。

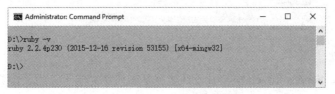

图 11.11　检测 Ruby 是否安装成功

出现如图 11.11 中的显示结果就表示 Ruby 已经安装成功了。

6. 安装 Chrome 浏览器

目前，调试运行 Sencha Touch Web APP 比较好的浏览器是 Google Chrome 和 Safari。因为 Sencha Touch 是基于 webkit 内核的，所以 Google Chrome 和 Safari 浏览器可以最大程度地发挥出 Sencha Touch Web APP 的优越性能。

Chrome 浏览器拥有强大的 js 调试工具，譬如查看 DOM 树、定位 HTML 元素、页面事件触发、实时监控 CPU 使用率与内存占有率、js 代码调试等。

另外，如果读者使用在线安装方式出现无法连接的情况，可以选择下载 Google Chrome 的离线安装包进行本地安装。

7. 选择一款自己喜欢的开发工具（IDE）

因为 Sencha Touch Web APP 本质上是 HTML 5、JavaScript 和 CSS 语言项目，所以可选的开发工具（IDE）很多，譬如 Visual Studio、Eclipse、JetBrains WebStorm 等都是重量级的 IDE 工

具。当然，轻量级的开发工具（诸如 Sublime、UltraEdit 和 EditPlus 编辑器）也是完全能胜任 Sencha Touch Web APP 项目开发的。这个完全看个人喜好，用着顺手就可以。

8. 安装 Sencha Touch 框架 SDK 开发包与 Sencha Cmd 工具

经过前面步骤的铺垫，现在可以安装 Sencha Touch 框架 SDK 开发包与 Sencha Cmd 工具了。

首先，安装 Sencha Touch 框架。从前文中我们知道，Sencha Touch 框架 SDK 开发包是一个压缩包，我们可以为 Sencha Touch 专门创建一个目录（譬如 sencha），然后将 Sencha Touch 框架 SDK 开发包解压到该 sencha 文件夹内。

然后，安装 Sencha Cmd 工具。从前文中我们知道，Sencha Cmd 工具是一个 exe 安装文件，安装目录选择与 Sencha Touch 框架在同一目录下就可以。

全部安装完毕后的效果如图 11.12 所示。

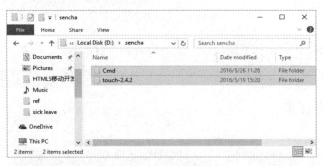

图 11.12　sencha 安装目录

经过以上步骤，Sencha Touch 框架开发环境就基本搭建完毕了。为了检测配置是否成功，可以在命令行下使用如下命令进行检测：

```
sencha
```

配置成功后的效果如图 11.13 所示。

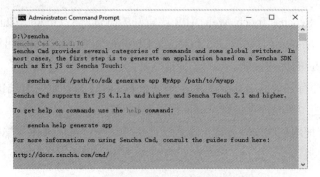

图 11.13　检测 sencha touch 配置是否成功

另外，sencha cmd 命令行选项、分类和命令也有帮助说明，如图 11.14、图 11.15 和图 11.16 所示。

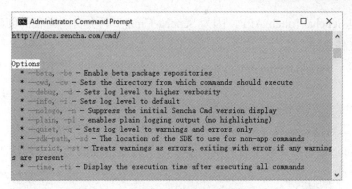

图 11.14　sencha cmd 命令行选项帮助说明

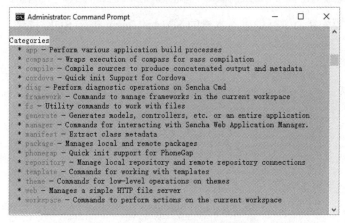

图 11.15　sencha cmd 分类帮助说明

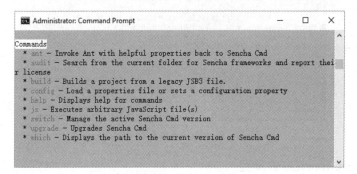

图 11.16　sencha cmd 命令帮助说明

至此，Sencha Touch 框架就基本搭建成功了。另外，Linux 系统（Ubuntu、CentOS 等）、iOS 系统或 BlackBerry 系统的环境搭建过程大同小异，可以参考官方文档进行学习。

11.1.3　创建第一个 Sencha Touch APP

本小节我们将实现第一个 Sencha Touch APP，通过一个最基本的实例让读者快速入门，对 Sencha Touch 框架有一个初步的了解。

正如前文介绍的，我们使用 Sencha 官方推荐的 Sencha Cmd 工具创建 Sencha Touch APP，不推荐大家手动创建 Sencha Touch APP，因为 Sencha Cmd 工具会自动为我们创建项目编译压缩打包所必需的关键文件。

下面我们一步一步开始介绍。

1. 准备工作

Sencha Cmd 工具需要在命令行环境下使用，同时工作目录必须是 Sencha Touch 框架的 sdk 目录。这一点在 Sencha 官方文档中有明确的要求，下面是 Sencha 官方文档给出的具体说明：

```
# Make sure the current working directory is the Sencha Touch SDK
cd /path/to/sencha-touch-sdk
```

因此，我们需要先在命令行中进入本机的 Sencha Touch 框架 SDK 目录，具体如图 11.17 所示。

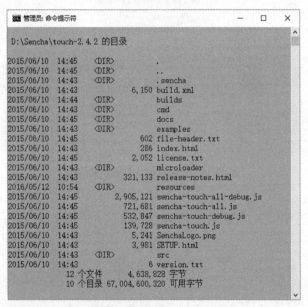

图 11.17　Sencha Touch 框架 SDK 目录

2. 创建 Sencha Touch APP 项目

根据官方文档的说明，在命令行下进入 Sencha Touch 框架 SDK 目录后，使用如下命令创建 Sencha Touch APP 应用：

```
sencha generate app MyApp /path/to/www/myapp
```

根据官方文档的说明，还可以使用"-sdk"命令参数创建 APP，其好处是不需要先进入 Sencha Touch 框架 SDK 目录后再创建 APP 了。具体命令如下：

```
sencha -sdk d:\sencha\touch-2.4.2 generate app MyApp /path/to/www/myapp
```

在控制台执行命令行后的效果如图 11.18 所示。

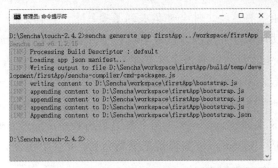

图 11.18　使用 Sencha Cmd 创建 APP

在图 11.18 中可以看到，如果 Sencha Cmd 命令没有问题，控制台中会打印输出若干提示信息。这些信息会告诉设计人员 Sencha Cmd 的版本、项目路径、bootstrap 脚本文件等重要信息。

3. Sencha Touch APP 项目目录结构

Sencha Touch APP 项目创建成功后，在指定的目录下会新保存一个项目（本例为"firstApp"），即新创建 APP 的所在路径。

Sencha Touch APP 项目在控制台下显示的基本目录结构如图 11.19 所示。

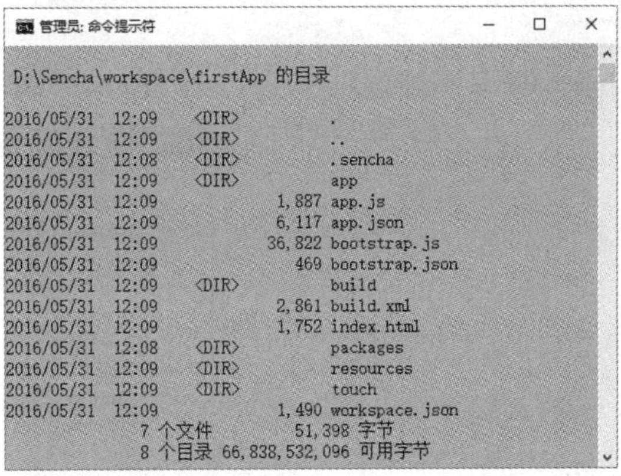

图 11.19　Sencha Touch APP 目录结构

图 11.19 展示的目录结构不是很直观，我们可以使用 jetBrains 的 WebStorm 集成开发平台来载入刚刚创建的 firstApp 项目，如图 11.20 所示。

4. Sencha Touch APP 项目结构分析

- .sencha 目录：主要是 Sencha Cmd 创建项目时生成的一些配置文件，初学阶段对项目的开发作用不是很大，可以暂时先不去学习里面的文件功能。
- app 目录：项目的关键主体部分，支撑整个项目运行的功能代码基本都在该目录内，具体如图 11.21 所示。
- build 目录：一般在使用 Sencha Cmd 指令打包压缩编译项目时会使用到该目录。
- packages 目录：用于存放项目的包文件。
- resource 目录：用于存放项目的 css 文件、图片文件等资源，还有 sass 主题样式文件。

Sencha Touch 框架将这些文件全部集成到了项目中，具体如图 11.22 所示。通过对这些文件的编写，设计人员可以很方便地实现对项目主题与样式的编辑修改等功能。

● touch 目录: 将 sdk 包中的资源文件复制到项目中，其包含了 css 样式、启动图片、src 项目源码等重要文件，具体如图 11.23 所示。

● 项目根目录下一些主要文件说明: index.html 文件是整个项目的访问入口; app.js 是整个项目的入口 js 文件; app.json 是用来配置应用程序访问资源的，如 css、js 以及离线缓存文件的配置; bootstrap.js 里提供了全局的 Ext 文件引用。

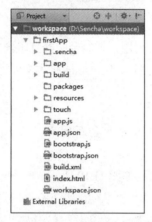

图 11.20　Sencha Touch APP 目录结构

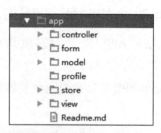

图 11.21　app 目录结构

图 11.22　resource 目录结构

图 11.23　touch 目录结构

有 Web MVC 项目经验的读者一定注意到了，app 目录的内容体现了 Sencha Touch 框架的 MVC 驱动模型，原理如图 11.24 所示。

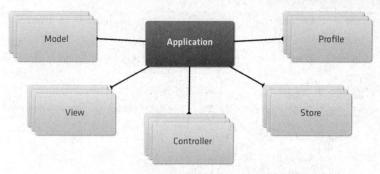

图 11.24　Sencha Touch APP 的 MVC 驱动模型

在图 11.21 中，app 目录下一共包括 6 个子目录，分别代表不同的功能模块。下面我们对该 MVC 模型结构做一个简单的说明。

- View（视图）：用来展现项目用户界面的部分。
- Form（表单）：用来展现项目页面表单的部分，与视图功能有些类似。
- Controller（控制器）：用来监听视图、表单界面上的用户交互操作，例如点击、滚动、触摸等事件操作。
- Model（实体模型）：用于定义现实中具体的类模型，例如用户、表单、商品型号等数据类型，用面向对象编程的理解就是实体类。
- Store（数据仓库）：数据仓库可以将数据载入到 List、ListView、DataTable 这类功能强大的视图组件上，Store 一般需要与 Model 进行关联开发。
- Profile（设备类型）：Profile 用来判断用户的设备类型，并且可以根据判断结果做相应的操作跳转到对应平台上设计的 View 界面。

11.1.4　Sencha Touch APP 代码解析

现在我们回到刚刚创建的 firstApp 项目上，通过对其主要代码文件的分析详细解析 Sencha Touch APP 的运行机制。

（1）首先，看一下整个 firstApp 项目的访问入口文件 index.html。

【代码 11-1】

```
01  <!DOCTYPE HTML>
02  <html manifest="" lang="en-US">
03  <head>
04      <meta charset="UTF-8">
05      <title>firstApp</title>
06      <style type="text/css">
07          /**
08           * Example of an initial loading indicator.
```

```
09          * It is recommended to keep this as minimal as possible to provide
            instant feedback
10          * while other resources are still being loaded for the first time
11          */
12      html, body {
13          height: 100%;
14          background-color: #1985D0
15      }
16      #appLoadingIndicator {
17          position: absolute;
18          top: 50%;
19          margin-top: -15px;
20          text-align: center;
21          width: 100%;
22          height: 30px;
23          -webkit-animation-name: appLoadingIndicator;
24          -webkit-animation-duration: 0.5s;
25          -webkit-animation-iteration-count: infinite;
26          -webkit-animation-direction: linear;
27      }
28      #appLoadingIndicator > * {
29          background-color: #FFFFFF;
30          display: inline-block;
31          height: 30px;
32          -webkit-border-radius: 15px;
33          margin: 0 5px;
34          width: 30px;
35          opacity: 0.8;
36      }
37      @-webkit-keyframes appLoadingIndicator{
38          0% {
39              opacity: 0.8
40          }
41          50% {
42              opacity: 0
43          }
44          100% {
45              opacity: 0.8
46          }
47      }
48      </style>
49  <!-- The line below must be kept intact for Sencha Command to build
```

```
    your application -->
50  <script
51  id="microloader"
52  type="text/javascript"
53  src=".sencha/app/microloader/development.js">
54  </script>
55  </head>
56  <body>
57      <div id="appLoadingIndicator">
58          <div></div>
59          <div></div>
60          <div></div>
61      </div>
62  </body>
63  </html>
```

下面对【代码 11-1】进行具体介绍：

第 05 行代码使用<title>属性定义了页面标题。

第 06～48 行代码定义了页面的样式，其中使用到了很多 CSS 样式表的语法，对于有 HTML 基础的读者没有什么难度。其中，第 16～47 行代码定义了一个 id 值为 appLoadingIndicator 的 CSS 动画样式，用于渲染第 57～61 行代码定义的<div>标签。

第 50～54 行代码引用了一个非常重要的 js 脚本文件（"development.js"），位置是在项目的.sencha 目录下的，该文件是整个项目的 js 入口文件。

第 56～62 行代码定义了页面的主体部分。

（2）看一下刚刚提到的整个 firstApp 项目的 js 入口文件 development.js（源代码比较长，这里截取部分主要的代码）。

【代码 11-2】

```
01  /**
02   * Sencha Blink - Development
03   * @author Jacky Nguyen <jacky@sencha.com>
04   */
05  (function() {
06      /*
07       * 通过 ajax 方式请求 bootstrap.json 文件
08       */
09      var xhr = new XMLHttpRequest();
10      xhr.open('GET', 'bootstrap.json', false);
11      xhr.send(null);
12      /*
```

```
13    * 将 bootstrap.json 文件的内容解析为 json 对象
14    */
15      var options = eval("(" + xhr.responseText + ")"),
16          scripts = options.js || [],
17          styleSheets = options.css || [],
18          i, ln, path, platform, theme, exclude;
19    /*
20    * 判断 bootstrap.json 的 json 内容是否设置了 platform 属性，主要用来配置 theme 主题
21    */
22      if(options.platform&&options.platforms&&options.platforms[options.platform]
23          &&options.platforms[options.platform].js) {
24          scripts = options.platforms[options.platform].js.concat(scripts);
25      }
26    /*
27    * 通过浏览器的 userAgent 来判断是否是 IE10，如果是创建 CSS 3媒体查询设置
28    */
29      if (navigator.userAgent.match(/IEMobile\/10\.0/)) {
30          var msViewportStyle = document.createElement("style");
31          msViewportStyle.appendChild(
32              document.createTextNode(
33                  "@media screen and (orientation: portrait) {" +
34                      "@-ms-viewport {width: 320px !important;}" +
35                  "}" +
36                  "@media screen and (orientation: landscape) {" +
37                      "@-ms-viewport {width: 560px !important;}" +
38                  "}"
39              )
40          );
41          document.getElementsByTagName("head")[0].appendChild(msViewportStyle);
42      }
43    /*
44    * 设置页面的 meta 标签，控制页面的缩放以及宽高等
45    */
46 addMeta(
47     'viewport', 'width=device-width, initial-scale=1.0, maximum-scale=1.0,
48     minimum-scale=1.0, user-scalable=no');
49 addMeta('apple-mobile-web-app-capable', 'yes');
50 addMeta('apple-touch-fullscreen', 'yes');
51    /*
52    * 判断 App 项目运行于什么设备平台上
53    */
54      var filterPlatform = window.Ext.filterPlatform = function(platform) {
```

```
55      var profileMatch = false,
56          ua = navigator.userAgent,
57          j, jln;
58      platform = [].concat(platform);
59      function isPhone(ua) {
60          var isMobile = /Mobile(\/|\s)/.test(ua);
61          // Either:
62          // - iOS but not iPad
63          // - Android 2
64          // - Android with "Mobile" in the UA
65          return /(iPhone|iPod)/.test(ua) ||
66            (!/(Silk)/.test(ua) && (/(Android)/.test(ua) && (/(Android
              2)/.test(ua) || isMobile))) ||
67            (/(BlackBerry|BB)/.test(ua) && isMobile) ||/(Windows
               Phone)/.test(ua);
68      }
69      function isTablet(ua) {
70        return !isPhone(ua)&&(/iPad/.test(ua)||/Android|Silk/.test(ua)
71          ||/(RIM Tablet OS)/.test(ua)||/(MSIE 10/.test(ua) && /;
            Touch/.test(ua)));
72      }
73      // Check if the ?platform parameter is set in the URL
74      var paramsString = window.location.search.substr(1),
75          paramsArray = paramsString.split("&"),
76          params = {},
77          testPlatform, i;
78      for (i = 0; i < paramsArray.length; i++) {
79          var tmpArray = paramsArray[i].split("=");
80          params[tmpArray[0]] = tmpArray[1];
81      }
82      testPlatform = params.platform;
83      if (testPlatform) {
84          return platform.indexOf(testPlatform) != -1;
85      }
86      for (j = 0, jln = platform.length; j < jln; j++) {
87          switch (platform[j]) {
88            case 'phone':
89                profileMatch = isPhone(ua);
90                break;
91            case 'tablet':
92                profileMatch = isTablet(ua);
93                break;
```

```
 94              case 'desktop':
 95                  profileMatch = !isPhone(ua) && !isTablet(ua);
 96                  break;
 97              case 'ios':
 98                  profileMatch = /(iPad|iPhone|iPod)/.test(ua);
 99                  break;
100              case 'android':
101                  profileMatch = /(Android|Silk)/.test(ua);
102                  break;
103              case 'blackberry':
104                  profileMatch = /(BlackBerry|BB)/.test(ua);
105                  break;
106              case 'safari':
107                  profileMatch = /Safari/.test(ua)
                      && !(/(BlackBerry|BB)/.test(ua));
108                  break;
109              case 'chrome':
110                  profileMatch = /Chrome/.test(ua);
111                  break;
112              case 'ie10':
113                  profileMatch = /MSIE 10/.test(ua);
114                  break;
115              case 'windows':
116                  profileMatch = /MSIE 10/.test(ua) || /Trident/.test(ua);
117                  break;
118              case 'tizen':
119                  profileMatch = /Tizen/.test(ua);
120                  break;
121              case 'firefox':
122                  profileMatch = /Firefox/.test(ua);
123          }
124          if (profileMatch) {
125              return true;
126          }
127      }
128      return false;
129  };
130  for (i = 0,ln = styleSheets.length; i < ln; i++) {
131      path = styleSheets[i];
132      if (typeof path != 'string') {
133          platform = path.platform;
134          exclude = path.exclude;
```

```
135        theme = path.theme;
136        path = path.path;
137      }
138      if (platform) {
139        if (!filterPlatform(platform) || filterPlatform(exclude)) {
140          continue;
141        }
142        if(!Ext.theme) {
143          Ext.theme = {};
144        }
145        if(!Ext.theme.name) {
146          Ext.theme.name = theme || 'Default';
147        }
148      }
149      write('<link rel="stylesheet" href="'+path+'">');
150    }
151    for (i = 0,ln = scripts.length; i < ln; i++) {
152      path = scripts[i];
153      if (typeof path != 'string') {
154        platform = path.platform;
155        exclude = path.exclude;
156        path = path.path;
157      }
158      if (platform) {
159        if (!filterPlatform(platform) || filterPlatform(exclude)) {
160          continue;
161        }
162      }
163      write('<script src="'+path+'"></'+'script>');
164    }
165 })();
```

下面对代码进行具体介绍：

第 09～11 行代码通过 ajax 方式请求 bootstrap.json 文件，该文件位于 firstApp 项目根目录下。

第 15～18 行代码将 bootstrap.json 文件中的内容解析为 json 对象格式。

第 22～25 行代码判断 bootstrap.json 的 json 内容是否设置了 platform 属性，主要用来配置 theme 主题。

第 29～42 行代码通过浏览器的 userAgent 属性值来判断是否为 IE10 浏览器，如果是就创建 CSS 3 媒体查询设置。

第 46～50 行代码设置页面的 meta 标签，用来控制页面的缩放以及宽高等属性。

第 54～164 行代码主要用于判断该 APP 项目具体运行于什么设备平台上（例如 iOS、iPad 和 Android 等）。

（3）看一下【代码 11-2】中请求的 json 文件 bootstrap.json。

【代码 11-3】

```
01  /**
02   * This file is generated by Sencha Cmd and should NOT be edited.
03   * It is a combination of content from app.json,
04   * and all required package's package.json files.
05   * Customizations should be placed in app.json.
06   */
07  {
08  "id":"5befb678-f31d-4f0e-8d7f-07a08df1e14e",
09  "js":[{"bootstrap":true,"isSdk":true,"path":"touch/sencha-touch.js"},
10      {"bootstrap":true,"path":"bootstrap.js"},
11      {"update":"delta","path":"app.js"}],
12  "css":[{"update":"delta","path":"resources/css/app.css"}]
13  }
```

下面我们对代码进行具体介绍：

第 02 行的代码注释明确说到该文件是由 Sencha Cmd 工具自动创建生成的，并且设计人员不要尝试去编辑该文件。

第 03～05 行的代码注释说到该文件是由 app.json 文件的内容组合而来的。

第 07～13 行代码定义了一组 json 数据，引用了几个 js 脚本文件。第 08 行代码定义了项目唯一的 id 值。第 09 行代码引用了 sencha-touch.js 文件，该文件是 Sencha Touch 框架的脚本文件。第 10 行代码引用了 bootstrap.js 文件，该文件定义了 ExtJS 框架的参数属性。第 11 行代码引用了 app.js 文件，该文件是 firstApp 项目控制运行的主要脚本文件。第 12 行代码引用了 app.css 样式文件。

（4）看一下【代码 11-3】中引用的 js 文件 app.js。

【代码 11-4】

```
01  /*
02      This file is generated and updated by Sencha Cmd. You can edit this file as
03      needed for your application, but these edits will have to be merged by
04      Sencha Cmd when it performs code generation tasks such as generating new
05      models, controllers or views and when running "sencha app upgrade".
06      Ideally changes to this file would be limited and most work would be done
07      in other places (such as Controllers). If Sencha Cmd cannot merge your
08      changes and its generated code, it will produce a "merge conflict" that you
```

```
09      will need to resolve manually.
10   */
11   Ext.application({
12       name: 'firstApp',
13       requires: [
14           'Ext.MessageBox'
15       ],
16       views: [
17           'Main'
18       ],
19       icon: {
20           '57': 'resources/icons/Icon.png',
21           '72': 'resources/icons/Icon~ipad.png',
22           '114': 'resources/icons/Icon@2x.png',
23           '144': 'resources/icons/Icon~ipad@2x.png'
24       },
25       isIconPrecomposed: true,
26       startupImage: {
27           '320x460': 'resources/startup/320x460.jpg',
28           '640x920': 'resources/startup/640x920.png',
29           '768x1004': 'resources/startup/768x1004.png',
30           '748x1024': 'resources/startup/748x1024.png',
31           '1536x2008': 'resources/startup/1536x2008.png',
32           '1496x2048': 'resources/startup/1496x2048.png'
33       },
34       launch: function() {
35           // Destroy the #appLoadingIndicator element
36           Ext.fly('appLoadingIndicator').destroy();
37           // Initialize the main view
38           Ext.Viewport.add(Ext.create('firstApp.view.Main'));
39       },
40       onUpdated: function() {
41           Ext.Msg.confirm(
42               "Application Update",
43   "This application has just successfully been updated to the latest
        version. Reload now?",
44               function(buttonId) {
45                   if (buttonId === 'yes') {
46                       window.location.reload();
47                   }
48               }
49           );
```

```
50      }
51  });
```

下面对代码进行具体介绍：

第 02～09 行的代码注释讲到了该文件是由 Sencha Cmd 工具自动创建生成的，设计人员可以对其进行编辑修改，但同时也提到了所做的编辑修改必须符合 Sencha Touch 框架的要求，否则可能会出现不兼容的冲突问题。

第 11～51 行的代码使用到了 ExtJS 框架的语法，Ext.Application()方法是 ExtJS 框架运行的主入口方法。比较重要的是第 34～39 行代码定义的函数。在第 36 行代码使用的 Ext.fly()方法中，使用 destory()方法销毁了一个 HTML 元素（id 值为'appLoadingIndicator'），该元素（见 index.html 文件）就是在【代码 11-1】中第 57～61 行代码定义的。第 38 行代码使用 Ext.Viewport.add()方法初始化了该项目的主视图（Main View：'firstApp.view.Main'）。第 40～50 行代码用于提示用户是否有更新，确认更新后的页面会自动刷新并缓存最新内容。

（5）在【代码 11-4】中第 38 行代码初始化的项目主视图（Main View：'firstApp.view.Main'）中，firstApp.view.Main 代表一个命名空间，其中 firstApp 指向 app 目录，view 指向 app 目录下的 view 子目录，Main 指向 view 子目录下的 Main.js 主视图文件，名称必须严格对应一致，否则运行后会报错。Main.js 视图文件目录如图 11.25 所示。

图 11.25　Main.js 主视图文件目录

下面我们看一下主视图 Main.js 文件的内容。Main.js 文件是由 Sencha Cmd 工具自动创建生成的，当然设计人员可以对其进行自定义编辑。

【代码 11-5】

```
01  Ext.define('firstApp.view.Main', {
02      extend: 'Ext.tab.Panel',
03      xtype: 'main',
04      requires: [
05          'Ext.TitleBar',
06          'Ext.Video'
07      ],
08      config: {
```

```
09            tabBarPosition: 'bottom',
10            items: [
11                {
12                    title: 'Welcome',
13                    iconCls: 'home',
14                    styleHtmlContent: true,
15                    scrollable: true,
16                    items: {
17                        docked: 'top',
18                        xtype: 'titlebar',
19                        title: 'Welcome to Sencha Touch 2'
20                    },
21                    html: [
22                    "You've just generated a new Sencha Touch 2 project. What
                        you're looking at right now is the ",
23                    "contents of <a target='_blank'
                        href=\"app/view/Main.js\">app/view/Main.js</a> - edit that file ",
24                    "and refresh to change what's rendered here."
25                    ].join("")
26                },
27                {
28                    title: 'Get Started',
29                    iconCls: 'action',
30                    items: [
31                        {
32                            docked: 'top',
33                            xtype: 'titlebar',
34                            title: 'Getting Started'
35                        },
36                        {
37                            xtype: 'video',
38                            url: 'http://av.vimeo.com/64284/137/87347327.mp4? ',
39                            posterUrl:
                                'http://b.vimeocdn.com/ts/261/062/261062119_640.jpg'
40                        }
41                    ]
42                }
43            ]
44        }
45 });
```

下面对代码进行具体介绍：

第 01 行代码使用 Ext.define()函数定义了一个视图（'firstApp.view.Main'）。

第 02 行代码 extend 属性表示继承关系，Ext.tab.Panel 表示 tab 选项卡控件。

第 04~07 行代码使用 requires 属性可以在类初始化时加在其中定义的 js 类文件，此处定义了两个类（Ext.TitleBar 和 Ext.Video）。

317

第 08～44 行代码使用 config 属性进行视图的具体配置，例如第 21～25 行代码使用 html 属性定义了一段页面文本，另外还有一些属性的使用就不一一介绍了，本章后面还会有具体描述。

11.1.5 运行 Sencha Touch APP

前面的内容介绍了我们创建的 Sencha Touch APP 项目，虽然我们没有对其代码进行编辑修改，但这并不影响正常运行。

Sencha Cmd 工具为设计人员提供了一种简单快捷的运行测试方法，即在控制台下输入下面的命令就可以启动一个 Web 服务器来运行 Sencha Touch APP 项目。

```
sencha web start
```

启动 Sencha Web 服务器的控制台效果如图 11.26 所示。

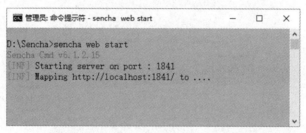

图 11.26　控制台下启动 Sencha Web 服务器

从图 11.26 中的提示信息可以看到，访问 http://localhost:1841 就可以打开 Web 服务器地址。下面我们打开 Chrome 浏览器，在地址栏中输入 http://localhost:1841/workspace/firstApp/链接，测试运行刚刚创建的 firstApp 项目。第一个页面效果如图 11.27 所示。

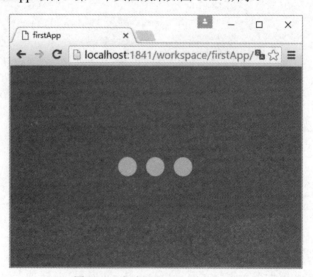

图 11.27　运行 firstApp 项目（1）

从图 11.27 中可以看到，【代码 11-1】中第 57～61 行代码定义 id 值为 appLoadingIndicator 的

<div>标签在页面中以动画的形式显示出来了，然后又被【代码 11-4】中第 36 行代码的函数销毁了。

上面的 CSS 动画效果运行完毕后，就会进入项目的主视图，具体效果如图 11.28 所示。

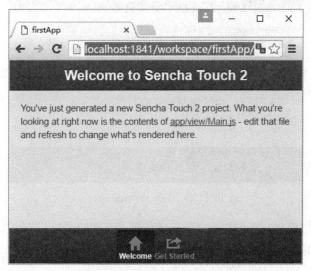

图 11.28　运行 firstApp 项目（2）

从图 11.28 中可以看到，【代码 11-5】中第 21～25 行代码使用 html 属性定义的文本内容成功显示在页面视图中了。

当要停止 Sencha Web 服务器时，可以在控制台中输入如下命令：

```
sencha web stop
```

下面我们尝试在【代码 11-5】中编辑一些简单的自定义代码，在第 21～25 行代码使用 html 属性定义的文本内容中加入如下代码：

```
"<font style='font-size:20px;'>This is my first Sencha Touch App.</font>"
```

然后，我们刷新一下 http://localhost:1841/workspace/firstApp/地址，效果如图 11.29 所示。

图 11.29　编辑 firstApp 项目

从图 11.29 中可以看到，我们自定义编辑的代码在页面中成功显示出来了。当然，这点小改动还远远看不出 Sencha Touch 框架的优势所在，我们在后面的内容中会向读者展示 Sencha Touch 框架强大的扩展功能。

11.2　Sencha Touch 核心概念

11.1 节我们介绍了 Sencha Touch 框架的初步，基本都是比较基础的内容。这一节我们循序渐进地介绍一下 Sencha Touch 框架的核心概念，包括类系统、容器组件、组件布局和事件等内容。

11.2.1　类系统

Sencha Touch 框架使用了为 Ext JS 4 设计开发的目前最先进的类系统，该类系统可以非常方便地基于 JavaScript 语言创建新类，并提供类继承（inheritance）、依赖加载（dependency loading）、类混合（mixins）以及强大的配置选项（powerful configuration options）等功能。

对于学习过面向对象编程的读者，我们知道一个类就是一个包含一些函数方法和属性的对象。Sencha Touch 框架的类系统也是基于这个思想设计的，下面举一个简单的类的例子：

【代码 11-6】

```
01  Ext.define('BaseClass', {
02      /*
03       * config
```

```
04      */
05      config: {
06          name: null
07      },
08      /*
09       * constructor
10       */
11      constructor: function(config) {
12          this.initConfig(config);
13      },
14      /*
15       * function - funcA
16       */
17      funcA: function() {
18          alert('funcA');
19      },
20      /*
21       * property - name
22       */
23      property: 'Unknown'
24  });
```

在【代码 11-6】中使用 Ext.define()方法定义了一个类，其中包括了一些成员属性与成员方法。在 Ext JS 4 框架中，Ext.define()方法用于定义一个类，其语法如下：

```
Ext.define('Class', { extend: 'BaseClass', options });
```

其中，'Class'表示定义的类名称。extend 关键字表示类继承关系。options 关键字表示具体类成员。

下面我们再返回【代码 11-6】，具体看一下该类是如何定义的。

第 01 行代码中的'BaseClass'是定义的类名称。

第 05～07 行代码定义了一个 JSON 类型的成员属性（config）。

第 11～13 行代码定义了一个构造方法，并使用 initConfig()方法将 config 属性值进行了初始化操作。

第 17～19 行代码定义了一个成员方法。

第 23 行代码定义了一个成员属性。

我们注意到，在【代码 11-6】中并没有使用类继承，后面的例子中会介绍类继承的使用方法。以上就是 Sencha Touch 框架定义一个类的基本方法，是基于 Ext JS 4 框架来实现的。

有了上面一段关于 Sencha Touch 类定义代码的介绍，读者对 Sencha Touch 框架类系统会有一个初步的认识，但具体应用起来还是比较复杂的，需要深入学习关于 Ext JS 4 框架类系统的知识。

下面我们通过几个简单的小例子来了解一下 Sencha Touch 框架类系统的应用方法。首先，我们还是创建一个 Sencha Touch APP，项目名称命名为"senchaClasses"，具体创建方法可以参考 11.1.3 小节的内容。

我们需要对项目内容进行一些添加和修改，具体涉及项目中"app"目录下的一些内容，如图 11.30 所示。

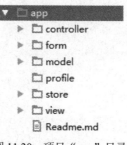

图 11.30　项目"app"目录

在图 11.30 中的"model"目录下，利用 WebStorm 开发工具的功能新建一个 JavaScript 类，并将类名称定义为"NewClass.js"，如图 11.31 所示。

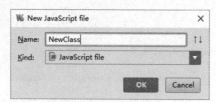

图 11.31　新建"NewClass"类

在图 11.31 中看到，在 Sencha Touch APP 中新建 JavaScript 类，其实就是新建一个脚本文件。而文件新建在"model"目录下，表示该 JavaScript 类是一个"实体"类。然后，在该脚本文件中具体定义一个类：

【代码 11-7】

```
01  Ext.define('senchaClasses.model.NewClass', {
02      /*
03       * name
04       */
05      name: 'Unknown',
06      /*
07       * constructor
08       */
09      constructor: function(name) {
10          if (name) {
11              this.name = name;
12          }
```

```
13        },
14        /*
15         * function - info
16         */
17        info: function(details) {
18            return this.name + "'s info:<br>" + details;
19        }
20    });
```

关于类的内容介绍如下：

第 01 行代码定义了类名称"senchaClasses.model.NewClass"。这里需要注意两点：第一，类名必须是全称，也代表了类的路径；第二，类名必须与 JavaScript 脚本文件名一致，否则会报错。

第 05 行代码定义了一个属性（name），初始值为'Unknown'。

第 09～13 行代码定义了一个构造方法，对属性（name）进行了赋值。

第 17～19 行代码定义了一个函数方法（info），用于返回一些信息。

那么我们新建的这个 Sencha 类怎么使用呢？打开图 11.30 中"view"目录下的 Main.js 文件（项目的主视图入口文件），在该视图文件内加入如下代码：

【代码 11-8】

```
01  /*
02   * 在文件开头位置定义，创建'NewClass'类实例
03   */
04  var king = Ext.create('senchaClasses.model.NewClass', 'king');
05  /*
06   * html
07   */
08  html: [
09      "You've just generated a new Sencha Touch 2 project.<br>",
10      "Project Details: How to Use Classes in Sencha Touch.",
11      "<br><hr><br>",
12      king.info(
13        "Sex: male,<br>
14         Age: 30,<br>
15         Height: 168cm,<br>
16         Company: Unknown,<br>
17         hobby: programming, sports and sleep in."),
18  ].join("")
```

关于代码中的内容介绍如下：

第 04 行代码使用 Ext.create()方法创建了'NewClass'的一个实例（king），建议将该行代码放

在文件的开头位置，这样在脚本文件加载时就会被执行。

第 08～18 行代码对"html"关键字中的内容进行修改，增加了一些内容。第 12 行代码调用了【代码 11-7】中定义的"info"函数方法，向页面中输出一些内容。"html"关键字的具体位置需要在 Main.js 文件查询一下，其是 Sencha Touch 框架自动生成的代码，里面的内容是可以自定义修改的。

运行"senchaClasses"应用，页面效果如图 11.32 所示。

图 11.32　"NewClass"类运行效果

从图 11.32 中可以看到，定义的"NewClass"类被成功加载了，该类中定义的"info"函数方法也被成功调用执行了，页面中输出了【代码 11-8】中自定义的内容。

Sencha Touch 类系统对类继承也进行了很好的实现，只要在定义子类时使用 extend 关键字表明继承父类的名称即可。下面我们还是在图 11.30 中的"model"目录下新建两个 JavaScript 脚本文件（BaseClass.js 与 SubClass.js），正如文件名定义的那样，一个文件代表父类，一个文件代表子类。

我们先看一下 BaseClass.js 脚本文件：

【代码 11-9】

```
01  Ext.define('senchaClasses.model.BaseClass', {
02      /*
03       * config
04       */
05      config: {
06          name: null
07      },
08      /*
09       * constructor
```

```
10      */
11      constructor: function(config) {
12          this.initConfig(config);
13      },
14      /*
15       * function - funcC
16       */
17      funcC: function() {
18          return "BaseClass - getName() is " + this.getName();
19      }
20  });
```

类的内容介绍如下：

第 01 行代码定义了父类名称为 "senchaClasses.model.BaseClass"。

第 05～07 行代码定义了一个 JSON 属性（config），后面我们会详细介绍其用法。

第 11～13 行代码定义了一个构造方法，对属性（config）进行了初始化。

第 17～19 行代码定义了一个函数方法（funcC），用于返回一些信息。其中的 getName()方法我们也会在后面详细介绍，这里只要知道其功能可以获取 "name" 属性值即可。

我们再看一下 SubClass.js 脚本文件：

【代码 11-10】

```
01  Ext.define('senchaClasses.model.SubClass', {
02      /*
03       * extend class
04       */
05      extend: 'senchaClasses.model.BaseClass',
06      /*
07       * function - funcCC
08       */
09      funcCC: function() {
10          return "subClass - getName() is " + this.getName();
11      }
12  });
```

类的内容介绍如下：

第 01 行代码定义了子类名称为 "senchaClasses.model.SubClass'"。

第 05 行代码使用 extend 关键字定义了其继承关系的父类。

第 09～11 行代码定义了一个函数方法（funcCC），用于返回一些信息。该函数方法可以与【代码 11-9】中的函数方法（funcC）进行参考对比。

返回图 11.30 中 "view" 目录下的 Main.js 文件，在该视图文件内加入如下代码：

【代码 11-11】

```
01  /*
02  * 在文件开头位置定义，创建'BaseClass'类实例
03  */
04  var base = Ext.create('senchaClasses.model.BaseClass', {
05      name: 'base'
06  });
07  /*
08  * 在文件开头位置定义，创建'SubClass'类实例
09  */
10  var sub = Ext.create('senchaClasses.model.SubClass', {
11      name: 'sub'
12  });
13  html: [
14      "You've just generated a new Sencha Touch 2 project.<br>",
15      "Project Details: How to Use Classes in Sencha Touch.",
16      "<br><hr><br>",
17      base.funcC(),
18      "<br><hr><br>",
19      sub.funcC(),
20      "<br><hr><br>",
21      sub.funcCC()
22  ].join("")
```

关于代码中的内容介绍如下：

第 04～06 行代码使用 Ext.create()方法创建了'BaseClass'的一个实例（base）。

第 10～12 行代码使用 Ext.create()方法创建了'SubClass'的一个实例（sub）。

第 13～22 行代码对"html"关键字中的内容进行了修改，使用"base"实例调用了"funcC"函数方法，使用"sub"实例调用了"funcC"与"funcCC"函数方法。

下面将"senchaClasses"应用再次运行起来测试一下，页面效果如图 11.33 所示。

图 11.33　Sencha 类继承运行效果

从图 11.33 中可以看到，在【代码 11-11】中第 17 行代码使用"base"实例调用了父类的"funcC"函数方法，getName()方法获取了第 05 行代码定义"base"实例时初始化的"name"属性值（"base"）。第 19 行代码使用"sub"实例调用了继承自父类的"funcC"函数方法，getName()方法获取了第 11 行代码定义"sub"实例时初始化的"name"属性值（"sub"）。而第 21 行代码使用"sub"实例调用了子类的"funcCC"函数方法，getName()方法获取了第 11 行代码定义"sub"实例时初始化的"name"属性值（"sub"）。

在上面这个应用实例中，关于"config"属性的使用我们没有深入分析，仅仅向读者演示了其功能。其实，"config"属性是 Sencha Touch 框架为设计人员继承好的功能，通过类似 getName()的函数方法可以很方便地进行操作。下面我们再通过一个简单的应用实例向读者演示"config"属性的使用方法。

在图 11.30 中的"model"目录下新建两个 JavaScript 脚本文件（BaseConfigClass.js 与 SubConfigClass.js），其中一个文件代表父类，另一个文件代表子类。

我们先看一下 BaseConfigClass.js 脚本文件：

【代码 11-12】

```
01  Ext.define('senchaClasses.model.BaseConfigClass', {
02      /*
03       * config
04       */
05      config: {
06          name: null,
07          age: null
08      },
09      /*
10       * constructor
11       */
12      constructor: function(config) {
13          this.initConfig(config);
14      }
15  });
```

类的内容介绍如下：

第 01 行代码定义了父类名称为"senchaClasses.model.BaseConfigClass'"。

第 05～08 行代码定义了一个 JSON 属性（config），下面包括了两个自定义属性（分别代表姓名 name 和性别 sex）。

第 12～14 行代码定义了一个构造方法，对属性（config）进行了初始化。

我们再看一下 SubConfigClass.js 脚本文件：

【代码 11-13】

```
01  Ext.define('senchaClasses.model.SubConfigClass', {
02      /*
03       * extend class
04       */
05      extend: 'senchaClasses.model.BaseConfigClass',
06      /*
07       * function - funcConfig
08       */
09      funcConfig: function() {
10          return "getName() is " + this.getName() +
11              "<br>getAge() is " + this.getAge();
12      },
13      /*
14       * function - applyName
15       */
16      applyName: function(newName, oldName) {
17          return confirm('Are u sure to apply name to ' + newName + '?')?
            newName : oldName;
18      },
19      /*
20       * function - updateName
21       */
22      updateName: function(newName, oldName) {
23      return confirm('Are u sure to update name to ' + newName + '?')?
        newName : oldName;
24      },
25      /*
26       * function - applyAge
27       */
28      applyAge: function(newAge, oldAge) {
29          return confirm('Are u sure to apply age to ' + newAge + '?')?
            newAge : oldAge;
30      },
31      /*
32       * function - updateAge
33       */
34      updateAge: function(newAge, oldAge) {
35          return confirm('Are u sure to update age to ' + newAge + '?')?
            newAge : oldAge;
36      }
```

```
37  });
```

类的内容介绍如下：

第 01 行代码定义了子类名称为"senchaClasses.model.SubConfigClass'"。

第 05 行代码使用 extend 关键字定义了其继承关系的父类。

第 09～12 行代码定义了一个函数方法（funcConfig），用于返回属性（姓名 name 和年龄 age）信息。

第 16～18 行代码定义了一个函数方法（applyName），注意该函数方法是 Sencha Touch 类系统为设计人员内置的方法，用于对调用 setName()函数方法后回调操作。setName()函数方法与 getName()函数方法是配对的一组方法，分别用于设定和获取属性值。

第 22～24 行代码定义了一个函数方法（updateName），该函数方法也是 Sencha Touch 类系统为设计人员内置的方法，与前面的 applyName()函数方法是一组方法，但两个方法的功能是有区别的，后面在介绍运行结果时再详细讲。

同样的，第 28～30 行代码与第 34～36 行代码定义的两个函数方法是对年龄 age 属性的操作。

再次返回图 11.30 中"view"目录下的 Main.js 文件，在该视图文件内加入如下代码：

【代码 11-14】

```
01  /*
02   * 在文件开头位置定义，创建'SubConfigClass'类实例
03   */
04  var subConfig = Ext.create('senchaClasses.model.SubConfigClass', {
05      name: 'oldName',
06      age: '99'
07  });
08  html: [
09      "You've just generated a new Sencha Touch 2 project.<br>",
10      "Project Details: How to Use Classes in Sencha Touch.",
11      "<br><hr>init data:<br>",
12      subConfig.funcConfig(),
13      "<p style='display:none;'>",
14      subConfig.setName('newName'),
15      subConfig.setAge('100'),
16      "</p>",
17      "<br><hr>set new data:<br>",
18      subConfig.funcConfig()
19  ].join("")
```

代码中的内容介绍如下：

第 04～06 行代码使用 Ext.create()方法创建了'SubConfigClass'的一个实例（subConfig），并对

姓名 name 和年龄 age 属性进行了初始化操作。

第 08～19 行代码对"html"关键字中的内容进行了修改，使用"subConfig"实例分别调用了"funcConfig""setName"和"setAge"函数方法，对姓名 name 和年龄 age 属性进行操作与显示。

下面将"senchaClasses"应用再次运行起来，看一下页面具体向我们显示了哪些效果。

第一组效果如图 11.34、图 11.35、图 11.36 和图 11.37 所示。

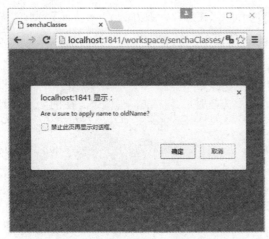

图 11.34　config 属性应用操作（1）

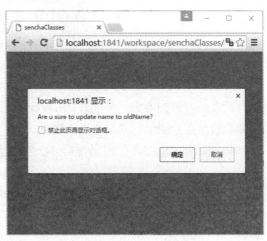

图 11.35　config 属性应用操作（2）

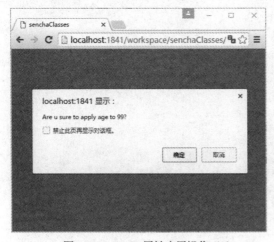

图 11.36　config 属性应用操作（3）

图 11.37　config 属性应用操作（4）

从图 11.34、图 11.35、图 11.36 和图 11.37 中看到，【代码 11-14】中的第 04～06 行代码对姓名 name 和年龄 age 属性进行初始化操作后，触发了【代码 11-13】中定义的"applyName"和"updateName"函数方法，而且触发顺序是"applyName"函数方法触发在前、"updateName"函数方法触发在后。

第二组效果如图 11.38、图 11.39、图 11.40 和图 11.41 所示。

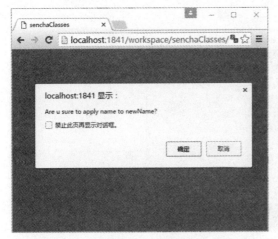

图 11.38　config 属性应用操作（5）

图 11.39　config 属性应用操作（6）

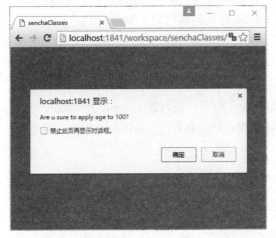

图 11.40　config 属性应用操作（7）

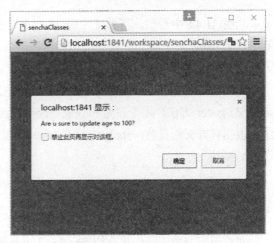

图 11.41　config 属性应用操作（8）

　　从图 11.34、图 11.39、图 11.40 和图 11.41 中看到，【代码 11-14】中的第 14～15 行代码"setName"和"setAge"函数方法对姓名 name 和年龄 age 属性进行重新设定操作后，再次触发了【代码 11-13】中定义的"applyName"和"updateName"函数方法，同样触发的顺序是"applyName"函数方法触发在前、"updateName"函数方法触发在后。

　　最后显示如图 11.42 所示的页面效果图。

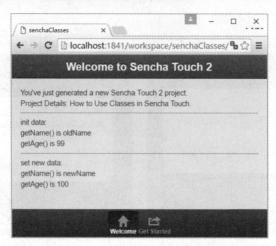

图 11.42　config 属性应用操作（9）

从图 11.42 中看到，首先【代码 11-14】中的第 12 行代码调用的 "funcConfig" 函数方法显示了姓名 name 和年龄 age 属性的初始值，然后第 18 行代码调用的 "funcConfig" 函数方法显示了重新设定姓名 name 和年龄 age 属性后的值。

我们简单总结一下 "config" 属性的使用方法：Sencha Touch 框架为 "config" 属性内置了 setter 与 getter 方法，用于设定和获取 "config" 属性值。同时，还内置了 apply 与 update 回调方法，根据官方文档说明，apply 方法在 setter 方法操作属性值时被触发，update 方法在属性值重新设定后被触发。

11.2.2　容器组件

在这一小节中，我们将介绍 Sencha Touch 框架容器组件的概念。在 Sencha Touch 框架中，我们能看到的绝大多数可视化类均被定义为容器组件。每一种类型的容器组件均继承自 Ext JS 框架的 Ext.Component 类。

Sencha Touch 框架的容器组件具有很强大的特性，一般类似 HTML 控件所具有的页面特性（譬如显示、隐藏、定位、对齐和禁用等），容器组件也都能实现。同时，Sencha Touch 框架的容器组件还具有 HTML 5 规范下的浮动、层叠、动画和拖曳等高级特性，这也是为什么 Sencha Touch 被称为最先进的前端 HTML 5 框架的原因之一。

下面通过一个简单的应用实例演示容器组件的使用方法。

首先，新创建一个 Sencha Touch APP，将项目命名为 "senchaComp"。打开项目根目录下的 app.js 脚本文件，对 launch 方法进行修改，详见【代码 11-15】。

【代码 11-15】

```
01  launch: function() {
02      // Destroy the #appLoadingIndicator element
03      Ext.fly('appLoadingIndicator').destroy();
04      // Initialize the main view
```

```
05        // Ext.Viewport.add(Ext.create('senchaComp.view.Main'));
06        /*
07         * define Main Panel
08         */
09        var mainPanel = Ext.create('Ext.Panel', {
10            html: 'Main Panel',
11            style: 'margin: 8px; background-color: #f8f8f8;'
12        });
13        // define Sub Manel
14        var subPanel = Ext.create('Ext.Panel', {
15            layout: 'hbox',
16            /*
17             * define Left Panel and Right Panel
18             */
19            items: [
20                {
21                    xtype: 'panel',
22                    flex: 1,
23                    html: 'Left Panel, 1/3rd of total width, 128px hright',
24                    style: 'margin: 4px; height:128px; background-color: #C8C8C8;'
25                },
26                {
27                    xtype: 'panel',
28                    flex: 2,
29                    html: 'Right Panel, 2/3rds of total width, 256px height',
30                    style: 'margin: 4px; height:256px; background-color: #808080;'
31                }
32            ]
33        });
34        // add Sub Panel into Main Panel
35        mainPanel.add(subPanel);
36        // add Main Panel into Main View
37        Ext.Viewport.add(mainPanel);
38    },
```

方法的内容介绍如下：

在第 05 行代码中，我们注销了原始的'senchaComp.view.Main'主视图类，在下面我们添加了新的自定义主视图。

第 09~12 行代码定义了第一个 Ext.Panel 类，并为其增加了一些 CSS 样式效果，我们将该类作为主视图使用。

第 14~33 行代码定义了第二个 Ext.Panel 类，定义了布局方式 layout 为水平方式（'hbox'），我们将其作为子视图使用。其中，第 19～32 行代码使用"items"属性定义了两个子 panel，分别定义了不同的 CSS 样式风格。

另外，读者要留意第 21 行与第 27 行代码关于"xtype"属性的使用。根据 Sencha Touch 官方文档的解释，使用"xtype"属性可以在不定义完整类的情况下很方便地创建容器组件，尤其是在定义子类时非常有用。

运行"senchaComp"应用，页面效果如图 11.43 所示。

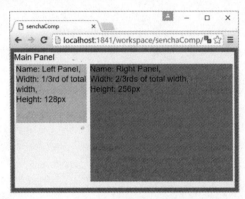

图 11.43　容器组件应用效果图

从图 11.43 中看到，"Main Panel""Left Panel"和"Right Panel"三者间的层次关系正如【代码 11-15】中所定义的那样，在页面中清晰地呈现出来了。

11.2.3　组件布局

在这一小节中，我们将介绍 Sencha Touch 框架组件布局的概念。在 11.2.2 小节中，我们知道了什么是容器组件，本小节将介绍如何把这些容器组件在页面中有效地组合在一起。

Sencha Touch 框架为组件布局提供了类似 HTML 控件的多种属性支持，下面我们先按照分类简单地介绍一下。

- hbox 与 vbox 布局：水平布局与垂直布局，并结合"flex"属性定义顺序。
- card 布局：层叠式布局，通过设定 item 激活具体层。
- fit 布局：适用式布局，适用于父容器的尺寸大小。
- dock 定位：定义容器组件的上、下、左、右及居中定位。
- pack 与 align 对齐：定义容器组件的对齐方式。

下面我们通过官方文档给出的一个应用实例来演示 Sencha Touch 框架容器组件布局的使用方法。

首先，新创建一个 Sencha Touch APP，将项目命名为"senchaLayout"。打开项目根目录下的 app.js 脚本文件，对 launch 方法进行如下修改：

【代码 11-16】

```
01  launch: function() {
02      // Destroy the #appLoadingIndicator element
03      Ext.fly('appLoadingIndicator').destroy();
04      // Initialize the main view
05      // Ext.Viewport.add(Ext.create('senchaLayout.view.Main'));
06      /*
07       * define Main Component
08       */
09      var containerHBox = Ext.create('Ext.Container', {
10          // fullscreen
11          fullscreen: true,
12          // layout
13          layout: {
14              type: 'hbox',
15              align: 'start',
16              pack: 'start'
17          },
18          /*
19           * define items
20           */
21          items: [{
22              docked: 'top',
23              xtype: 'titlebar',
24              title: 'HBox Layout'
25          }, {
26              docked: 'top',
27              xtype: 'toolbar',
28              items: [{
29                  xtype: 'container',
30                  html: 'Pack: ',
31                  style: 'color: #f0f0f0; padding: 0 8px; width: 96px;'
32              }, {
33                  xtype: 'segmentedbutton',
34                  allowDepress: false,
35                  items: [{
36                      text: 'Start',
37                      handler: function() {
38                          layoutHBox.setPack('start');
39                      },
40                      pressed: true
```

```
41          }, {
42              text: 'Center',
43              handler: function() {
44                  layoutHBox.setPack('center');
45              }
46          }, {
47              text: 'End',
48              handler: function() {
49                  layoutHBox.setPack('end');
50              }
51          }]
52      }]
53  }, {
54      docked: 'top',
55      xtype: 'toolbar',
56      items: [{
57          xtype: 'container',
58          html: 'Align: ',
59          style: 'color: #f0f0f0; padding: 0 8px; width: 96px;'
60      }, {
61          xtype: 'segmentedbutton',
62          allowDepress: false,
63          items: [{
64              text: 'Start',
65              handler: function() {
66                  layoutHBox.setAlign('start');
67              },
68              pressed: true
69          }, {
70              text: 'Center',
71              handler: function() {
72                  layoutHBox.setAlign('center');
73              }
74          }, {
75              text: 'End',
76              handler: function() {
77                  layoutHBox.setAlign('end');
78              }
79          }, {
80              text: 'Stretch',
81              handler: function() {
82                  layoutHBox.setAlign('stretch');
```

```
83                  }
84              }]
85          }]
86      }, {
87          xtype: 'button',
88          text: 'Button 1',
89          margin: 2
90      }, {
91          xtype: 'button',
92          text: 'Button 2',
93          margin: 2
94      }, {
95          xtype: 'button',
96          text: 'Button 3',
97          margin: 2
98      }]
99      });
100     // get Layout instance
101     var layoutHBox = containerHBox.getLayout();
102 },
```

方法的内容介绍如下：

第 05 行代码中，我们注销了原始的'senchaComp.view.Main'主视图类，下面我们添加了新的自定义主视图。

第 09～99 行代码定义了一个'Ext.Container'容器类，并返回名称为"containerHBox"的类实例，我们将该类作为主视图使用。

第 13～17 行代码定义了"containerHBox"容器类的布局方式 layout 为水平方式（'hbox'），并且定义了对齐方式"align"和"pack"的属性值均为"start"。

第 21～98 行代码使用"items"属性为"containerHBox"容器类定义了一组子组件，并分别设定了具体的布局方式。

其中，第 22～24 行代码使用"xtype"属性定义了一个"titlebar"，相当于一个标题栏，并设定了"docked"属性值为"top"，定位相当于置顶。

第 26～52 行代码使用"xtype"属性定义了一个"toolbar"，相当于一个工具条，同样定位也是置顶。这其中的第 33～51 行代码为该工具条增加了一个"xtype"类型为'segmentedbutton'的子组件，相当于一组功能按钮。注意，在第 37～39 行代码定义的回调函数中使用 setPack()函数方法设置新的"pack"定位方式为"start"，第 43～45 行代码与第 48～50 行代码定义的回调函数完成了同样的功能。

第 54～85 行代码定义了第二个工具条"toolbar"，实现的功能基本与第 26～52 行代码一致，不同的地方就是使用 setAlign()函数方法设置了新的"align"定位方式。

第 87～97 行代码定义了一组"button"按钮，这组按钮将会在页面中通过 setPack()与

setAlign()函数方法重新设定新的定位方式。

运行"senchaLayout"应用，页面初始效果如图 11.44 所示。

图 11.44　容器组件布局效果（1）

从图 11.44 中看到，"HBox Layout""Pack""Align"与"Button"之间的层次关系正如【代码 11-16】中所定义的那样，在页面中清晰地呈现出来了。点击"Pack"与"Align"里面的定位按钮，测试一下对"Button"按钮的效果，如图 11.45 与图 11.46 所示。

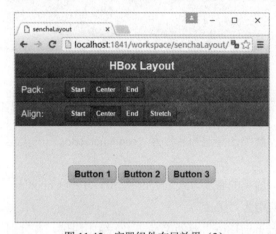

图 11.45　容器组件布局效果（2）

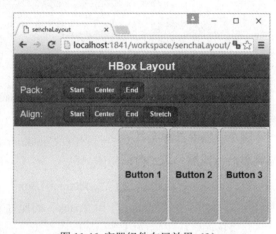

图 11.46　容器组件布局效果（3）

从图 11.45 与图 11.46 可以看到，不同的定位方式中会产生不同的效果。这里需要注意的是，"pack"定位方式与"align"定位方式是不同的，"pack"定位方式是在水平方向上进行定位，而"align"定位方式是在垂直方向上进行定位。

上面这个应用实例是"HBox Layout"（水平）方式布局的，同样还有一种"VBox Layout"（垂直）方式布局的，两种方式的实现原理是类似的，感兴趣的读者可以参考本书附带的源代码，项目名称为"senchaLayoutV"。

11.2.4　事件

Sencha Touch 框架设计了完整的事件触发处理系统，是完全基于 Ext JS 框架来实现的。设计人员可以编写响应事件触发的相关代码来完成相应的操作。

上面关于事件的介绍可能比较抽象，我们举一个简单的实例来解释一下什么是事件。例如，一个定义好的容器组件将要被提交到屏幕中进行显示，此时"painted"事件（由 Sencha Touch 框架定义）就会被触发，此时我们就可以监听（listeners）该事件并编写相应的事件处理代码。下面我们结合官方文档给出的一系列简单实例来演示 Sencha Touch 框架事件处理的应用方法。

首先，新创建一个 Sencha Touch APP，将项目命名为"senchaEvents"。打开项目根目录下的 app.js 脚本文件，对 launch 方法进行如下修改：

【代码 11-17】

```
01  launch: function() {
02      // Destroy the #appLoadingIndicator element
03      Ext.fly('appLoadingIndicator').destroy();
04
05      // Initialize the main view
06      // Ext.Viewport.add(Ext.create('senchaEvents.view.Main'));
07
08      /*
09       * define Ext panel component
10       */
11      Ext.create('Ext.Panel', {
12          html: 'Panel painted event test app',
13          fullscreen: true,
14          /*
15           * handle listeners procedure
16           */
17          listeners: {
18              painted: function() {
19                  Ext.Msg.alert('Panel was painted to the screen');
20              }
21          }
22      });
23  },
```

方法的内容介绍如下：

第 11～22 行代码创建了一个'Ext.Panel'容器组件，其将作为主视图使用。

第 17～21 行代码定义了监听（listeners）事件处理方法，具体将会监听"painted"事件，如果该事件被触发将会在事件处理方法中弹出一个消息警告框。需要注意，容器组件在屏幕中变为可见（visible）时的状态将会触发"painted"事件。

运行"senchaEvents"应用，页面的初始效果如图 11.47 所示。

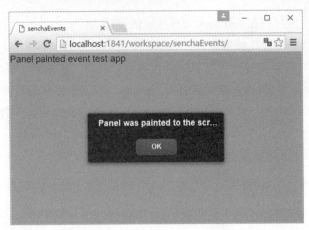

图 11.47　触发 "painted" 事件

从图 11.47 中可以看到，【代码 11-17】中第 11 行代码创建的 Panel 组件在屏幕中显示出来后 "painted" 事件被触发，第 19 行代码定义的消息警告框也随即弹出。

Sencha Touch 框架定义的 "painted" 事件虽然在应用的生命周期中会随时随刻被触发，但在一般情况下设计人员不会针对该事件去写处理方法。下面我们演示几个比较常用事件的处理方法。

打开 "senchaEvents" 项目根目录下的 app.js 脚本文件，对 launch 方法进行如下修改：

【代码 11-18】

```
01  launch: function() {
02      // Destroy the #appLoadingIndicator element
03      Ext.fly('appLoadingIndicator').destroy();
04      // Initialize the main view
05      // Ext.Viewport.add(Ext.create('senchaEvents.view.Main'));
06      /*
07       * define Button component
08       */
09      Ext.Viewport.add({
10          xtype: 'button',
11          top: 8,
12          text: 'My Button',
13          /*
14           * handle listeners procedure
15           */
16          listeners: {
17              tap: function() {
18                  Ext.Msg.alert("You tapped me");
19              }
20          }
```

```
21      });
22   },
```

方法的内容介绍如下：

第 09~21 行代码在主视图中添加了一个按钮组件，通过定义 "xtype" 属性值为'button'来实现。第 16~20 行代码定义了监听（listeners）事件处理方法，将会监听 "tap" 事件。如果该事件被触发就会在事件处理方法中弹出一个消息警告框。Sencha Touch 框架定义的 "tap" 事件类似于传统的点击（click）事件。

运行 "senchaEvents" 应用，点击按钮进行测试，页面的初始效果如图 11.48 所示。

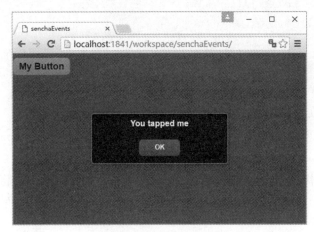

图 11.48　触发 "tap" 事件

从图 11.48 中可以看到，点击页面中的按钮后，"tap" 事件被触发，【代码 11-18】中第 18 行代码定义的消息警告框随即弹出。

如果需要同时处理多个事件，就在监听回调方法中同时处理多个事件。打开 "senchaEvents" 项目根目录下的 app.js 脚本文件，对 launch 方法进行如下修改：

【代码 11-19】

```
01  launch: function() {
02      // Destroy the #appLoadingIndicator element
03      Ext.fly('appLoadingIndicator').destroy();
04      // Initialize the main view
05      // Ext.Viewport.add(Ext.create('senchaEvents.view.Main'));
06      /*
07       * define Button component
08       */
09      Ext.Viewport.add({
10          xtype: 'button',
11          centered: true,
12          text: 'Click to change width',
```

```
13          /*
14           * handle listeners procedure
15           */
16          listeners: {
17              tap: function() {
18                  var randomWidth = 256 + Math.round(Math.random() * 128);
19                  this.setWidth(randomWidth);
20              },
21              widthchange: function(button, newWidth, oldWidth) {
22                  Ext.Msg.alert('Width: ' + oldWidth + ' to ' + newWidth);
23              }
24          }
25      });
26  },
```

方法的内容介绍如下：

第 09～215 行代码在主视图中添加了一个按钮组件，通过定义"xtype"属性值为'button'来实现。

第 16～24 行代码定义了监听（listeners）事件处理方法，将会监听"tap"与"widthchange"事件。根据 Sencha Touch 框架的定义，"widthchange"事件会在组件宽度发生改变时被触发。

第 17～20 行代码定义了"tap"事件的回调方法，第 18 行代码通过随机数生成一个随机的组件宽度，第 19 行代码通过 setWifth()方法将刚刚随机生成的随机宽度设定为组件的新宽度。

第 21～23 行代码定义了"widthchange"事件的回调方法，该回调方法包含 3 个参数（组件实例、设定的宽度以及原始宽度）。第 22 行代码定义了一个消息警告框。

运行"senchaEvents"应用，点击按钮进行测试，页面的初始效果如图 11.49 所示。点击图中的按钮，此时"tap"事件会被触发，然后【代码 11-19】中第 18～19 行代码被执行，"button"组件被设定为新的宽度，"widthchange"事件被触发，第 19 行代码定义的消息警告框也随即弹出，如图 11.50 所示。

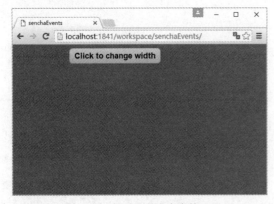 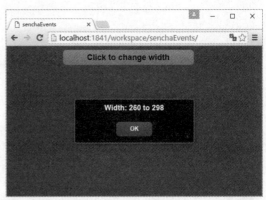

图 11.49 同时处理多个事件（1）　　　　图 11.50 同时处理多个事件（2）

11.3　Sencha Touch 组件

11.2 节我们介绍了 Sencha Touch 框架的核心概念，包括类系统、布局和事件等内容。本节我们将继续介绍 Sencha Touch 框架的组件应用，包括导航视图、旋灯视图和表单等内容。

11.3.1　导航视图

导航视图是 Sencha Touch 框架为设计人员提供的一款全新组件。一个最基本的导航视图要包括一个工具条及其对应的视图组件。Sencha Touch 框架设计的导航视图是通过 push（添加）和 pop（删除）这种类似栈操作的形式来实现的。

具体来讲，当用户进行一个 push 操作后，Sencha Touch 框架负责将一个视图添加入栈并以动画的方式将一个新的标题显示在工具条中。同时，Sencha Touch 框架还负责在工具条中添加一个返回按钮，以帮助用户 pop（返回）到前一个视图。

Sencha Touch 框架设计的导航视图功能是十分强大的。下面通过一个基本的导航视图应用来具体了解一下如何设计导航视图。

首先，我们新创建一个 Sencha Touch APP，将项目命名为"senchaNaviView"。打开项目根目录下的 app.js 脚本文件，对 launch 方法进行如下修改：

【代码 11-20】

```
01  launch: function() {
02      // Destroy the #appLoadingIndicator element
03      Ext.fly('appLoadingIndicator').destroy();
04      // Initialize the main view
05      // Ext.Viewport.add(Ext.create('senchaNaviView.view.Main'));
06      //create the navigation view and add it into the Ext.Viewport
07      var view = Ext.Viewport.add({
08          xtype: 'navigationview',
09          /*
10           * We only give it one item by default, which will be the only
11           * item in the 'stack' when it loads
12           */
13          items: [
14              {
15                  //items can have titles
16                  title: 'Navigation View',
17                  layout: {
18                      type: 'vbox',
19                      align: 'start',
```

```
20                    pack: 'start'
21                },
22            html: [
23                "<br><br><br>",
24                "This is the main view.<br>",
25        "You can click the 'Push first/second/third view!' button back
               to navi view.<br>",
26                "Now try it!<br>"
27            ].join(""),
28            items: [
29                {
30                    docked: 'top',
31                    xtype: 'toolbar',
32                    items: [{
33                        xtype: 'container',
34                        html: 'Navigation: ',
35                        style: 'color: #f0f0f0; padding: 0 8px; width: 128px;'
36                    }, {
37                        xtype: 'segmentedbutton',
38                        allowDepress: false,
39                        items: [{
40                            text: 'Push First View',
41                            handler: function() {
42                                /*
43                                 * When someone taps this button,
44                                 * it will push another view into stack
45                                 */
46                                view.push({
47                                    //this one also has a title
48                                    title: 'First View',
49                                    padding: 10,
50                                    //once again, this view has one button
51                                    items: [
52                                        {
53                                            xtype: 'button',
54                                            text: 'Pop this view!',
55                                            handler: function() {
56                                            //pop current view out of the stack
57                                                view.pop();
58                                            }
59                                        },
60                                    ],
```

```
61                              html: [
62                                  "<br><br><br>",
63                                  "This is the first view.<br>",
64              "You can click the 'Pop this view!' button back to main
                navi view.<br>",
65                                  "Now try it!<br>"
66                              ].join("")
67                          });
68                      },
69                      pressed: true
70                  }, {
71                      text: 'Push Second View',
72                      handler: function() {
73                          /*
74                           * When someone taps this button,
75                           * it will push another view into stack
76                           */
77                          view.push({
78                              //this one also has a title
79                              title: 'Second View',
80                              padding: 10,
81                              //once again, this view has one button
82                              items: [
83                                  {
84                                      xtype: 'button',
85                                      text: 'Pop this view!',
86                                      handler: function() {
87                                          //pop current view out of the stack
88                                          view.pop();
89                                      }
90                                  }
91                              ],
92                              html: [
93                                  "<br><br><br>",
94                                  "This is the second view.<br>",
95              "You can click the 'Pop this view!' button back to main
                navi view.<br>",
96                                  "Now try it!<br>"
97                              ].join("")
98                          });
99                      }
100                 }, {
```

```
101                          text: 'Push Third View',
102                          handler: function() {
103                              /*
104                               * When someone taps this button,
105                               * it will push another view into stack
106                               */
107                              view.push({
108                                  //this one also has a title
109                                  title: 'Third View',
110                                  padding: 10,
111                                  //once again, this view has one button
112                                  items: [
113                                      {
114                                          xtype: 'button',
115                                          text: 'Pop this view!',
116                                          handler: function() {
117                                          //pop current view out of the stack
118                                              view.pop();
119                                          }
120                                      }
121                                  ],
122                                  html: [
123                                      "<br><br><br>",
124                                      "This is the third view.<br>",
125                   "You can click the 'Pop this view!' button back to main
                   navi view.<br>",
126                                      "Now try it!<br>"
127                                  ].join("")
128                              });
129                          }
130                      }]
131                  }]
132              }
133          ]
134      }
135  ]
136  });
137  },
```

方法的内容介绍如下：

第 07～136 行代码整体上定义了一个导航视图类，通过第 08 行代码定义 "xtype" 属性值为 'navigationview'来实现。

第 13～135 行代码使用"items"属性定义了导航类内部的元素。其中,第 16 行代码定义了导航视图的标题。第 17～21 行代码通过"layout"属性定义了布局方式。第 22～27 行代码通过"html"属性定义了主视图界面中的文本内容。

第 28～133 行代码使用第二个"items"属性定义了导航视图的子视图元素。第 31 行代码通过定义"xtype"属性值为'toolbar'来实现导航视图的工具条。第 37 行代码通过定义"xtype"属性值为'segmentedbutton'实现了一组导航按钮。第 39～130 行代码使用第三个"items"属性实现了 3 个导航子视图。

注意,第 46、77 和 107 行代码分别通过 3 个 push 方法加入了 3 个导航子视图,而在第 57、88 和 118 行代码中又分别通过 3 个 pop 方法删除了 3 个导航子视图。这就是 Sencha Touch 框架导航视图中通过 push(添加)与 pop(删除)方法实现导航的方式。

运行"senchaNaviView"应用,页面效果如图 11.51 所示。

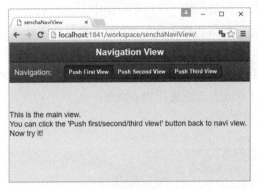

图 11.51　导航视图应用(1)

从图 11.51 中可以看到,"Navigation"导航视图工具条及 3 个导航按钮正如【代码 11-20】中所定义的那样,在页面中清晰地呈现出来了,在主界面中还通过文字向用户提示了如何进行导航操作。

点击"Push Second View"按钮,导航到第二个视图界面的效果如图 11.52 所示。

图 11.52　导航视图应用(2)

从图 11.52 中可以看到,该页面效果正是【代码 11-20】中第 71～99 行代码所定义的。如果我们点击"Pop this view!"按钮或者点击"Back"按钮,页面会返回图 11.51 所示的视图中。另外，还可以依次尝试点击"Push First View"和"Push Third View"按钮，测试导航视图的操作。

11.3.2　旋灯视图

旋灯（Carousels）视图是 Sencha Touch 框架为设计人员提供的又一款全新组件，有点类似传统的选项卡（Tab）视图，但二者又有明显的不同。旋灯视图在界面中一次仅显示一个视图，但用户可以通过手势操作来浏览前一个或后一个视图，该操作目前是智能手机中是最基本的功能之一。

具体来讲，设计人员可以将旋灯视图当作一个唯一的活动界面，但可以通过手势操作来自由切换到前一个或后一个活动界面。同时，旋灯视图的界面中有一个指标点表示具体界面的数量，用户操作时可以清晰地看到当前处在哪一个活动界面中。

Sencha Touch 框架的旋灯视图功能就是专为智能手机界面而设计的。下面通过一个基础的旋灯视图应用来具体了解一下如何设计旋灯视图。

首先，我们新创建一个 Sencha Touch APP，将项目命名为"senchaCarousels"。打开项目根目录下的 app.js 脚本文件，对 launch 方法进行如下修改：

【代码 11-21】

```
01  launch: function() {
02      // Destroy the #appLoadingIndicator element
03      Ext.fly('appLoadingIndicator').destroy();
04      // Initialize the main view
05      // Ext.Viewport.add(Ext.create('senchaCarousels.view.Main'));
06      /*
07       * Create Carousels Components
08       */
09      Ext.create('Ext.Carousel', {
10          fullscreen: true,
11          items: [
12              {
13                  xtype: 'list',
14                  items: {
15                      xtype: 'toolbar',
16                      docked: 'top',
17                      title: 'Sencha Touch Carousels'
18                  },
19                  store: {
20                      fields: ['name'],
21                      data: [
```

```
22                    {name: 'Rob'},
23                    {name: 'Ed'},
24                    {name: 'Jacky'},
25                    {name: 'Jamie'},
26                    {name: 'Tommy'},
27                    {name: 'Abe'}
28                ]
29            },
30            itemTpl: '{name}'
31        },
32        {
33            xtype: 'list',
34            items: {
35                xtype: 'toolbar',
36                docked: 'top',
37                title: 'Sencha Touch Carousels'
38            },
39            store: {
40                fields: ['sex'],
41                data: [
42                    {sex: 'male'},
43                    {sex: 'male'},
44                    {sex: 'male'},
45                    {sex: 'female'},
46                    {sex: 'female'},
47                    {sex: 'female'}
48                ]
49            },
50            itemTpl: '{sex}'
51        },
52        {
53            xtype: 'list',
54            items: {
55                xtype: 'toolbar',
56                docked: 'top',
57                title: 'Sencha Touch Carousels'
58            },
59            store: {
60                fields: ['age'],
61                data: [
62                    {age: '18'},
63                    {age: '20'},
```

```
64                           {age: '22'},
65                           {age: '21'},
66                           {age: '19'},
67                           {age: '17'}
68                       ]
69                   },
70                   itemTpl: '{age}'
71               }
72           ]
73       });
74   },
```

方法的内容介绍如下：

第 09～73 行代码整体上定义了一个旋灯视图类，具体是通过'Ext.Carousel'类来实现的。

第 11～72 行代码使用 "items" 属性定义了旋灯视图内部的元素，一共是 3 个列表元素。其中，第 13、33 和 53 行代码通过定义 "xtype" 属性值为'list'来实现列表视图。

第 19～29、39～49 和 59～59 行代码分别使用 3 个 "store" 属性存储了 "姓名" "性别" 和 "年龄" 3 组数据，并通过第 30、50 和 70 行代码定义的 "itemTpl" 属性导入到列表视图中。

运行 "senchaCarousels" 应用，旋灯视图的页面效果如图 11.53 所示。

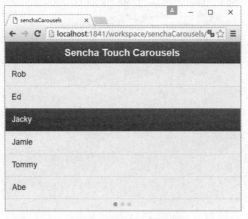

图 11.53　旋灯视图效果（1）

从图 11.53 中可以看到，第 12～31 行代码定义的列表视图在页面中完全呈现出来了。我们注意到页面底部有个指标点，显示数量为 3 个，这和智能手机界面是完全一致的。点击这个指标点，旋灯视图界面的效果如图 11.54 和图 11.55 所示。

图 11.54　旋灯视图效果（2）　　　　　图 11.55　旋灯视图效果（3）

11.3.3　表单

表单对于大多数读者来讲是最熟悉不过的页面组件了，相信大家从刚刚接触 HTML 语言开始就接触到表单了。Sencha Touch 框架同样为设计人员提供完整的表单设计功能，基本上是基于 Ext JS 框架来实现的。

Sencha Touch 框架的表单实现了全部的卷标（Label）、文本框（TextField）、按钮（Button）、列表（List）、菜单（Menu）、工具条（Toolbar）和数据视图（DataView）等这些全部页面组件元素。同时，还细化了 Email 地址、IP 地址和密码框等这些功能组件，极大地方便了设计人员的使用。另外，Sencha Touch 框架内部还实现了对表单组件内容的统一操作，例如设置、获取和清除表单数据的函数方法。

Sencha Touch 框架的表单也是专为智能手机界面而设计的。下面通过一个简单的表单应用来具体了解一下如何实现 Sencha Touch APP 的表单功能。

首先，我们新创建一个 Sencha Touch APP，将项目命名为"senchaForms"。打开项目根目录下的 app.js 脚本文件，对 launch 方法进行如下修改：

【代码 11-22】

```
01  launch: function() {
02      // Destroy the #appLoadingIndicator element
03      Ext.fly('appLoadingIndicator').destroy();
04      // Initialize the main view
05      // Ext.Viewport.add(Ext.create('senchaForms.view.Main'));
06      /*
07       * Create Form Components
08       */
09      var formPanel = Ext.create('Ext.form.Panel', {
10          fullscreen: true,
```

```
11        items: [{
12            docked: 'top',
13            xtype: 'titlebar',
14            title: 'Sencha Touch Forms'
15        },{
16            xtype: 'fieldset',
17            items: [
18                {
19                    xtype: 'titlebar',
20                    name : 'userinfo',
21                    title: 'User Infomation'
22                },
23                {
24                    xtype: 'textfield',
25                    name : 'name',
26                    label: 'Name'
27                },
28                {
29                    xtype: 'emailfield',
30                    name : 'email',
31                    label: 'Email'
32                },
33                {
34                    xtype: 'passwordfield',
35                    name : 'password',
36                    label: 'Password'
37                }
38            ]
39        }]
40    });
41    /*
42     * add toolbar to form
43     */
44    formPanel.add({
45        xtype: 'toolbar',
46        docked: 'bottom',
47        layout: { pack: 'center' },
48        items: [{
49            xtype: 'button',
50            text: 'Set Data',
51            handler: function() {
52                formPanel.setValues({
```

```
53                   name: 'King',
54                   email: 'king@sencha.com',
55                   password: 'secret'
56               });
57           }
58       },{
59           xtype: 'button',
60           text: 'Get Data',
61           handler: function() {
62               Ext.Msg.alert('Form Values',
                     JSON.stringify(formPanel.getValues(),null, 2));
63           }
64       },{
65           xtype: 'button',
66           text: 'Clear Data',
67           handler: function() {
68               formPanel.reset();
69           }
70       }]
71   });
72 },
```

方法的内容介绍如下:

第 09~40 行代码整体上定义了一个表单类,具体是通过'Ext.form.Panel'类来实现的。第 16 行代码通过定义"xtype"属性值为'fieldset'定义了第 17~38 行代码的一组表单域。其中,第 23~27 行代码通过定义"xtype"属性值为'textfield'定义了表单域中的"姓名"输入框。第 28~ 32 行代码通过定义"xtype"属性值为'emailfield'定义了表单域中的"邮件地址"输入框。第 33~37 行代码通过定义"xtype"属性值为'passwordfield'定义了表单域中的"密码"输入框。

第 44~71 行代码通过 add()方法为上面定义的表单组件增加了一个工具条组件,其中包括 3 个功能按钮,分别实现了"设置"表单域数据、"获取"表单域数据和"重置"表单域数据操作。其中,"设置"表单域数据操作是通过第 52~56 行代码的 setValues()函数方法实现的,"获取"表单域数据操作是通过第 62 行代码的 getValues()函数方法实现的,"重置"表单域数据操作是通过第 68 行代码的 reset()函数方法实现的。

运行"senchaForms"应用,表单页面效果如图 11.56 所示。

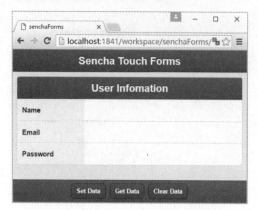

图 11.56　表单效果

从图 11.56 中可以看到，【代码 11-22】中设计的表单域和工具条均在页面表单中展现出来了。点击工具条中的"Set Data"按钮（设置表单数据），表单效果如图 11.57 所示。然后点击工具条中的"Get Data"按钮（获取表单数据），表单效果如图 11.58 所示。点击工具条中的"Clear Data"按钮（重置表单数据），表单会恢复到图 11.57 所示的状态。

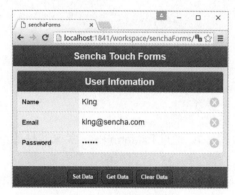

图 11.57　设置表单域数据

图 11.58　获取表单域数据

11.4　本章小结

本章我们向读者介绍了 Sencha Touch 框架的相关内容，包括如何搭建 Sencha Touch 框架开发平台、使用 Sencha Touch 框架开发移动应用的步骤方法，希望这些内容能够对读者进一步学习 Sencha Touch 框架有所帮助。最后通过一系列 Sencha Touch APP 项目介绍了 Sencha Touch 框架的常用组件及其使用方法，包括导航视图、旋灯视图和表单等内容。

第 12 章

jQuery Mobile框架实战
——移动便笺APP

　　本章介绍一个基于 jQuery Mobile 框架实现的移动应用——移动便笺 APP。在第 10 章中，我们介绍了关于 jQuery Mobile 框架的基本内容，读者对于如何使用 jQuery Mobile 框架有了一定的基本了解。本章我们通过实战开发进一步掌握如何使用 jQuery Mobile 框架开发移动应用的方法。

12.1　项目介绍

　　移动便笺 APP 在移动应用中是功能最基础的一类，一般移动终端均会内置这类应用提供给用户使用，可以帮助用户记录日常重要信息，是不太起眼却很实用的一类应用。

　　一般来讲，移动便笺 APP 包括内容浏览、新增、编辑、删除、全部清除和用户权限管理等模块。本章开发的移动便笺 APP 应用在前端基于 jQuery Mobile 框架实现，后端储存通过 HTML 5 Web Storage 实现。

　　移动便笺 APP 功能模块逻辑关系如图 12.1 所示。

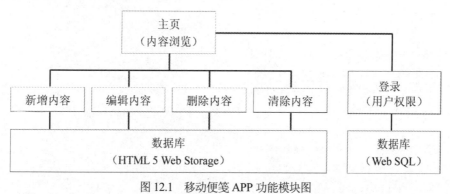

图 12.1　移动便笺 APP 功能模块图

12.2 项目功能模块

本节我们开始介绍移动便笺 APP 各个功能模块的实现过程。移动便笺 APP 相关源码可以参考本书源码目录中的 jqmNotes 项目。

12.2.1 主页

首先，我们看一下移动便笺 APP 项目主页的 HTML 代码（对应源代码 jqmNotes 项目中的 index.html 文件）：

【代码 12-1】

```
01  <body>
02  <div data-role="page" class="jqm-demos" data-quicklinks="true"
        id="mainpage">
03      <div data-role="header">
04          <h3>JQM Notes | 便笺</h3>
05          <a href="#id-popupmenu" data-rel="popup" data-
            transition="slidedown" ></a>
06          <div data-role="popup" id="id-popupmenu" data-theme="a">
07              <ul data-role="listview" data-inset="true" style="min-
                width:128px;">
08                  <li><a id="id-a-load" data-ajax="false">Load</a></li>
09                  <li><a id="id-a-refresh" data-ajax="false">Refresh</a></li>
10                  <li><a id="id-a-setting" data-ajax="false">Setting</a></li>
11                  <li><a id="id-a-about" data-ajax="false">About</a></li>
12              </ul>
13          </div>
14          <a id="id-a-login" ></a>
15      </div><!-- /header -->
16      <div class="ui-content jqm-content" role="main">
17          <div data-demo-html="true" id="id-lv">
18  <ul data-role="listview" data-filter="true" data-filter-
    placeholder="Search" data-inset="true">
19              </ul>
20          </div>
21      </div>
22      <div data-role="footer" data-position="fixed">
23          <div data-role="navbar">
24              <ul>
```

```
25              <li><a href="about.html" data-ajax="false">关于 |
                About</a></li>
26          </ul>
27      </div>
28      <h4 style="display:none;">Footer</h4>
29    </div>
30  </div>
31  </body>
```

关于【代码 12-1】中 HTML 代码的具体分析如下：

第 03～15 行代码定义了页面的头部（<head>），其中第 05～13 行代码定义了一个头部弹出菜单。

第 16～21 行代码定义了页面的主体部分，其中第 17～20 行代码中使用<ul>标签元素通过 "data-role="listview"" 属性定义了一个列表视图。同时，该列表视图静态下为空，具体内容是通过脚本代码动态创建的。

第 22～29 行代码定义了该页面容器的底部，其中第 25 行代码通过使用<a>标签元素链接到了项目说明页面。

然后，我们看一下动态创建列表视图中内容的 JS 代码（对应源代码 jqmNotes 项目中的 index.html 文件）：

【代码 12-2】

```
01  function initLV() {
02    var key, jsonValue, value, content, date, list;
03    for(var i=0; i<=localStorage.length-1; i++) {
04        key = localStorage.key(i);
05        jsonValue = localStorage.getItem(localStorage.key(i));
06        value = JSON.parse(jsonValue);
07        content = value.content;
08        date = value.date;
09        list = "<li><a><h3>" + key + "</h3><p>" + content.substr(0, 64) +
               "..." + "</p><p>" + date + "</p></a></li>";
10        $('#id-lv ul').append(list);
11    }
12    $('#id-lv ul').listview('refresh');
13  }
```

关于【代码 12-2】中 HTML 代码的具体分析如下：

第 04 和 05 行代码使用 localStorage 读取存储数据。关于 localStorage 存储的使用方法，可参阅 HTML 5 Web Storage 的相关内容。

第 06 行代码对 JSON 数据进行解析。

第 07~09 行代码读取 JSON 数据内容，并创建 list 列表项变量。

第 10 行代码使用 listview.append(list)方法添加到【代码 12-1】中第 18~19 行代码定义的 <ul>标签元素内，实现动态创建列表视图的功能。

测试项目的 index.html 主页页面，效果如图 12.2 所示。

图 12.2　项目主页运行效果

从图 12.2 中可以看到，项目主页的内容全部显示出来了，里面包含了一条预定义的便笺内容。

12.2.2　便笺内容浏览页面

我们看一下便笺内容浏览页面的 HTML 代码（对应源代码 jqmNotes 项目中的 shownote.html 页面文件）：

【代码 12-3】

```
01  <div class="ui-content jqm-content" role="main">
02      <div data-demo-html="true">
03          <form>
04              <label for="text-notes-title">Title:</label>
05              <input type="text" name="text-notes-title" id="text-notes-title"
                 value="" readonly>
06              <label for="textarea-notes-content">Content:</label>
07              <textarea id="textarea-notes-content" readonly></textarea>
08              <label for="text-notes-date">Created date:</label>
```

```
09              <input type="text" id="text-notes-date" value="" disabled>
10          </form>
11      </div>
12  </div>
```

关于【代码 12-3】中 HTML 代码的具体分析如下：

第 05 行代码定义了一个<input>输入框，用于显示标题。

第 07 行代码定义了一个<textarea>文本域，用于显示内容。

第 09 行代码定义了一个<input>输入框，用于显示创建时间。

同时，我们注意到第 05、07 和 09 行代码定义的标签均为只读或禁用状态，表明标签的内容是无法修改的。

下面我们看一下为【代码 12-1】中第 05、07 和 09 行代码定义的标签元素传递值的 JS 代码（对应源代码 jqmNotes 项目中的 shownote.html 文件）：

【代码 12-4】

```
01  var title = getUrlParam('title');
02  var content = "";
03  for(var i=0; i<=localStorage.length-1; i++) {
04      var key = localStorage.key(i);
05      if(key == title) {
06          $('#text-notes-title').val(title);
07          var jsonValue = localStorage.getItem(localStorage.key(i));
08          var value = JSON.parse(jsonValue);
09          $('#textarea-notes-content').val(value.content);
10          $('#text-notes-date').val(value.date);
11          break;
12      }
13  }
```

关于【代码 12-4】中 JS 代码的具体分析如下：

第 01 行代码使用 getUrlParam()函数方法获取了由 index.html 页面传递来 url 中的"title"参数值。

第 03～13 行代码使用 for 循环依次读取 localStorage 存储中的数据，并通过与"title"参数值比较判断匹配的一项数据。

第 08 行代码将 JSON 格式数据进行解析，并在第 09 和 10 行代码中将数据传递给对应的页面元素进行显示。

点击图 12.2 中列表视图中的一项内容，跳转到 shownote.html 页面进行测试，页面效果如图 12.3 所示。

图 12.3　便笺内容浏览效果

12.2.3　登录页面

下面我们看一下登录页面的 HTML 代码（对应源代码 jqmNotes 项目中的 login.html 页面文件）：

【代码 12-5】

```
01  <form>
02  <label for="text-username">User Name:</label>
03  <input type="text" name="text-username" id="text-username" value="">
04  <label for="text-password">Password:</label>
05  <input type="password" name="text-password" id="text-password" value="">
06  <p id="id-p-login"></p>
07  </form>
08  <div data-role="navbar">
09  <ul>
10  <li><a id="id-a-login" data-ajax='false'>登录 | Login</a></li>
11  <li><a id="id-a-back" data-ajax='false'>返回 | Back</a></li>
12  </ul>
13  </div>
```

关于【代码 12-5】中 HTML 代码的具体分析如下：

第 03 行代码定义了一个<input>输入框，用于输入用户名。

第 05 行代码定义了另一个<input>输入框，用于输入密码。

第 11 行代码定义了一个<a>标签元素，用于执行登录操作。

下面我们看一下执行登录操作的 JS 代码（对应源代码 jqmNotes 项目中的 login.html 文件）：

【代码 12-6】

```
01  $("#id-a-login").click(function() {
02      var username = $('#text-username').val();
03      var pwd = $('#text-password').val();
04      if(checkLogin(username, pwd)) {
05          location.href = "main.html?username=" + username;
06      } else {
07          $("#id-p-login").html("Login failure!");
08      }
09  });
10  function checkLogin(username, pwd) {
11      var bCheck = new Boolean();
12      var db = openDatabase("jqmnotes_db", "1.0", "用户信息", 1024*1024,
        function() {});
13      db.transaction(function(tx) {
14          tx.executeSql(
15              "select * from users",
16              [],
17              function(tx, rs) {
18                  var i;
19                  var len = rs.rows.length;
20                  var row, name, passwd;
21                  for(i=0; i<len; i++) {
22                      row = rs.rows.item(i);
23                      name = row.name;
24                      passwd = row.passwd;
25                      if((name == username) && (passwd == pwd)) {
26                          bCheck = true;
27                      } else {
28                          bCheck = false;
29                      }
30                  }
31              },
32              function(tx, error) {}
33          );
34      });
35      return bCheck;
36  }
```

关于【代码 12-6】中 JS 代码的具体分析如下：

第 01～09 行代码用于判断用户信息，并执行登录操作。

第 10～36 行代码定义了一个用于判断用户名和密码合法性的函数方法 checkLogin()，通过 Web SQL Database 数据库存取用户信息。

点击图 12.2 中右上角的登录图标按钮，跳转到 login.html 页面进行登录测试，页面效果如图 12.4 所示。

图 12.4　登录页面效果

在图 12.4 中的输入框中分别输入用户名和密码，点击页面底部的"登录 | Login"按钮，验证成功后就会跳转到 main.html 页面，该页面与 shownote.html 页面内容基本相同，但 main.html 页面具有用户权限，可以执行高级操作功能。

12.2.4　便笺内容浏览页面（用户权限）

下面我们看一下具有用户权限便笺内容浏览页面的 HTML 代码（对应源代码 jqmNotes 项目中的 main.html 页面文件）：

【代码 12-7】

```
01  <div data-role="page" class="jqm-demos" data-quicklinks="true"
    id="mainpage">
02     <div data-role="header">
03        <h3>JQM Notes | 便笺</h3>
04        <a href="#id-popupmenu-main" data-rel="popup" data-
           transition="slidedown"></a>
05        <div data-role="popup" id="id-popupmenu-main" data-theme="a">
06           <ul data-role="listview" data-inset="true" style="min-
              width:128px;">
```

```
07              <li><a id="id-a-load" data-ajax="false">Load</a></li>
08              <li><a id="id-a-refresh" data-ajax="false">Refresh</a></li>
09              <li><a id="id-a-clear" data-ajax="false">Clear</a></li>
10              <li><a id="id-a-setting" data-ajax="false">Setting</a></li>
11              <li><a id="id-a-about" data-ajax="false">About</a></li>
12          </ul>
13      </div>
14      <a href="#id-popupmenu-user" id="id-a-user" data-rel="popup" ></a>
15      <div data-role="popup" id="id-popupmenu-user" data-theme="a">
16          <ul data-role="listview" data-inset="true" style="min-
                width:128px;">
17              <li><a id="id-a-userinfo" data-ajax="false">User
                    Info</a></li>
18              <li><a id="id-a-logout" data-ajax="false">Logout</a></li>
19          </ul>
20      </div>
21  </div><!-- /header -->
22  <div class="ui-content jqm-content" role="main">
23      <div data-demo-html="true" id="id-lv">
24  <ul data-role="listview" data-filter="true" data-filter-
    placeholder="Search" data-inset="true">
25          </ul>
26      </div>
27  </div>
28  <div data-role="footer" data-position="fixed">
29      <div data-role="navbar">
30          <ul>
31              <li><a href="new.html?refresh=1" data-ajax="false">新建 |
                    New</a></li>
32              <li><a href="about.html" data-ajax="false">关于 |
                    About</a></li>
33          </ul>
34      </div>
35      <h4 style="display:none;">Footer</h4>
36  </div>
37 </div>
```

关于【代码 12-7】中 HTML 代码的具体分析如下：

第 06～12 行代码定义了一组功能按钮，用于执行相关操作。

第 31 行代码定义了一个<a>标签元素，用于新建便笺内容。

下面我们看一下 main.html 页面，效果如图 12.5 所示。

图 12.5　便笺内容浏览（用户权限）效果

从图 12.5 中可以看到，页面底部增加了"新建｜New"按钮，页面右上角显示出了登录用户的用户名。

12.2.5　新建便笺内容

新建便笺内容的 HTML 代码（对应源代码 jqmNotes 项目中的 new.html 页面文件）：

【代码 12-8】

```
01  <div data-role="page" class="jqm-demos" data-quicklinks="true"
    id="newpage">
02      <div data-role="header">
03          <h3>JQM Notes - New</h3>
04          <a href="index.html"></a>
05          <a href="about.html"></a>
06      </div><!-- /header -->
07      <div class="ui-content jqm-content" role="main">
08          <div data-demo-html="true">
09              <form>
10                  <label for="text-notes-title">Title:</label>
11                  <input type="text" name="text-notes-title" id="text-notes-
                    title" value="">
12                  <label for="textarea-notes-content">Content:</label>
13                  <textarea id="textarea-notes-content"></textarea>
14              </form>
15          </div><!-- /demo-html -->
```

```
16        </div>
17        <div data-role="footer" data-position="fixed">
18          <div data-role="navbar">
19            <ul>
20          <li><a onclick="javascript:save_new();" id="id-a-save-new">保存 |
            Save</a></li>
21            <li><a href="index.html" id="id-a-cancel-new">取消 |
            Cancel</a></li>
22            </ul>
23          </div>
24        </div>
25  </div>
```

第 20 行代码定义了一个<a>标签元素，用于执行新建便笺内容操作。

执行新建便笺内容功能的 JS 代码（对应源代码 jqmNotes 项目中的 new.html 文件）：

【代码 12-9】

```
01  function save_new() {
02      var title = $('#text-notes-title').val();
03      var vContent = $('#textarea-notes-content').val();
04      var date = now();
05      var jsonContent = {
06          content: vContent,
07          date: date
08      };
09      var content = JSON.stringify(jsonContent);
10      localStorage.setItem(title, content);
11      location.href = "index.html";
12  }
```

关于【代码 12-9】中 JS 代码的具体分析如下：

第 09 行代码使用 JSON.stringify()函数方法序列化 JSON 格式数据。

第 10 行代码使用 localStorage 存储数据。

点击图 12.5 中的"新建 | New"按钮，跳转到 new.html 页面进行测试，效果如图 12.6
所示。

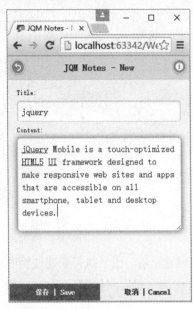

图 12.6　新建便笺内容页面效果

在图 12.6 中输入一些数据信息，然后点击页面底部的"保存｜Save"按钮进行存储操作，页面则跳转回 main.html 页面，如图 12.7 所示。

图 12.7　新建便笺内容后页面浏览效果

从图 12.7 中可以看到，刚刚新建的便笺内容成功存储入 HTML 5 Web Storage 数据中。

12.2.6　编辑便笺内容

在图 12.7 中点击列表视图中的一项内容则会进入编辑页面，如图 12.8 所示。

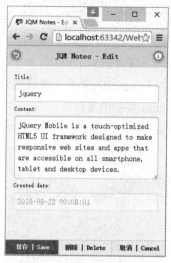

图 12.8　编辑便笺内容页面效果

在图 12.8 中修改 "Content" 中的内容，并点击页面底部的 "保存 | Save" 按钮，页面效果如图 12.9 所示。

图 12.9　编辑便笺内容后页面浏览效果

12.2.7　删除便笺内容

在图 12.8 中，页面底部新出现了一个 "删除 | Delete" 按钮，用于执行删除列表项的操作。下面我们看一下执行删除便笺内容功能的 JS 代码（对应源代码 jqmNotes 项目中的 edit.html 文件）：

【代码 12-10】

```
01  $("#id-a-delete").click(function() {
02      localStorage.removeItem(title);
03      location.href = "main.html";
04  });
```

关于【代码 12-10】中 JS 代码的具体分析如下：

第 02 行代码使用 localStorage 的 removeItem()方法执行删除列表项的操作。

第 03 行代码执行跳转到 main.html 页面的操作。

点击图 12.8 中的"删除 | Delete"按钮，跳转到 main.html 页面的效果如图 12.10 所示。

图 12.10　删除便笺内容后页面浏览效果

12.2.8　清空便笺内容

执行清空便笺内容功能的 JS 代码对应源代码 jqmNotes 项目中的 main.html 文件）：

【代码 12-11】

```
01  function clearLV() {
02      localStorage.clear();
03      location.reload();
04  }
```

关于【代码 12-11】中 JS 代码的具体分析如下：

第 02 行代码使用 localStorage 的 clear()方法执行清除全部列表项的操作。

第 03 行代码执行重新加载 main.html 页面的操作。

点击图 12.10 中左上角的图标按钮，页面的效果如图 12.11 所示。

图 12.11　右上角图标按钮的命令项

继续点击图 12.11 中弹出菜单中的"**Clear**"按钮执行清除内容的操作，页面效果如图 12.12 所示。

图 12.12　清空便笺内容后页面浏览效果

12.3　本章小结

本章我们实战开发一个基于 jQuery Mobile 框架的应用 —— 移动便笺 APP，希望这些内容能够对读者进一步学习 jQuery Mobile 框架有所帮助。

第 13 章
Sencha Touch框架实战
——通讯录APP

在第 11 章中，我们介绍了关于 Sencha Touch 框架的基本内容，对于如何使用 Sencha Touch 框架有了一定的基本了解。本章我们实战开发一个基于 Sencha Touch 框架的联系人 APP，以便进一步掌握使用 Sencha Touch 框架开发移动应用的方法。

13.1 项目介绍

通讯录 APP 在移动应用中同样也是功能最基础的一类，一般移动终端均会内置这类应用提供给用户使用，可以方便用户查找联系人，是非常实用的一类工具。本章开发的通讯录 APP 应用，前端界面完全基于 Sencha Touch 框架实现，后端数据存储则通过 JSON 文件实现。

通讯录 APP 的项目结构如图 13.1 所示。

图 13.1　通讯录 APP 项目结构

13.2　项目功能模块

13.2.1　app.js 主入口文件

通讯录 APP 项目的主入口文件代码（对应源代码 senchaContacts 项目中的 app.js 文件）：

【代码 13-1】

```
01  Ext.application({
02      name: 'senchaContacts',
03      requires: [
04          'Ext.MessageBox'
05      ],
06      models: [
07          'ContactsModel'
08      ],
09      stores: [
10          'ContactsStore'
11      ],
12      views: [
13          'Main'
14      ],
15      controllers: [
16          'Application'
17      ],
18      launch: function() {
19          // Destroy the #appLoadingIndicator element
20          Ext.fly('appLoadingIndicator').destroy();
21          Ext.Viewport.add({
22              xclass: 'senchaContacts.view.Main'
23          });
24      },
25      onUpdated: function() {
26          Ext.Msg.confirm(
27              "Application Update",
28              "This application has just successfully been updated Reload now?",
29              function(buttonId) {
30                  if (buttonId === 'yes') {
31                      window.location.reload();
32                  }
```

```
33          }
34        );
35      }
36  });
```

关于【代码 13-1】中代码的具体分析如下：

第 06~17 行代码定义了 MVC 框架的模型、视图和控制器对应的类名。

第 21~23 行代码将'senchaContacts.view.Main'主视图类加入视图窗口。

13.2.2　Model 模型

Model 模型类的定义（对应源代码 senchaContacts 项目中的 app\model\ContactsModel.js 文件）如下：

【代码 13-2】

```
01  Ext.define('senchaContacts.model.ContactsModel', {
02      extend: 'Ext.data.Model',
03      config: {
04          fields: [
05              'firstName',
06              'lastName',
07              'headshot',
08              'title',
09              'telephone',
10              'city',
11              'state',
12              'country',
13              'latitude',
14              'longitude'
15          ]
16      }
17  });
```

第 03~16 行代码定义了 Model 模型（'senchaContacts.model.ContactsModel'）的一组属性。

13.2.3　Store 存储

Store 存储类的定义（对应源代码 senchaContacts 项目中的 app\store\ContactsStore.js 文件）如下：

【代码 13-3】

```
01  Ext.define('senchaContacts.store.ContactsStore', {
```

```
02      extend: 'Ext.data.Store',
03      config: {
04        model: 'senchaContacts.model.ContactsModel',
05        autoLoad: true,
06        sorters: 'firstName',
07        grouper: {
08          groupFn: function(record) {
09            return record.get('lastName')[0];
10          }
11        },
12        proxy: {
13          type: 'ajax',
14          url: 'contacts.json'
15        }
16      }
17  });
```

第 12~15 行代码通过 ajax 方式调用读取了本地 "contacts.json" 文件，用于加载通讯录信息。

13.2.4　View 主视图

View 主视图类的定义（对应源代码 senchaContacts 项目中的 app\view\Main.js 文件）如下：

【代码 13-4】

```
01  Ext.define('senchaContacts.view.Main', {
02      extend: 'Ext.navigation.View',
03      xtype: 'mainview',
04      requires: [
05        'senchaContacts.view.Contacts',
06        'senchaContacts.view.contact.Show',
07        'senchaContacts.view.contact.Edit'
08      ],
09      config: {
10        autoDestroy: false,
11        navigationBar: {
12          splitNavigation: (Ext.theme.name == "Blackberry") ? {
13            xtype: 'toolbar',
14            items: [{
15              docked: 'right',
16              xtype: 'button',
17              iconCls: 'pencil',
```

```
18              id: 'editButton',
19              hidden: true
20          },{
21              docked: 'right',
22              xtype: 'button',
23              iconCls: 'check',
24              id: 'saveButton',
25              hidden: true
26          }]
27      } : false,
28      ui: (Ext.theme.name == "Blackberry") ? 'light' : 'sencha',
29      items: [
30          {
31              xtype: 'button',
32              id: 'editButton',
33              text: 'Edit',
34              align: 'right',
35              hidden: true,
36              hideAnimation: Ext.os.is.Android ? false : {
37                  type: 'fadeOut',
38                  duration: 200
39              },
40              showAnimation: Ext.os.is.Android ? false : {
41                  type: 'fadeIn',
42                  duration: 200
43              }
44          },
45          {
46              xtype: 'button',
47              id: 'saveButton',
48              text: 'Save',
49              ui: 'sencha',
50              align: 'right',
51              hidden: true,
52              hideAnimation: Ext.os.is.Android ? false : {
53                  type: 'fadeOut',
54                  duration: 200
55              },
56              showAnimation: Ext.os.is.Android ? false : {
57                  type: 'fadeIn',
58                  duration: 200
59              }
```

```
60                    }
61                ]
62        },
63        items: [
64            { xtype: 'contacts' }
65        ]
66    }
67 });
```

关于【代码 13-4】中代码的具体分析如下：

第 03 行代码定义了 "xtype: 'mainview'" 类型。

第 04～08 行代码通过 "requires" 关键字引用了主视图类需要用到的类。

第 09～66 行代码通过 "config" 关键字定义了主视图类的页面结构。其中，第 63～65 行代码通过 "xtype: 'contacts'" 引用了 contacts 类型。

13.2.5　Contacts 视图类

Contacts 视图类的定义（对应源代码 senchaContacts 项目中的 app\view\Contacts.js 文件）如下：

【代码 13-5】

```
01 Ext.define('senchaContacts.view.Contacts', {
02     extend: 'Ext.List',
03     xtype: 'contacts',
04     config: {
05         title: 'Contacts Book',
06         cls: 'x-contacts',
07         variableHeights: true,
08         store: 'ContactsStore',
09         itemTpl: [
10             '<divclass="headshot" style="background-image:url();"></div>',
11             '{firstName} {lastName}',
12             '<span>Tel: {telephone}</span>',
13             '<span>Title: {title}</span>'
14         ].join('')
15     }
16 });
```

关于【代码 13-5】中代码的具体分析如下：

第 03 行代码定义了 "xtype: 'contacts'" 类型。

第 04～15 行代码通过 "config" 关键字定义了 Contacts 视图类的页面结构。其中，第 09～

14 行代码通过"itemTpl"模板定义了具体的通讯录内容。

13.2.6 Controller 控制器

Controller 控制器类的定义（对应源代码 senchaContacts 项目中的 app\controller\Application.js 文件）如下：

【代码 13-6】

```
01  Ext.define('senchaContacts.controller.Application', {
02     extend: 'Ext.app.Controller',
03     config: {
04        refs: {
05           main: 'mainview',
06           editButton: '#editButton',
07           contacts: 'contacts',
08           showContact: 'contact-show',
09           editContact: 'contact-edit',
10           saveButton: '#saveButton'
11        },
12        control: {
13           main: {
14              push: 'onMainPush',
15              pop: 'onMainPop'
16           },
17           editButton: {
18              tap: 'onContactEdit'
19           },
20           contacts: {
21              itemtap: 'onContactSelect'
22           },
23           saveButton: {
24              tap: 'onContactSave'
25           },
26           editContact: {
27              change: 'onContactChange'
28           }
29        }
30     },
31     onMainPush: function(view, item) {
32        var editButton = this.getEditButton();
33        if (item.xtype == "contact-show") {
34           this.getContacts().deselectAll();
35           this.showEditButton();
36        } else {
37           this.hideEditButton();
```

```
38          }
39      },
40      onMainPop: function(view, item) {
41          if (item.xtype == "contact-edit") {
42              this.showEditButton();
43          } else {
44              this.hideEditButton();
45          }
46      },
47      onContactSelect: function(list, index, node, record) {
48          var editButton = this.getEditButton();
49          if (!this.showContact) {
50              this.showContact =
                    Ext.create('senchaContacts.view.contact.Show');
51          }
52          // Bind the record onto the show contact view
53          this.showContact.setRecord(record);
54          // Push the show contact view into the navigation view
55          this.getMain().push(this.showContact);
56      },
57      onContactEdit: function() {
58          if (!this.editContact) {
59              this.editContact =
                    Ext.create('senchaContacts.view.contact.Edit');
60          }
61          // Bind the record onto the edit contact view
62          this.editContact.setRecord(this.getShowContact().getRecord());
63          this.getMain().push(this.editContact);
64          if (Ext.theme.name == "Blackberry") {
65              this.showSaveButton();
66          }
67      },
68      onContactChange: function() {
69          this.showSaveButton();
70      },
71      onContactSave: function() {
72          var record = this.getEditContact().saveRecord();
73          this.getShowContact().updateRecord(record);
74          this.getMain().pop();
75      },
76      showEditButton: function() {
77          var editButton = this.getEditButton();
78          if (!editButton.isHidden()) {
79              return;
80          }
81          this.hideSaveButton();
82          editButton.show();
```

```
83        },
84        hideEditButton: function() {
85            var editButton = this.getEditButton();
86            if (editButton.isHidden()) {
87                return;
88            }
89            editButton.hide();
90        },
91        showSaveButton: function() {
92            var saveButton = this.getSaveButton();
93            if (!saveButton.isHidden()) {
94                return;
95            }
96            saveButton.show();
97        },
98        hideSaveButton: function() {
99            var saveButton = this.getSaveButton();
100           if (saveButton.isHidden()) {
101               return;
102           }
103           saveButton.hide();
104       }
105  });
```

关于【代码 13-6】中代码的具体分析如下：

第 03～30 行代码通过"config"关键字定义了控制器所需要控制的控件与事件的映射关系。其中，第 04～11 行代码通过"refs"关键字定义了视图、控件对应的别名，第 12～30 行代码通过"control"关键字定义了这些别名对应的事件方法。

第 31～104 行代码为上面若干事件方法的具体实现过程。

13.3 测试运行项目

经过前面的介绍，大家对通讯录 APP 项目的代码结构与实现功能有了一定的了解，下面我们运行测试一下该项目。通讯录 APP 运行后的初始页面效果如图 13.2 所示。

我们随机选取一个通讯录名单继续点击一下，进入该联系人具体信息页面，效果如图 13.3 所示。

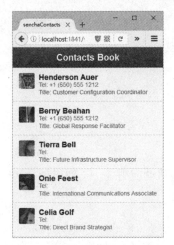

<table><tr><td>图 13.2　通讯录 APP 初始页面效果</td><td>图 13.3　通讯录 APP 联系人页面效果</td></tr></table>

　　然后，我们继续点击右上角的"Edit"按钮，进入编辑该联系人具体信息的页面，效果如图 13.4 所示。

　　尝试修改一些联系人的信息，页面效果如图 13.5 所示。

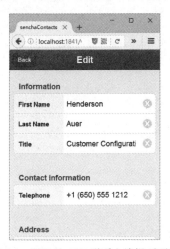

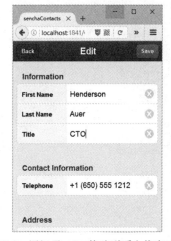

<table><tr><td>图 13.4　通讯录 APP 联系人编辑页面效果</td><td>图 13.5　通讯录 APP 修改联系人信息页面效果</td></tr></table>

　　点击右上角的"Save"按钮，保存修改好的联系人信息，页面效果如图 13.6 所示。

图 13.6　保存通讯录 APP 联系人信息

从图 13.6 中可以看到，联系人的"Title"项信息已经被成功修改为"CTO"。Sencha Touch 框架虽然入门有一定难度，但是实际应用功能确实很强大。

13.4 本章小结

本章我们实战开发一个基于 Sencha Touch 框架的移动应用 —— 通讯录 APP，希望这些内容能够对读者进一步学习 Sencha Touch 框架有所帮助。